Pyrus

"十三五"国家重点图书出版规划项目
"中国果树地方品种图志"丛书

中国梨
地方品种图志

曹尚银　李天忠　宋宏伟　刘佳棽　等 著

中国林业出版社

"十三五"国家重点图书出版规划项目
"中国果树地方品种图志"丛书

Pyrus

中国梨
地方品种图志

图书在版编目（CIP）数据

中国梨地方品种图志 / 曹尚银等著. —北京 : 中国林业出
版社, 2017.12

（中国果树地方品种图志丛书）

ISBN 978-7-5038-9391-9

Ⅰ. ①中… Ⅱ. ①曹… Ⅲ. ①梨—品种志—中国—图集
Ⅳ. ①S661.202.92-64

中国版本图书馆CIP数据核字(2017)第302729号

责任编辑：何增明　张　华　邹　爱
出版发行：中国林业出版社（100009 北京市西城区刘海胡同7号）
电　　话：010-83143517
印　　刷：固安县京平诚乾印刷有限公司
版　　次：2018年1月第1版
印　　次：2018年1月第1次印刷
开　　本：889mm×1194mm　1/16
印　　张：22.5
字　　数：700千字
定　　价：348.00元

《中国梨地方品种图志》
著者名单

主著者： 曹尚银　李天忠　宋宏伟　刘佳棽

副主著者： 王爱德　房经贵　曹秋芬　谢深喜　李好先　尹燕雷

著　者（以姓氏笔画为序）

卜海东	于 杰	于丽艳	于海忠	上官凌飞	马小川	马和平	马学文	马贯羊	马彩云
王 企	王 晨	王文战	王圣元	王亚芝	王亦学	王春梅	王胜男	王振亮	王爱德
王斯好	牛 娟	尹燕雷	邓 舒	卢明艳	卢晓鹏	冯立娟	兰彦平	纠松涛	曲 艺
曲雪艳	朱 博	朱 壹	朱旭东	刘 丽	刘 恋	刘 猛	刘少华	刘贝贝	刘伟婷
刘众杰	刘国成	刘佳棽	刘春生	刘科鹏	刘雪林	次仁朗杰	汤佳乐	孙 乾	孙其宝
纪迎琳	严 萧	苏艳丽	李 锋	李天忠	李永清	李好先	李红莲	李秀根	李贤良
李泽航	李帮明	李晓鹏	李章云	李馨玥	杨 建	杨选文	杨雪梅	肖 蓉	吴 寒
吴传宝	邹梁峰	冷 鹏	宋宏伟	张 川	张 懿	张久红	张子木	张文标	张伟兰
张全军	张冰冰	张克坤	张利超	张青林	张建华	张春芬	张俊畅	张艳波	张晓慧
张富红	张靖国	陈 璐	陈利娜	陈英照	陈佳琪	陈楚佳	苑兆和	范宏伟	罗正荣
罗东红	罗昌国	岳鹏涛	周 威	周厚成	郑 婷	郎彬彬	房经贵	孟玉平	赵弟广
赵艳莉	赵晨辉	郝 理	郝兆祥	胡清波	钟 敏	钟必凤	侯丽媛	俞飞飞	姜志强
姜春芽	骆 翔	秦 栋	秦英石	袁 晖	袁平丽	袁红霞	聂 琼	聂园军	贾海锋
夏小丛	夏鹏云	倪 勇	徐小彪	徐世彦	徐雅秀	高 洁	郭 磊	郭会芳	郭俊英
郭俊杰	唐超兰	涂贵庆	陶俊杰	黄 清	黄春辉	黄晓娇	黄燕辉	曹 达	曹尚银
曹秋芬	戚建锋	康林峰	梁 建	梁英海	葛翠莲	董文轩	董艳辉	敬 丹	韩伟亚
谢 敏	谢恩忠	谢深喜	廖 娇	廖光联	谭冬梅	熊 江	潘 斌	薛 辉	薛华柏
薛茂盛	霍俊伟	魏闻东							

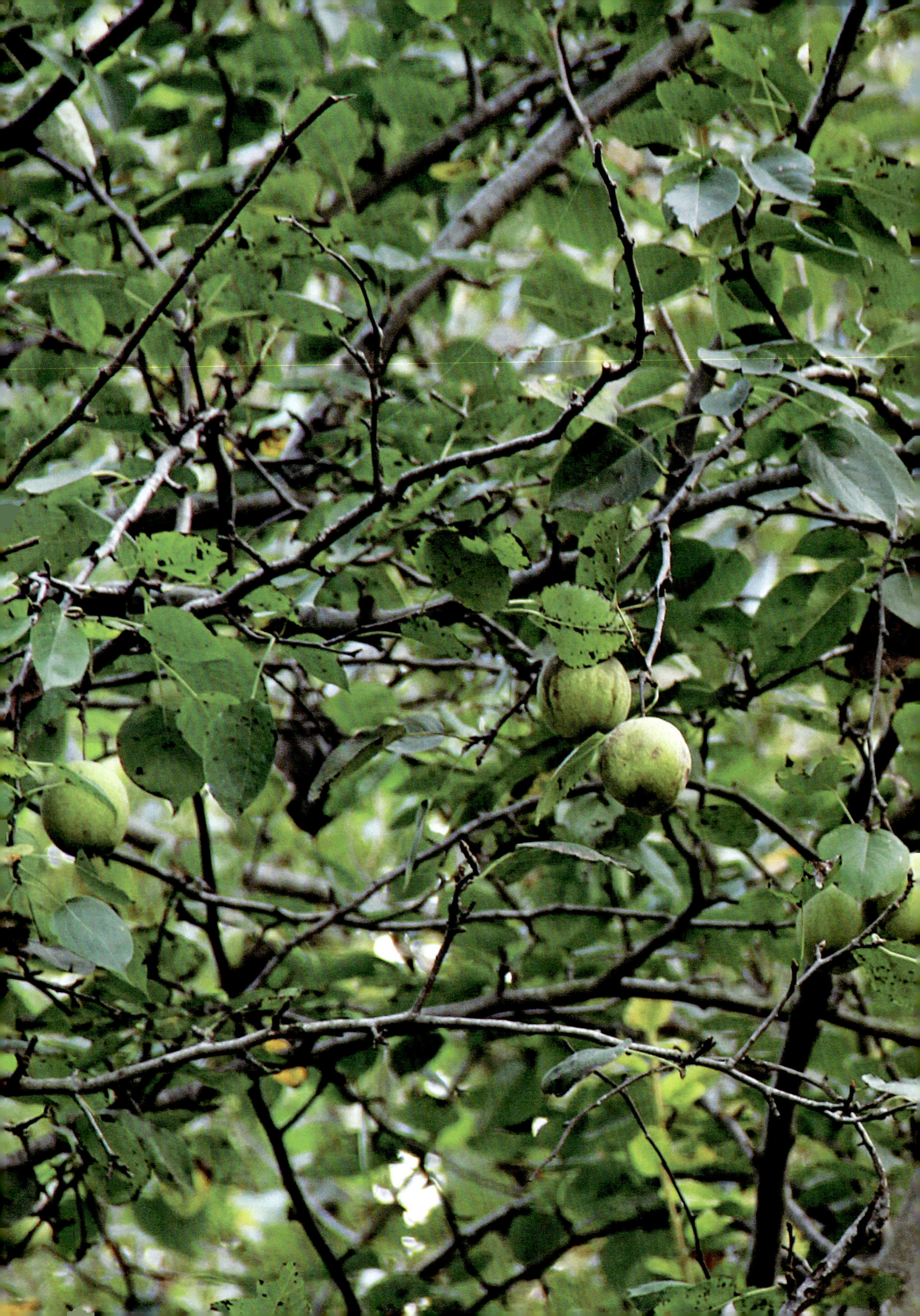

总序一

Foreword One

　　果树是世界农产品三大支柱产业之一，其种质资源是进行新品种培育和基础理论研究的重要源头。果树的地方品种（农家品种）是在特定地区经过长期栽培和自然选择形成的，对所在地区的气候和生产条件具有较强的适应性，常存在特殊优异的性状基因，是果树种质资源的重要组成部分。

　　我国是世界上最为重要的果树起源中心之一，世界各国广泛栽培的梨、桃、核桃、枣、柿、猕猴桃、杏、板栗等落叶果树树种多源于我国。长期以来，人们习惯选择优异资源栽植于房前屋后，并世代相传，驯化产生了大量适应性强、类型丰富的地方特色品种。虽然我国果树育种专家利用不同地理环境和气候形成的地方品种种质资源，已改良培育了许多果树栽培品种，但迄今为止尚有大量地方品种资源包括部分农家珍稀果树资源未予充分利用。由于种种原因，许多珍贵的果树资源正在消失之中。

　　发达国家不但调查和收集本国原产果树树种的地方品种，还进入其他国家收集资源，如美国系统收集了乌兹别克斯坦的葡萄地方品种和野生资源。近年来，一些欠发达国家也已开始重视地方品种的调查和收集工作。如伊朗收集了872份石榴地方品种，土耳其收集了225份无花果、386份杏、123份扁桃、278份榛子和966份核桃地方品种。因此，调查、收集、保存和利用我国果树地方品种和种质资源对推动我国果树产业的发展有十分重要的战略意义。

　　中国农业科学院郑州果树研究所长期从事果树种质资源调查、收集和保存工作。在国家科技部科技基础性工作专项重点项目"我国优势产区落叶果树农家品种资源调查与收集"支持下，该所联合全国多家科研单位、大专院校的百余名科技人员，利用现代化的调查手段系统调查、收集、整理和保护了我国主要落叶果树地方品种资源（梨、核桃、桃、石榴、枣、山楂、柿、樱桃、杏、葡萄、苹果、猕猴桃、李、板栗），并建立了档案、数据库和信息共享服务体系。这项工作摸清了我国果树地方品种的家底，为全国性的果树地方品种鉴定评价、优良基因挖掘和种质创新利用奠定了坚实的基础。

　　正是基于这些长期系统研究所取得的创新性成果，郑州果树研究所组织撰写了"中国果树地方品种图志"丛书。全书内容丰富、系统性强、信息量大，调查数据翔实可靠。它的出版为我国果树科研工作者提供了一部高水平的专业性工具书，对推动我国果树遗传学研究和新品种选育等科技创新工作有非常重要的价值。

中国农业科学院副院长
中国工程院院士　　吴孔明

2017年11月21日

总序二

Foreword Two

　　中国是世界果树的原生中心，不仅是果树资源大国，同时也是果品生产大国，果树资源种类、果品的生产总量、栽培面积均居世界首位。中国对世界果树生产发展和品种改良做出了巨大贡献，但中国原生资源流失严重，未发挥果树资源丰富的优势与发展潜力，大宗果树的主栽品种多为国外品种，难以形成自主创新产品，国际竞争力差。中国已有4000多年的果树栽培历史，是果树起源最早、种类最多的国家之一，拥有占世界总量3/5的果树种质资源，世界上许多著名的栽培种，如白梨、花红、海棠果、桃、李、杏、梅、中国樱桃、山楂、板栗、枣、柿子、银杏、香榧、猕猴桃、荔枝、龙眼、枇杷、杨梅等树种原产于中国。原产中国的果树，经过长期的栽培选择，已形成了生态类型众多的地方品种，对当地自然或栽培环境具有较好的适应性。一般多为较混杂的群体，如发芽期、芽叶色泽和叶形均有多种变异，是系统育种的原始材料，不乏优良基因型，其中不少在生产中发挥着重要作用，主导当地的果树产业，为当地经济和农民收入做出了巨大贡献。

　　我国有些果树长期以来在生产上还应用的品种基本都是各地的地方品种（农家品种），虽然开始通过杂交育种选育果树新品种，但由于起步晚，加上果树童期和育种周期特别长，造成目前我国生产上应用的果树栽培品种不少仍是从农家品种改良而来，通过人工杂交获得的品种仅占一部分。而且，无论国内还是国外，现有杂交品种都是由少数几个祖先亲本繁衍下来的，遗传背景狭窄，继续在这个基因型稀少的池子中捞取到可资改良现有品种的优良基因资源，其可能性越来越小，这样的育种瓶颈也直接导致现有品种改良潜力低下。随着现代育种工作的深入，以及市场对果品表现出更为多样化的需求和对果实品质提出更高的要求，育种工作者越来越感觉到可利用的基因资源越来越少，品种创新需要挖掘更多更新的基因资源。野生资源由于果实经济性状普遍较差，很难在短期内对改良现有品种有大的作为；而农家品种则因其相对优异的果实性状和较好的适应性与抗逆性，成为可在短期内改良现有品种的宝贵资源。为此，我们还急需进一步加大力度重视果树农家品种的调查、收集、评价、分子鉴定、利用和种质创新。

　　"中国果树地方品种图志"丛书中的种质资源的收集与整理，是由中国农业科学院郑州果树研究所牵头，全国22个研究所和大学、100多个科技人员同时参与，首次对我国果树地方品种进行较全面、系统调查研究和总结，工作量大，内容翔实。该丛书的很多调查图片和品种性状资料来之不易，许多优异、濒危的果树地方品种资源多处于偏远的山区村庄，交通不便，需跋山涉水、历经艰难险阻才得以调查收集，多为首次发表，十分珍贵。全书图文并茂，科学性和可读性强。我相信，此书的出版必将对我国果树地方品种的研究和开发利用发挥重要作用。

中国工程院院士　束怀瑞

2017年10月25日

总前言

General Introduction

　　果树地方品种（农家品种）具有相对优异的果实性状和较好的适应性与抗逆性，是可在短期内改良现有品种的宝贵资源。"中国果树地方品种图志"丛书是在国家科技部科技基础性工作专项重点项目"我国优势产区落叶果树农家品种资源调查与收集"（项目编号：2012FY110100）的基础上凝练而成。该项目针对我国多年来对果树地方品种重视不够，致使果树地方品种的家底不清，甚至有的濒临灭绝，有的已经灭绝的严峻状况，由中国农业科学院郑州果树研究所牵头，联合全国多家具有丰富的果树种质资源收集保存和研究利用经验的科研单位和大专院校，对我国主要落叶果树地方品种（梨、核桃、桃、石榴、枣、山楂、柿、樱桃、杏、葡萄、苹果、猕猴桃、李、板栗）资源进行调查、收集、整理和保护，摸清主要落叶果树地方品种家底，建立档案、数据库和地方品种资源实物和信息共享服务体系，为地方品种资源保护、优良基因挖掘和利用奠定基础，为果树科研、生产和创新发展提供服务。

一、我国果树地方品种资源调查收集的重要性

　　我国地域辽阔，果树栽培历史悠久，是世界上最大的栽培果树植物起源中心之一，素有"园林之母"的美誉，原产果树种质资源十分丰富，世界各国广泛栽培的如梨、桃、核桃、枣、柿、猕猴桃、杏、板栗等落叶果树树种都起源于我国。此外，我国从世界各地引种果树的工作也早已开始。如葡萄和石榴的栽培种引入中国已有2000年以上历史。原产我国的果树资源在长期的人工选择和自然选择下形成了种类纷繁的、与特定地区生态环境条件相适应的生态类型和地方品种；而引入我国的果树材料通过长期的栽培选择和自然驯化选择，同样形成了许多适应我国自然条件的生态类型或地方品种。

　　我国果树地方品种资源种类繁多，不乏优良基因型，其中不少在生产中还在发挥着重要作用。比如'京白梨''莱阳梨''金川雪梨'；'无锡水蜜''肥城桃''深州蜜桃''上海水蜜'；'木纳格葡萄'；'沾化冬枣''临猗梨枣''泗洪大枣''灵宝大枣'；'仰韶杏''邹平水杏''德州大果杏''兰州大接杏''郯城杏梅'；'天目蜜李''绥棱红'；'崂山大樱桃''滕县大红樱桃''太和大紫樱桃''南京东塘樱桃'；山东的'镜面柿''四烘柿'，陕西的'牛心柿''磨盘柿'，河南的'八月黄柿'，广西的'恭城水柿'；河南的'河阴石榴'等许多地方品种在当地一直是主栽优势品种，其中的许多品种生产已经成为当地的主导农业产业，为发展当地经济和提高农民收入做出了巨大贡献。

　　还有一些地方果树品种向外迅速扩展，有的甚至逐步演变成全国性的品种，在原产地之外表现良好。比如河南的'新郑灰枣'、山西的'骏枣'和河北的'赞皇大枣'引入新疆后，结果性能、果实口感、品质、产量等表现均优于其在原产地的表现。尤其是出产于新疆的'灰枣'和'骏枣'，以其绝佳的口感和品质，在短短5～6年的时间内就风靡全国市场，其在新疆的种植面积也迅速发展逾3.11万hm^2，成为当地名副其实的"摇钱树"。分布范围更广的当属'砀山酥梨'，以

其出色的鲜食品质、广泛的栽培适应性，从安徽砀山的地方性品种几十年时间迅速发展成为在全国梨生产量和面积中达到1/3的全国性品种。

果树地方品种演变至今有着悠久的历史，在漫长的演进过程中经历过各种恶劣的生态环境和毁灭性病虫害的选择压力，能生存下来并获得发展，决定了它们至少在其自然分布区具有良好的适应性和较为全面的抗性。绝大多数地方品种在当地栽培面积很小，其中大部分仅是散落农家院中和门前屋后，甚至不为人知，但这里面同样不乏可资推广的优良基因型；那些综合性状不够好、不具备直接推广和应用价值的地方品种，往往也潜藏着这样或那样的优异基因可供发掘利用。

自20世纪中叶开始，国内外果树生产开始推行良种化、规模化种植，大规模品种改良初期果树产业的产量和质量确实有了很大程度的提高；但时间一长，单一主栽品种下生物遗传多样性丧失，长期劣变积累的负面影响便显现出来。大面积推广的栽培品种因当地的气候条件发生变化或者出现新的病害受到毁灭性打击的情况在世界范围内并不鲜见，往往都是野生资源或地方品种扮演救火英雄的角色。

20世纪美国进行的美洲栗抗栗疫病育种的例子就是证明。栗疫病由东方传入欧美，1904年首次见于纽约动物园，结果几乎毁掉美国、加拿大全部的美洲栗，在其他一些国家也造成毁灭性的影响。对栗疫病敏感的还有欧洲栗、星毛栎和活栎。美国康涅狄格州农业试验站从1907年开始研究栗疫病，这个农业试验站用对栗疫病具有抗性的中国板栗和日本栗作为亲本与美洲栗杂交，从杂交后代中选出优良单株，然后再与中国板栗和日本栗回交。并将改良栗树移植进野生栗树林，使其与具有基因多样性的栗树自然种群融合，产生更高的抗病性，最终使美洲栗产业死而复生。

我国核桃育种的例子也很能说明问题。新疆核桃大多是实生地方品种，以其丰产性强、结果早、果个大、壳薄、味香、品质优良的特点享誉国内外，引入内地后，黑斑病、炭疽病、枝枯病等病害发生严重，而当地的华北核桃种群则很少染病，因此人们认识到华北核桃种群是我国核桃抗性育种的宝贵基因资源。通过杂交，华北核桃与新疆核桃的后代在发病程度上有所减轻，部分植株表现出了较强的抗性。此外，我国从铁核桃和普通核桃的种间杂种中选育出的核桃新品种，综合了铁核桃和普通核桃的优点，既耐寒冷霜冻，又弥补了普通核桃在南方高温多湿环境下易衰老、多病虫害的缺陷。

'火把梨'是云南的地方品种，广泛分布于云南各地，呈零散栽培状态，果皮色泽鲜红艳丽，外观漂亮，成熟时云南多地农贸市场均有挑担零售，亦有加工成果脯。中国农业科学院郑州果树研究所1989年开始选用日本栽培良种'幸水梨'与'火把梨'杂交，育成了品质优良的'满天红''美人酥'和'红酥脆'三个红色梨新品种，在全国推广发展很快，取得了巨大的社会、经济效益，掀起了国内红色梨产业发展新潮，获得了国际林产品金奖、全国农牧渔业丰收奖二等奖和中国农业科学院科技成果一等奖。

富士系苹果引入中国，很快在各苹果主产区形成了面积和产量优势。但在辽宁仅限于年平均气温10℃，1月平均气温-10℃线以南地区栽培。辽宁中北部地区扩展到中国北方几省区尽管日照充足、昼夜温差大、光热资源丰富，但1月平均气温低，富士苹果易出现生理性冻害造成抽条，无法栽培。沈阳农业大学利用抗寒性强、大果、肉质酸酥、耐贮运的地方品种'东光'与'富士'进行杂交，杂交实生苗自然露地越冬，以经受冻害淘汰，顺利选育出了适合寒地栽培的苹果品种'寒富'。'寒富'苹果1999年被国家科技部列入全国农业重点开发推广项目，到目前为止已经在内蒙古南部、吉林珲春、黑龙江宁安、河北张家口、甘肃张掖、新疆玛纳斯和西藏林芝等地广泛栽培。

地方品种虽然重要，但目前许多果树地方品种的处境却并不让人乐观！我们在上马优良新品种和外引品种的同时，没有处理好当地地方品种的种质保存问题，许多地方品种因为不适应商业化的要求生存空间被挤占。如20世纪80年代巨峰系葡萄品种和21世纪初'红地球'葡萄的大面积推广，造成我国葡萄地方品种的数量和栽培面积都在迅速下降，甚至部分地方品种在生产上的消失。20世纪80年代我国新疆地区大约分布有80个地方品种或品系，而到了21世纪只有不到30个地方品种还能在生产上见到，有超过一半的地方品种在生产上消失，同样在山西省清徐县曾广泛分布的古老品种'瓶儿'，现在也只能在个别品种园中见到。

加上目前中国正处于经济快速发展时期，城镇化进程加快，因为城镇发展占地、修路、环境恶化等原因，许多果树地方品种正在飞速流失，亟待保护。以山西省的情况为例：山西有山楂地方品种'泽州红''绛县粉口''大果山楂''安泽红果'等10余个，近年来逐年减少；有板栗地方品种10余个，已经灭绝或濒临灭绝；有柿子地方品种近70个，目前60%已灭绝；有桃地方品种30余个，目前90%已经灭绝；有杏地方品种70余个，目前60%已灭绝，其余濒临灭绝；有核桃地方品种60余个，目前有的已灭绝，有的濒临灭绝，有的品种名称混乱；有2个石榴地方品种，其中1个濒临灭绝！

又如，甘肃省果树资源流失非常严重。据2008年初步调查，发现5个树种的103个地方果树珍稀品种资源濒临流失，研究人员采集有限枝条，以高接方式进行了抢救性保护；7个树种的70个地方果树品种已经灭绝，其中梨48个、桃6个、李4个、核桃3个、杏3个、苹果4个、苹果砧木2个，占原《甘肃果树志》记录品种数的4.0%。对照《甘肃果树志》（1995年），未发现或已流失的70个品种资源主要分布在以下区域：河西走廊灌溉果树区未发现或已灭绝的种质资源6个（梨品种2个、苹果品种4个）；陇西南冷凉阴湿果树区未发现或灭绝资源10个（梨资源7个、核桃资源3个）；陇南山地果树区未发现或流失资源20个（梨资源14个、桃资源4个、李资源2个）；陇东黄土高原果树区未发现或流失资源25个（梨品种16个、苹果砧木2个、杏品种3个、桃品种2个、李品种2个）；陇中黄土高原丘陵果树区未发现或已流失的资源9个，均为梨资源。

随着果树栽培良种化、商品化发展，虽然对提高果品生产效益发挥了重要作用，但地方品种流失也日趋严重，主要表现在以下几个方面：

1. 城镇化进程的加快，随着传统特色产业地位的丧失，地方品种逐渐减少

近年来，随着城镇化进程的加快，以前的郊区已经变成了城市，以前的果园已经难寻踪迹，使很多地方果树品种随着现代城市的建设而丢失，或正面临丢失。例如，甘肃省兰州市安宁区曾经是我国桃的优势产区，但随着城镇化的建设和发展，桃树栽培面积不到20世纪80年代的1/5，在桃园大面积减少的同时，地方品种也大幅度流失。兰州'软儿梨'也是一个古老的品种，但由于城镇化进程的加快，许多百年以上的大树被砍伐，也面临品种流失的威胁。

2. 果树良种化、商品化发展，加快了地方品种的流失

随着果树栽培良种化、商品化发展，提高了果品生产的经济效益和果农发展果树的积极性，但对地方品种的保护和延续造成了极大的伤害，导致了一些地方品种逐渐流失。一方面是新建果园的统一规划设计，把一部分自然分布的地方品种淘汰了；另一方面，由于新品种具有相对较好的外观品质，以前农户房前屋后栽植的地方品种，逐渐被新品种替代，使很多地方品种面临灭绝流失的威胁。

3. 国家对果树地方品种的保护宣传力度和配套措施不够

依靠广大农民群众是保护地方品种种质资源的基础。由于国家对地方品种种质资源的重要性和保护意义宣传力度不够，农民对地方品种保护的认知不到位，导致很多地方品种在生产和生活中不经意地流失了。同时，地方相关行政和业务部门，对地方品种的保护、监管、标示力度不够，没有体现出地方品种资源的法律地位，导致很多地方品种濒临灭绝和正在灭绝。

发达国家对各类生物遗传资源（包括果树）的收集、研究和利用工作极为重视。发达国家在对本国生物遗传资源大力保护的同时，还不断从发展中国家大肆收集、掠夺生物遗传资源。美国和前苏联都曾进行过系统地国外考察，广泛收集外国的植物种质资源。我国是世界上生物遗传资源最丰富的国家之一，也是发达国家获取生物遗传资源的重要地区，其中最为典型的案例当属我国大豆资源（美国农业部的编号为PI407305）流失海外，被孟山都公司研究利用，并申请专利的事件。果树上我国的猕猴桃资源流失到新西兰后被成功开发利用，至今仍然有大量的国外公司组织或个人到我国的猕猴桃原产地大肆收集猕猴桃地方品种资源和野生资源。甚至连绝大多数外国人现在都还不甚了解的我国特色果树——枣的资源也已经通过非正常途径大量流失到了国外！若不及时进行系统的调查摸底和保护，那种"种中国豆，侵美国权"的荒诞悲剧极有可能在果树上重演！

综上所述，我国果树地方品种是具有许多优异性状的资源宝库，目前正以我们无法想象的速度消失或流失；应该立即投入更多的力量，进行资源调查、收集和保护，把我们自己的家底摸清楚，真正发挥我国果树种质资源大国的优势。那些可能由于建设或因环境条件恶化而在野外生存受到威胁的果树地方品种，不能在需要抢救时才引起注意，而应该及早予以调查、收集、保存。要对我国落叶果树地方品种进行调查、收集和保存，有多种策略和方法，最直接、最有效的办法就是对优势产区进行重点调查和收集。

二、调查收集的方式、方法

按照各树种资源调查、收集、保存工作的现状，重点调查资源工作基础薄弱的树种（石榴、樱桃、核桃、板栗、山楂、柿），对已经具有较好资源工作基础和成果的树种（梨、桃、苹果、葡萄）做补充调查。根据各树种的起源地、自然分布区和历史栽培区确定优势产区进行调查，各树种重点调查区域见本书附录一。各省（自治区、直辖市）主要调查树种见本书附录二。

通过收集网络信息、查阅文献资料等途径，从文字信息上掌握我国主要落叶果树优势产区的地域分布，确定今后科学调查的区域和范围，做好前期的案头准备工作。

实地走访主要落叶果树种植地区，科学调查主要落叶果树的优势产区区域分布、历史演变、栽培面积、地方品种的种类和数量、产业利用状况和生存现状等情况，最终形成一套系统的相关科学调查分析报告。

对我国优势产区落叶果树地方品种资源分布区域进行原生境实地调查和GPS定位等，评价原生境生存现状，调查相关植物学性状、生态适应性、栽培性能和果实品质等主要农艺性状（文字、特征数据和图片），对优良地方品种资源进行初步评价、收集和保存。

对叶、枝、花、果等性状按各种资源调查表格进行记载，并制作浸渍或腊叶标本。根据需要对果实进行果品成分的分析。

加强对主要生态区具有丰产、优质、抗逆等主要性状资源的收集保存。注重地方品种优良变异株系的收集保存。

主要针对恶劣环境条件下的地方品种，注重对工矿区、城乡结合部、旧城区等地濒危和可能灭绝地方品种资源的收集保存。

收集的地方品种先集中到资源圃进行初步观察和评估，鉴别"同名异物"和"同物异名"现象。着重对同一地方品种的不同类型（可能为同一遗传型的环境表型）进行观察，并用有关仪器进行简化基因组扫描分析，若确定为同一遗传型则合并保存。对不同的遗传型则建立其分子身份鉴别标记信息。

已有国家资源圃的树种，收集到的地方品种入相应树种国家种质资源圃保存，同时在郑州、随州地区建立国家主要落叶果树地方品种资源圃，用于集中收集、保存和评价有关落叶果树地方品种资源，以确保收集到的果树地方品种资源得到有效的保护。郑州和随州地处我国中部地区，中原之腹地，南北交汇处，既无北方之严寒，又无南方之酷热。因此，非常适宜我国南北各地主要落叶果树树种种质资源的生长发育，有利于品种资源的收集、保存和评价。

利用中国农业科学院郑州果树研究所优势产区落叶果树树种资源圃保存的主要落叶果树树种

地方品种资源和实地科学调查收集的数据，建立我国主要落叶果树优良地方品种资源的基本信息数据库，包括地理信息、主要特征数据及图片，特别是要加强图像信息的采集量，以区别于传统的单纯文字描述，对性状描述更加形象、客观和准确。

对我国优势产区落叶果树优良地方品种资源进行一次全面系统梳理和总结，摸清家底。根据前期积累的数据和建立的数据库（http://www.ganguo.net.cn），开发我国主要落叶果树优良地方品种资源的GIS信息管理系统。并将相关数据上传国家农作物种质资源平台（http://www.cgris.net），实现果树地方品种资源信息的网络共享。

工作路线见本书附录三。工作流程见本书附录四。要按规范填写调查表。调查表包括：农家品种摸底调查表、农家品种申报表、农家品种资源野外调查简表、各类树种农家品种调查表、农家品种数据采集电子表、农家品种调查表文字信息采集填写规范。农家品种标本、照片采集按规范填写"农家品种资源标本采集要求"表格和"农家品种资源调查照片采集要求"表格。调查材料提交也须遵照规范。编号采用唯一性流水线号，即：子专题（片区）负责人姓全拼+名拼音首字母+采集者姓名拼音首字母+流水号数字。

本次参加调查收集研究有22个单位，分布在我国西南、华南、华东、华中、华北、西北、东北地区，每个单位除参加过全国性资源考察外，他们都熟悉当地的人文地理、自然资源，都对当地的主要落叶果树资源了解比较多，对我们开展主要落叶果树地方品种调查非常有利，而且可以高效、准确地完成项目任务。其中包括2个农业部直属单位、4个教育部直属大学（含2所985高校）、10个省属研究所和大学，100多名科技人员参加调查，科研基础和实力雄厚，参加单位大多从事地方品种相关的调查、利用和研究工作，对本项目的实施相当熟悉。还有的团队为了获得石榴最原始的地方品种材料，尽管当地有关专业部门说，近期雨季不能到有石榴地方品种的地区调查，路险江深，有生命危险，可他们还是冒着生命危险，勇闯交通困难的西藏东南部三江流域少人区调查，获得了可贵的地方品种资源。

通过5年多的辛勤调查、收集、保存和评价利用工作，在承担单位前期工作的基础上，截至2017年，共收集到核桃、石榴、猕猴桃、枣、柿子、梨、桃、苹果、葡萄、樱桃、李、杏、板栗、山楂等14个树种共1700余份地方品种。并积极将这些地方品种资源应用于新品种选育工作，获得了一批在市场上能叫得响的品种，如利用河南当地的地方品种'小火罐柿'选育的极丰产优质小果型柿品种'中农红灯笼柿'，以其丰产、优质、形似红灯笼、口感极佳的特色，迅速获得消费者的认可，并获得河南省科技厅科技进步奖一等奖和河南省人民政府科技进步奖二等奖。

"中国果树地方品种图志"丛书被列为"十三五"国家重点出版物规划项目。成书过程中，在中国农业科学院郑州果树研究所、湖南农业大学等22个单位和中国林业出版社的共同努力和大力支持下，先后于2017年5月在河南郑州、2017年10月25日至11月5日在湖南长沙、11月17～19日在河南郑州召开了丛书组稿会、统稿会和定稿会，对书稿内容进行了充分把关和进一步提升。在上述国家科技部基础性工作专项重点项目启动和执行过程中，还得到了该项目专家组束怀瑞院士（组长）、刘凤之研究员（副组长）、戴洪义教授、于泽源教授、冯建灿教授、滕元文教授、卢春生研究员、刘崇怀研究员、毛永民教授的指导和帮助，在此一并表示感谢！

曹尚银

2017年11月17日于河南郑州

前言

Preface

　　中国梨树栽培历史悠久，据考证，梨在我国有着3000多年的经济栽培历史，在2000年前，梨已成为中国普遍栽培的果树，不仅有了大量栽培，而且有了好品种。梨是蔷薇科（Rosaceae）苹果亚科（Maloideae）梨属（Pyrus）植物，为乔木落叶果树。全世界约有30种，原产亚洲、欧洲以至北非，世界各国皆有分布。亚洲和欧洲是全球梨果主要产区，其中亚洲产量为总产量的99.7%，欧洲产量占全球产量的0.3%。我国是梨属植物的原产地之一，资源非常丰富，产于我国的有14种，现在普遍栽培的白梨、砂梨、秋子梨都原产于我国，全国都有梨树的分布，其中西北、华北最多。

　　我国梨树种植范围较广，从西部边疆到东南沿海，北起黑龙江，南至广东等地均有梨树栽培。在长期的自然选择和生产发展过程中，逐渐形成了四大产区：环渤海（辽、冀、京、津、鲁）秋子梨、白梨产区，西部地区（新、甘、陕、滇）白梨产区，黄河故道（豫、皖、苏）白梨、砂梨产区，长江流域（川、渝、鄂、浙）砂梨产区。据统计，其中产量较多的省份有辽宁、山东、河北、江苏、安徽、山西等。渤海湾地区、黄河故道地区以及西北高原地区，已形成‘鸭梨’‘酥梨’‘雪花梨’‘秋白梨’‘香水梨’等品种的商品基地。长江中下游地区成为砂梨的主产区。广东、广西、西南、内蒙古、青藏高原等地区，则在迅速发展中。目前，我国现有14个种、2000余个品种，在种质资源上的优势非常突出。国家级梨种质资源圃建立在辽宁兴城，保存梨14个种811份资源。我国各地都有自己的优势品种，如河北的‘鸭梨’‘雪花梨’、山东的‘莱阳茌梨’、黄县的‘长把梨’、安徽的‘砀山酥梨’、新疆的‘库尔勒香梨’、辽宁的‘南果梨’‘早酥梨’‘苹果梨’‘锦丰梨’、四川的‘金花梨’等。通过优良品种适地适栽，可以充分发挥品种优势和地域优势。

　　地方品种又称农家品种，是在特定地区经过长期栽培和自然选择而形成的品种，对所在地区的气候和生产条件一般具有较强的适应性，并包含有丰富的基因型，具有丰富的遗传多样性，常存在特殊优异的性状基因，是果树品种改良的重要基础和优良基因来源。由于社会历史的原因，我国果树生产大都以农户生产方式存在，果园面积小，经济效益低。这种农户型的生产方式有着种种弊端，但同时也为自然突变所产生的优良品种提供了可以生存的空间。农户对于自家所生产的品种比较熟悉，通过自然实生、芽变或自然变异所产生的优良性状的果树品种能够被保留下来，在不经意间被选育出来，成为农家品种。但由于这种方式所产生的品种没有经过任何形式的鉴定评价，每个品种的数量稀少，很容易随着时间的流逝而灭绝。

　　《中国梨地方品种图志》是首次对中国梨地方品种进行的比较全面、系统调查研究的阶段性总结，为研究梨的起源、演化、分类及梨资源的开发利用提供了较完整的资料，将对促进我国梨产业发展和科学研究产生重要的作用。作为梨地方品种图志，其内容重点为梨种质资源的地理分布、特异生产特性和品种资源的描述。本书重点增加提交人及其联系方式、地理信息等，我们通过先进的电脑和高性能的数码相机进行考察，把品种图像较为准确和形象地记录下来。并通过携带的GPS定位导航设备和GIS软件系统可以对每个农家品种的生境和其代表株进行精确定位和信息采集，以达到品种的可追踪性。本书图像大部分均在种质原产地采集，包括生境、单株、花、果、叶、枝条等信息，力求还原种质的本来面貌。

本书各论按照东部片区、南部片区、西部片区、北部片区、中部片区等5个片区分别介绍其资源分布情况，对于每份资源从基本信息（包括提供人、调查人、位置信息、地理数据等）、生境信息、植物学信息、品种评价等方面入手，切实展示该品种资源的特征特性，以便于育种工作者辨识并加以有效利用。调查编号根据片区负责人姓全拼+名缩写+采集者姓名的首字母+3位数字编号的形式，便于辨识和后期品种追踪调查，每个品种都有一个品种俗称，若有相同的名字，以调查地点的名字加以区分，相同的地点加数字予以区分，多个品种可以按照数字依次编写。本书所配照片在总论中都一一标出拍摄人或提供人姓名，各论里照片都是各片区调查人拍照提供，由于人数较多，就不一一列出。希望本书的出版能为梨地方品种的利用及地理分布研究提供较为全面、完整的资料，促进梨地方品种科研与生产的发展。

中国工程院院士、山东农业大学束怀瑞教授对本书撰写工作给予热情关怀和悉心指导；中国农业科学院郑州果树研究所、中国林业出版社等单位给予多方促进和大力支持；国家科技基础性工作专项重点项目"我国优势产区落叶果树农家品种资源调查与收集"、国家出版基金给予了支持。在此一并表示深深的感谢。

由于著者水平和掌握资料有限，本书有遗漏和不足之处敬请读者及专家给予指正，以便日后补充修订。

著者

2017年9月

目录

Contents

总论

第一节
梨的起源、分布和栽培历史

一 梨的起源与分布

梨为蔷薇科（Rosaceae）苹果亚科（Maloideae）梨属（*Pyrus* L.）多年生落叶乔木，是重要的温带果树之一（罗正德，2006）。通常认为梨属植物起源于新生代第三纪（距今6500万～260万年）我国西部与西南部山区，因为在这些地区集中分布着非常丰富的苹果亚科及李亚科的属和种。梨属植物的原生分布横跨欧亚大陆，以天山和兴都库什山脉为地理分界线，分为西方梨（又称西洋梨）和东方梨（亚洲梨）（Bailey L H，1917）。目前在天山和兴都库什山脉地带仍分布极具多样性的梨亚科植物类型。因该地带地质条件和气候因素影响下形成了梨属植物的地理隔离和对干旱、低温的适应性，促使梨属植物的演化，进而形成了世界栽培梨的三个次生起源中心，即以白梨（*P. bretschneideri*）、砂梨（*P. pyrifolia*）、秋子梨（*P. ussuriensis*）等东方梨为代表的中国中心，以西洋梨（*P. communis* L.）、变叶梨（*P. regelii* Rehd. 或 *P. heteropylla* Reg. & Schmalh.）、*P. biosseriana* Boiss. & Buhse、*P. korshinskyi* Litv.等为代表的包括印度西北部、阿富汗、塔吉克斯坦、乌兹别克斯坦以及天山西部山区的中亚中心和包括小亚细亚、高加索地区、伊朗及土库曼斯坦丘陵地带等地区为代表的近东中心（蒲富慎，1988；张绍铃，2013）。

在自然条件和人类活动等因素的共同作用下，梨属植物经过长时间演化和栽培驯化，通过复杂的杂交和突变产生了繁杂多样的种、变种和类型。世界上栽培的梨有8000余个品种，其中有5000多个品种来源于西洋梨；Challice 和 Westwood（1973）认为西洋梨含有胡颓子梨（*P. elaeagri-folia* Pall.）、柳叶梨（*P. salicifolia* Pall.）和叙利亚梨（*P. syriaca* Boiss.）等基本种的血统；有3000多个栽培品种来源于东方梨（蒲富慎等，1963），由秋子梨（*P. ussuriensis* Maxin.）、砂梨（*P. pyrifolia* Nakai.）、白梨（*P. bretschneideri* Rehd.）和川梨（*P. pashia*）演化而来。梨属植物中已被命名的有900个以上（滕元文，2017），但被认可的梨属植物的种有30个左右。其中包括西方梨20个种左右，主要分布于欧洲、北非、小亚细亚、伊朗、中亚和阿富汗；东方梨12～15个种，原产于东亚，主要分布于中国、朝鲜半岛和日本（Rubtsov，1944；蒲富慎，1988），其中13个种起源于我国（滕元文，2004）。

二 梨的栽培历史

世界梨的栽培历史悠久，特别是作为梨起源中心的欧亚大陆，也是当今世界梨的主要产区。梨的栽培生产大约史前就已开始。在西方，早在荷马史诗中已存在关于梨的记载："梨是上帝的恩赐之物之一"。公元前4世纪，著名的古希腊哲学家席欧夫拉司土斯（Theophrastus）在其所著的《植物问考》（Enquiry into Plants）一书中也有梨繁殖方式的相关记载。公元前2世纪，罗马的农业哲学家伽托（M. P. Cato）对于梨树的繁殖、嫁接管理和贮藏均有详细叙述，并且记载6个梨树品种，说明当时的罗马人对梨已有相当的认识。公元1世纪时，罗马科学家普里尼（Pliny）在其所著的《自然界之史》（Natural History）一书中，又描述35个梨品种。说明当时人们已经注意到了品种的培育和选择（魏闻东，

1992）。

美洲梨的种植起步相对较晚。由法国和英国殖民者带到美洲后于1630年种植在马萨诸塞Salem郊区的Endicott梨树可能是关于美国最早栽培梨树的记载（诺曼·富兰克林·蔡尔德斯，1983）。1879年从俄国引进了抗寒的秋子梨品种使得北美梨树的栽培得到改良，随后由帕顿（Patten）、瑞迈尔等人继续从欧洲和东方引进梨树品种。由于东方梨的某些引进品种具有对火疫病的高度抗性，美国农业部和许多试验农场于20世纪初开始进行了火疫病的育种和栽培工作（张绍铃，2013）。20世纪末，美洲洋梨生产的国家中，发展速度最快的是南半球的阿根廷和智利，前者十年间产量增长了1.3倍，后者1986年梨的栽培面积为7260hm²，到1993年面积扩大了1.39倍，达到了17360hm²。美洲其他的一些国家都没有太大的发展（王宇霖，2001）。

相对于欧洲，亚洲，尤其是我国梨的栽培起步更早，我国在3000年前的《诗经·召南·甘棠》和《诗经·秦风·晨风》篇中分别有"蔽芾甘棠，勿剪勿伐，召伯所茇"和"山有苞棣，隰有树檖"的记载（王秀梅，2015）。《庄子》《史记》也有梨栽培相关记载，表明我国在2000年前就已存在梨树大规模栽培，且出现了较好的品种。另外，《三字经》中"融四岁，能让梨"所记载的"孔融让梨"故事在我国民间广为传颂，也从一定程度上反映了我国人民自古以来对梨的喜爱。公元6世纪的我国后魏时期，《齐民要术》已对当时各地的优良品种及梨树的苗木繁育、栽培管理、采收贮藏与加工有了相对详细的记载。明、清以后，经过长期的栽培探索，产生了相当数量的栽培品种，其中一些，如'香水梨''红霄梨''金瓶梨''鸡腿梨''酥蜜梨'等优良品种一直沿用至今，并发挥着可观的产业经济价值（魏闻东，1992）。从鸦片战争到新中国成立之前的100多年里，由于国家战乱，民不聊生，梨果产业非但没有得到发展，反而无数梨园遭到破坏，梨果产业接近灭绝。新中国成立初期，果树产业百废待兴。党和政府先后制定了一系列有利于发展果树生产的政策和措施。比如土地改革使果农得到了土地，发放专业贷款，规定粮果比价，极大地增加了果农种植积极性（张绍铃，2013），加强生产栽培的技术指导，集中开展病虫害防治培训，这些政策和举措的联合实施，使各地梨果产量和品质得到迅速提升。

第二节
梨种质资源的研究与地方品种调查收集的必要性

种质资源（Germplasm resources）是用于培育新品种的原始材料，能将性状传递给后代，且具有育种和生产价值。梨种质资源包括梨属的野生种、半野生种、栽培品种、人工创造的新类型及其近缘属植物（蒲富慎，1988）。充实的梨种质资源库为梨属植物甚至果树优新品种选育与合理化产业结构等方面提供了充分的基因储备和良好保障。而且，种质资源的收集保存工作为拯救濒危物种，储备遗传物质和基础理论与科学技术研究等方面提供了重要试验材料和翔实的科学依据。因此，许多国家都积极地进行种质资源收集、鉴定和保存工作，并设有收集保存和研究种质资源的专门部门，如国际植物遗传资源研究所（IPGRI）、美国国家植物遗传资源中心（PGRB）、日本国立遗传资源中心等。

一 梨种质资源收集保存情况

1. 国外梨种质资源的收集保存情况

早在20世纪初期，因梨种质资源在抗病育种工作中的重要意义而受到了来自世界各地果树育种工作者的重视，很多国家大大早于我国开展了梨种质资源的调查、收集、保护和挖掘工作。

在世界各国中，美国虽然不是梨属植物的起源中心，却是最早系统开展收集梨种质资源工作的国家。美国F. C. 赖默（Riemer）早在1912年就收集了当时西方梨的主栽品种和法国野生的酒梨（Peery pear），用于开展梨火疫病抗性研究；之后在1915年又收集了美国伊利诺伊州发现的"古屋"和"法明德尔"抗火疫病营养系；1917年赖默从中国、日本和朝鲜收集了许多东方梨的野生种和栽培种。1960年，为引进梨的衰退病抗性材料，由H·哈德曼、H·R·喀麦隆、M·N·韦斯伍德从世界20多个国家继续收集原生梨属植物，种子数量居于当时世界之首。基于多年的种质资源收集工作积累，美国于1981年在俄勒冈科瓦里斯建立世界上第一个最大的梨种质资源库（蒲富慎，1988），从世界各地收集的梨种质资源保存于此，截至2005年2月，美国就已保存约2300份梨种质资源（曹玉芬，2005）。

作为西洋梨原产地，欧洲中部和东南部的一些国家也保存较多数量的梨种质资源，如英国、法国、意大利、比利时和俄罗斯等。英国肯特国家果树品种试验站收集保存有600多个品种（蒲富慎，1988）。由于法国由国家和地区级种质圃、试验中心、研究所等完成梨种质资源收集与保存，并由遗传资源局（BGR）负责协调。据统计，2002年统计法国本国124个地点共保存梨6905份（含重复）。意大利负责保存梨种质资源工作的主要机构有20个，其中各类研究机构保存梨种质资源1823份，个人组织保存梨种质资源101份，一半以上属于意大利原产类型，遗传资源的征集和研究由农林政策部（MiPAF）负责组织和协调。俄罗斯梨种质资源主要由Valilov植物工业研究所（VIR）完成，保存梨26个种，1811份梨资源，主要保存在VIR的4个试验站，即Maikop试验站、远东试验站、Volgograd试验站和Pushikin Branch of VIR。美国从世界各地收集的梨种质资源保存在位于Corvallis的国家无性系种质资源圃中，截至2005年2月，共保存梨种质资源约2300份资源（曹玉芬，2005）。

在东方梨的收集和保存方面，除中国外，日本和韩国作为东方梨的主产国也保存了一定数量的东方梨，尤其是砂梨品种。日本收集保存的有234份，主要保存于日本农林水产省果树试验场，以大田保存为主。韩国现保存砂梨品种100多个，分别来自于日本栽培品种和自主培育的品种。韩国的梨种质资源收集保存和育种工作主要由韩国农村厅振兴国家园艺所及农村厅下设的罗州梨研究所来完成（胡红菊，2005）。

2. 我国梨种质资源收集保存情况

中国梨属于东方梨（Oriental pears or Asian pears）种群，包括13个种，其中栽培种4个，野生种9个（蒲富慎，1963）。在20世纪50年代和80年代先后两次开展的大规模的果树种质资源调查采集工作中，基本明确了我国梨野生种、半野生种、栽培种的分布和品种组成。到目前为止，我国共收集包括野生资源、地方品种、自主选育品种和引进品种在内的2800余份梨种质资源，先后建立了位于不同生态区的5个梨树种植资源圃："国家果树种质兴城梨、苹果资源圃"，设于中国农业科学院果树研究所内，收集18个种，730份材料（曹玉芬，2000）；"国家果树种质武昌砂梨圃"，设在湖北省农业科学院果树茶叶研究所内，收集以砂梨为主的梨种质资源558份材料（徐汉宏，1991）；此外，"国家果树种质新疆名特果树及砧木圃"保存有新疆梨地方品种，"国家果树种质云南特有果树及砧木圃"保存有川梨和滇梨等野生资源和"国家果树种质公主岭寒地果树圃"保存有秋子梨资源。此外，中国农业科学院郑州果树研究所、河北省石家庄果树研究所、山西省农业科学院果树研究所、大连农业科学院等单位也各有侧重地建立了不同规模的梨种质资源圃（李秀根，2010）。但是这些资源圃内的地方品种所占比例各有差异，还有相当量的地方品种资源没有入圃保存，比如产于浙江的霉梨，云南、四川等地的川梨品种，需要进一步的细致调查和收集。

二 梨种质资源的评价与利用

1. 梨种质资源的评价

在调查、收集和保存工作的基础上，我国学者对梨种质资源进行了比较系统的整理和分类研究，并对部分资源进行了鉴定和评价。如山东莱阳农学院（沈德绪，1994）对一些同名异物或异名同物的材料作了鉴别，通过形态特征和风味品质的比较、花粉观察和授粉试验以及同工酶分析等证实山东的'慈梨''恩梨''冰糖子梨''金香梨'等品种都属于茌梨群内品种。陈瑞阳等（1983）对保存于"国

家果树种质兴城梨、苹果资源圃"的梨属植物中6个野生种和5个栽培种的16个品种染色体数目进行了观察，发现杏叶梨和秋子梨中的'安梨'品种为三倍体（$2n=51$），其余的种和品种均为二倍体（$2n=34$）；黄礼森等（1990）通过对我国梨的野生种和400多个品种（系）进行染色体数目鉴定，发现了26个多倍体类型。曹玉芬等（2000）对我国715个品种（系）的果实成熟期、果实大小、维生素C含量、可溶性糖含量以及抗病虫性进行鉴定，筛选出极早熟品种（果实发育期<80天）10个，含糖量极高品种（>11.0%）10个并对其中部分优良种质进行了综合性评价；胡红菊等（2002）对梨属5个种368份资源通过抗梨黑斑病的田间自然鉴定和初选出的35份综合性状优良的抗性资源进行人工接种鉴定，发现不同品种对黑斑病的抗性差异很大，并筛选出8份抗性资源，1份高抗资源；蔺经等（2006）分别对我国、日本和韩国砂梨品种资源也进行抗黑斑病鉴定评价和比较，筛选出一批抗性种质。

2. 梨种质资源的利用

通过对梨种质资源的鉴定和评价发现，表现优秀的地方品种作为栽培品种直接用于生产的现象较为普遍，如'酥梨''鸭梨''鹅梨''雪花梨''库尔勒香梨''南果梨''金花梨''苍溪雪梨''鸡腿梨''茌梨''长把梨''苹果梨''大香水梨''天生伏梨''大黄梨'等。此外一些地方品种虽果实品质较差但因具有特色性状，可作为杂交育种亲本，并可以作为材料开展基础理论研究。如原产云南的火把梨，虽果实品质较差，但具有红皮鲜艳的外观和丰产抗病的特点，因而被用作培育红皮梨的亲本（王宇霖，1997）；同时，梨杂交育种方面，我国以地方品种为亲本选育出较多新优品种（系），其中一些已获得较大范围的推广（李秀根，2008）（图1～图3）。另外，如三倍体杏叶梨和野生种类的'木梨''豆梨''秋子梨'等被用作梨属植物核型分析的材料（蒲富慎，1986）；'鸭梨'的芽变品种'金坠'分别被用于梨自交不亲和机理研究（Wu，2013）（图4，表2）。

三 存在的问题

欧美一些发达国家早期受工业革命影响较深，农业先进性较强，而较早认识到植物，尤其是各类农业作物，种质资源收集对于产业发展的重要意

表1 我国自主培育的梨新品种

品种名	亲本	培育单位
'黄花'	'黄蜜'ד早三花'	浙江大学
'青云'	'八云'ד二十世纪'	浙江大学
'新杭'	'新世纪'ד杭青'	浙江大学
'雪青'	'雪花'ד新世纪'	浙江大学
'西子绿'	'新世纪'ד翠云'	浙江大学
'新雅'	'新世纪'ד鸭梨'	浙江大学
'翠冠'	'幸水'×('杭青'×'新世纪')	浙江省农业科学院园艺研究所
'清香'	'新世纪'ד早三花'	浙江省农业科学院园艺研究所
'翠绿'	'杭青'ד新世纪'	浙江省农业科学院园艺研究所
'金水1号'	'长十郎'ד江岛'	湖北省农业科学院果树茶叶研究所
'金水2号'	'长十郎'ד江岛'	湖北省农业科学院果树茶叶研究所
'鄂梨1号'	'伏梨'ד金水酥'	湖北省农业科学院果树茶叶研究所
'鄂梨2号'	'中香'×('伏梨'×'启发')	湖北省农业科学院果树茶叶研究所
'华梨1号'	'湘南'ד江岛'	华中农业大学
'新梨1号'	'库尔勒香梨'ד早酥'	塔里木农业大学
'新梨7号'	'库尔勒香梨'ד酥梨'	塔里木农业大学
'早生新水'	'新水实生'	上海市农业科学院园艺研究所
'秦酥'	'酥梨'ד长把梨'	陕西省农业科学院果树研究所
'玉露香'	'库尔勒香梨'ד雪花'	山西省农业科学院果树研究所
'大慈梨'	'大梨'ד慈梨'	吉林省农业科学院果树研究所
'龙园洋梨'	'龙香梨'×混合花粉	黑龙江省农业科学院园艺分院
'红金秋'	'大香水'ד苹果梨'	黑龙江省农业科学院园艺分院
'早金酥'	'早酥'ד金水酥'	辽宁省果树科学研究所
'中梨1号'	'新世纪'ד早酥'	中国农业科学院郑州果树研究所
'早美酥'	'新世纪'ד早酥'	中国农业科学院郑州果树研究所
'七月酥'	'幸水'ד早酥'	中国农业科学院郑州果树研究所
'中梨2号'	'新世纪'ד雪花'	中国农业科学院郑州果树研究所
'满天红'	'幸水'ד火把梨'	中国农业科学院郑州果树研究所
'美人酥'	'幸水'ד火把梨'	中国农业科学院郑州果树研究所
'红酥脆'	'幸水'ד火把梨'	中国农业科学院郑州果树研究所
'金星'	'大香水'ד兴隆麻梨'	中国农业科学院郑州果树研究所
'八月酥'	'大香水'ד鸭梨'	中国农业科学院郑州果树研究所
'黄冠'	'雪花'ד新世纪'	河北省农林科学院石家庄果树研究所
'早冠'	'鸭梨'ד青云'	河北省农林科学院石家庄果树研究所
'华酥'	'早酥'ד八云'	中国农业科学院果树研究所
'甘梨早6'	'四百目'ד早酥梨'	甘肃省农业科学院果树研究所
'龙泉酥'	'翠伏'ד崇化大梨'	成都市龙泉驿果树研究所
'早酥蜜'	'新世纪'ד太白'	陕西省农业科学院果树研究所
'晋酥'	'鸭梨'ד金梨'	山西省农业科学院果树研究所
'苹香梨'	'苹果梨'ד谢花甜'	吉林省农业科学院果树研究所
'伏香梨'	'龙香梨'×混合花粉	黑龙江省农业科学院园艺分院
'金水酥'	'金水1号'ד兴隆麻梨'	湖北省农业科学院果树茶叶研究所
'寒红'	'南果梨'ד晋酥'	吉林省农业科学院果树研究所
'友谊1号'	'鸭蛋香'ד大梨'	黑龙江友谊农场

注：引自李秀根（2008），有变动。

义。而我国从鸦片战争到新中国成立之前的100多年里，由于国家战乱，民不聊生，梨果产业非但没有得到发展，反而无数梨园遭到破坏，许多野生种质资源和较大规模栽培的地方品种资源遭到重创，梨果产业接近灭绝。例如，抗日战争前期间，我国著名的地方品种莱阳梨产区西面和北面沿河的防护林遭到侵华日军的严重破坏，砍伐殆尽。

另外，欧美地区大多以工业化程度较高的大中型的果园农场从事果树生产，生产标准化程度较高，但是栽培品种过于单一，长此以往，对特色的原有地方品种资源保存和继续演化不利。而我国果树生产大都以小型农户为主，这种生产模式虽较粗放且生产水平较低，却为优良品种的形成分化和区域品种多样性提供了便利。而且农户对于自家栽培的品种较为熟悉，导致颇具特色的优良野生种或半栽培品种在劳动人民生产过程中不经意地被筛选保留，成为地方品种。但由于这种方式所产生的品种未经系统地鉴定评价，加上每个品种的数量稀少，农民对种质资源的保护意识淡薄、重视力度不够，导致果树地方品种正在消失、濒临灭绝，许多具有优异性状的地方品种现在已经无踪可寻。如对于同一调查地点某一地方品种，调查后相隔仅数月再前往采集接穗时发现，它们由于道路建设而遭到砍伐。

同时，随着我国农业的飞速发展，耕地逐渐增多，原有的许多优质品种资源由于开荒而遭到砍伐破坏。而且，随着农村城镇化进程的推进，工业化进程的加快，地下水污染使得一些原有地方品种果园遭到破坏，此外有些地方经常会受到雹灾等极端天气的影响，虽然采取了一些防范措施，但仍使得该地区果农种植积极性不高，果园栽培面积逐年减少，在果园遭到破坏的同时，许多地方品种也大幅度流失（图5～图9）。如兰州'软儿梨'也是一个古老的品种，但由于城镇化进程的加快，许多百年以上的大树被砍伐，也面临品种流失的威胁。

表2 '金坠梨''鸭梨'和'寒红'三个品种自交和杂交的坐果率

杂交组合	授粉花数	坐果数	坐果率（%）	授粉花序数
'鸭梨'自交	117	3	2.6	39
'金坠'自交	150	119	79.3	50
'金坠'♀×'鸭梨'♂	106	5	4.7	36
'鸭梨'♀×'金坠'♂	150	124	82.7	53
'鸭梨'♀×'寒红'♂	133	103	77.4	50
'金坠'♀×'寒红'♂	120	104	86.7	42

图1 '七月酥'（李天忠 供图）

图2 '玉露香'（李天忠 供图）

图3 '满天红'（李天忠 供图）

图4 '金坠'植株（吴传宝 供图）

图5 春季低温梨花受冻害（李天忠 供图）

图6 北京市大兴区梨种植区遭受雹灾（李天忠 供图）

图7 梨种植区加装防雹网预防雹灾（王圣元 供图）

图8 地下水污染致使梨树枯死（李天忠 供图）

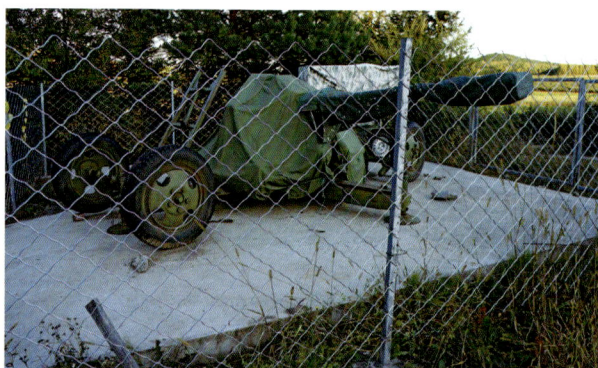

图9 防雹点预防雹灾（李天忠 供图）

由于以前科学技术相对不发达、交通不方便、调查及通讯设备简陋等因素，种质资源考察的具体性、全面性和深入性较低。存在一些地理位置较偏僻地区的地方品种调查不到，无法详细考察，珍贵稀少的地方品种不能得到有效收集保存。

四 梨地方品种调查和收集的必要性

梨属植物从新生代经历漫长地演化发展至今，仍作为世界四大水果之一，受到全世界消费者的青睐，在全球各大洲均有种植。在我国，梨是位居苹果、柑橘之后的第三大水果。据联合国粮农组织统计数据表明，2014年我国梨产量为1809.89万t，收获面积为11188.6hm²，分别占世界总产量的70%、总面积的71%，面积和产量均位列世界第一（图10）。然而，单位面积产量方面，2014年我国梨单位面积产量为16.17t/hm²，和发达国家相差甚远（图11），2013年我国梨果出口量为38.88万t，仅占梨果总产量的2.23%。以上数据反映出我国梨产业存在品质与品牌优势不突出、单产较低等问题。这些问题与区域布局和品种结构不合理、种质资源保存与发掘程度低是紧密关联的。

然而我国幅员辽阔，且作为梨属植物重要发源中心之一，梨属植物多样性丰富程度极高，梨野生和地方品种的种质资源十分丰富，品种资源优势非常突出，尤其地方品种资源，是经过长期自然选择和劳动人民实践的检验而得以保留、能高度适应当地自然和生产条件并具有丰富且突出的遗传多样性性状的优质品种。若得以高度保护、深度发掘并加以妥善利用，将会大大促进我国的梨产业区域布局和品种结构分化工作的开展。另外，目前我国已大面积推广栽培的自育优秀品种中，依然有较多以地方品种作为直接亲本，可见地方品种作为庞大的多样性优质基因储备库，为优新品种的选育也作出了巨大贡献。因此，对我国梨地方品种的调查与收集是打造优势东方梨品牌的有效方法、是解决产业

区域布局和品种结构问题的重要途径，是改善我国梨种性、提高梨果实品质和单产的根本。同时，为防止仅因保护、收集或开发工作开展不到位而造成我国固有的具有良性变异、优秀品质和突出特色的地方品种未得到有效利用甚至濒临灭绝的情况继续恶化，我国梨地方品种种质资源的保护工作势在必行，我国地方品种全面、系统、有效、详细的调查收集工作迫在眉睫。

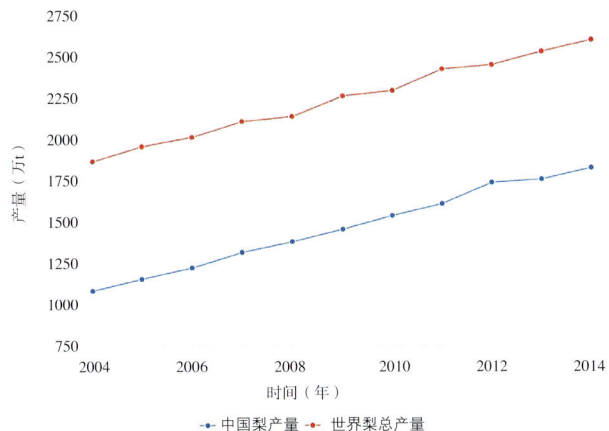

图10　近10年我国与世界梨产量对比

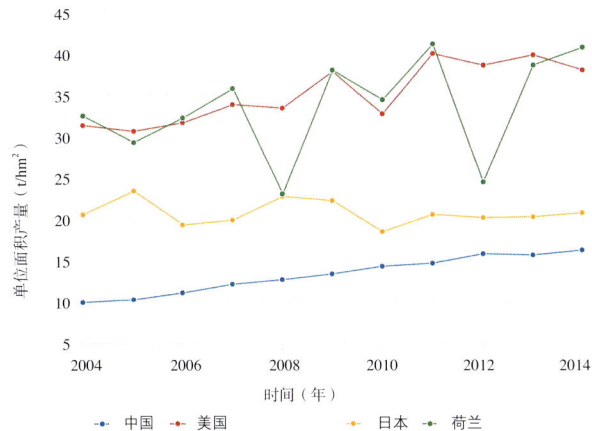

图11　近10年我国与发达国家梨单产比较

第三节
我国梨地方品种的分布概况

一 我国梨地方品种的分布特点

梨对土壤、气候等自然条件要求不严，所以在我国大部分地区均有栽培。北至黑龙江，南至广东，西到新疆，东到东南沿海，除海南、香港、澳门外的其余地区均有种植（赵德英，2010）。受地理条件、气候和栽培历史等因素的限制，各区域栽培相对集中，且近年来通过引种，我国梨的栽培面积不断扩大，分布数量逐渐增多。我国梨地方品种分布亦有所不同，且各个种类都有自己集中分布的地带。我国梨地方品种来源于秋子梨、白梨、砂梨、新疆梨、川梨等五个种类居多，其分布地区与野生种类相似，与主要栽培区大致吻合。其中秋子梨、白梨、砂梨类的栽培品种更多，分布也更广。

秋子梨、白梨和砂梨的栽培品种在分布上形成两个大的混交区：①黄河流域以北，沿长城内外为秋子梨与白梨类品种的混交区，以白梨类品种为主，逾此以北则为秋子梨品种区；②黄河流域以南，长江流域以北为砂梨和白梨的混交区，以砂梨类品种为主，逾此以南则全部为砂梨类品种。而且，我国梨的地方品种，无论北方或南方，主要都在瘠薄的山区，也分布于盐碱沙荒及红壤土地带，栽培多分散于沟谷山际，隙地旷野。新中国成立以来，才有比较集中的栽培，虽管理上相对粗放，但其总产量居于世界首位。在我国，梨总产量仅位列柑橘和苹果之后，为我国第三大水果。梨产量较高的原因，除各类地方种种类繁多和总体栽培面积大外，梨的野生种、半栽培甚至地方栽培品种的抗性及适应性都较强也是主要原因之一。且秋子梨除对梨衰退毒病抗性较弱外，其抗寒力特强，可耐-40℃以下的低温。砂梨具有耐热、耐旱的特点，也能抗火疫病。在同一山地条件下，苹果达到生理性凋萎的时候，杜梨作砧木的梨则仍能很好生长。郑州园艺场东场土壤含碱量高，苹果发生严重的死亡，而杜梨作砧木的西洋梨仍然树冠高大，产量丰富。1963年河北省发生特大水灾，水渍二十余日不退，苹果、桃树均已先后死亡，而梨的大树小树均存活不死，仍然维持生长（蒲富慎，1979）。

原产我国的东方梨系，由于长期适应特定的自然条件、农业生产水平，以及不同地区人民的食用习惯，在品种形成上自成特色。即梨的品种脆肉、软肉兼有，而以脆肉为主，与西方梨系的西洋梨品种全是软肉有显著的区别。据不同梨区品种的脆肉，我国现有主栽种类的果肉脆软与植物学种类大抵相吻合。一般来说，秋子梨类、西洋梨类为软肉类型，而砂梨、白梨则为脆肉类型。脆肉与软肉的分布，与植物学种类的分布亦基本上一致。即使东北、华北、西北地区主产软肉的秋子梨，但仍以脆肉品种偏多。至于黄河流域以南的各个梨区，几乎全是脆肉。砂梨的个别面肉种、霉梨和乌梨品种群的面肉种除外。脆肉品种之所以在我国占极大多数，主要由于脆肉种群的砂梨、白梨分布区域特广，是由于我国人民对它的喜好与长期选择的结果。果肉的脆软，主要决定于原果胶素转化为可溶性果胶素的数量和快慢。此外，也与果肉细胞大小、排列及细胞壁厚薄有关。脆肉品种由于原果胶素转化慢，可溶性果胶素少，果肉细胞为原果胶素所胶结，因而果肉紧密而脆，一般情况下较耐贮藏，为一般西洋梨品种所不及（蒲富慎，1979）。

二 我国梨地方品种优势分布区

在长期的自然选择和人工栽培过程中，逐渐形成了具有典型地方特色的华北白梨区（河北及鲁西北），环渤海秋子梨、白梨区（辽、冀、京、津、鲁），西部白梨区（新、甘、陕、滇），黄河故道白梨、砂梨区（豫、皖、苏），长江流域砂梨区（川、渝、鄂、浙）5大产区。栽培着具有地方特色的主栽品种，如'鸭梨''雪花梨''京白梨''南果梨''砀山酥梨''库尔勒香梨''苍溪雪梨'等（曹玉芬，2016）。从地域来看，华北白梨区是我国梨的最大产区，其产量约占我国梨总产量的25%，其次为西北黄土高原白梨区，其产量约占全国梨总产量的19%，再次为长江流域砂梨区及黄渤地区。

1. 华北白梨区

该区域主要包括冀中平原、黄河故道及鲁西北平原，属温带季风气候，介于南方温湿气候和北方干冷气候之间，光照条件好，热量充足，降水适度，昼夜温差较大，是晚熟梨的优势产区。该区是我国梨传统主产区，主要包括河北省、山东省、安徽省等主要省份。其中河北省是我国梨栽培面积和产量第一大省，2013年栽培面积占到全国的17.56%，产量占全国的25.76%。河北省种植梨树历史悠久，可追溯到先秦时期。改革开放三十多年来，河北省充分利用自然资源优势大力发展梨果产业，作为梨果生产第一大省，无论是种植面积还是产量都居于世界领先水平。随着水果产业的不断发展与完善，梨果已经成为河北省的重要种植产业之一。1990—1996年，河北省梨树种植面积呈不断增长的趋势，1996年种植面积达2337hm²。1996—2011年，梨树种植面积呈缓慢下降趋势，至2011年梨树的种植面积为1831hm²。梨果产量则呈稳步增长的趋势，1990年河北省梨果产量为76.3万t，2011年则达到406.9万t（其中'鸭梨'产量204.9万t、'雪花梨'产量105.3万t、其他'黄金梨''黄冠梨''绿宝石'等品种产量也不小）（图12～图14），21年间增长了330.6万t。河北省梨树种植范围广泛，各个市县均有不同品种和数量的种植。河北省的梨树栽培主要分布在南部，南北分布不均，呈现为以石家庄为中心，大面积辐射沧州、衡水、邢台和保定等地区。其中，石家庄栽培面积和产量最大，张家口、秦皇岛等地分布较少。2010年，石家庄市、沧州市、衡水市、邢台市、廊坊市栽培面积占河北省栽培面积的71.47%，产量占河北省梨果产量的79.89%，是河北省梨果主产区，其中，'雪花梨''鸭梨'分别占梨果产量的22.65%、46.96%。河北省梨果的种类和品种极多，品种结构呈现多元化变化。加入WTO以前，栽培品种以'鸭梨'和'雪花梨'为主，品种比较单一。据河北省农村年鉴统计，河北省'鸭梨'和'雪花梨'的产量总和超过了梨果总产量的80%。加入WTO以后，河北省梨的品种结构发生了较大的变化，栽培品种逐渐增多，除了'鸭梨''雪花梨''秋白梨''黄冠梨''库尔勒梨'等在梨果市场上仍具有很大的优势外，'苹果梨''圆黄梨''大果水晶''丰水梨'等新品种在市场的占有率也逐渐提高（图15～图19）。据河北省林业数据统计，2011年河北省梨树栽培面积为17.8412万hm²、梨果产量为406.8629万t，其中'鸭梨'与'雪花梨'的产量和种植面积都呈现出明显的下降趋势，'白梨''皇冠梨''水晶梨'等新品种的产量和种植面积都有一定程度的增加（杨念，2013）。

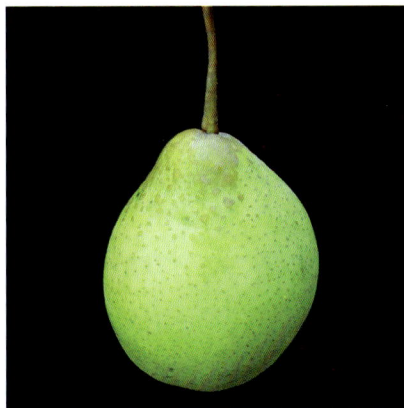

图12 '鸭梨'果实（张懿 供图）　图13 '雪花梨'（李天忠 供图）　图14 '黄金梨'（尹燕雷 供图）

图15 '秋白梨'（李好先 供图）

图16 '库尔勒香梨'果实（张占畅 供图）

图17 '圆黄梨'（李天忠 供图）

图18 '大果水晶'（李天忠 供图）

图19 '丰水梨'（李天忠 供图）

梨是山东省的重要栽培果树，梨产业对促进山东省农村经济发展、增加农民经济收入发挥了重要作用。2003年以来山东省梨栽培面积持续下滑，但产量稳中有升。截至2013年，山东梨园面积4.5636万hm²，居全国第10位；产量127.1992万t，居河北、辽宁之后，位居全国第三位。由于山东省梨种质资源十分丰富，加之多年来对梨新品种引进的重视，栽培品种丰富多样。品种构成以'黄金梨''鸭梨''丰水''新高''酥梨'等为主，其栽培面积分别占山东省梨栽培面积的29.46%、17.90%、10.61%、5.79%、3.86%。山东地方传统梨品种，如'莱阳茌梨''黄县长把梨''栖霞大香水梨''泰安金坠子梨''阳信鸭梨'等，品质及风味上都有其独到之处，是具有地方特色的优质梨栽培品种（陶吉寒，2015）（图20～图24）。

梨是安徽省种植面积最大的果品，2012年达3.7309万hm²，占全国梨园总面积3.5%，最有名的品种属当地地方品种——'砀山酥梨'（图25）。'砀山酥梨'原产于安徽省宿州市砀山县，是古老的地方优良品种。'砀山酥梨'亦有3000年的栽培史。明万

历修编的《徐州府志》已有"砀山产梨"的记载。可见400年前'砀山酥梨'已形成规模。但大面积的发展还在新中国成立以后。尤其是党的十一届三中全会以来，砀山县委、县政府围绕着酥梨生产大做文章，水果面积猛增到今天的5万hm²，占全县耕地面积的77%。其中酥梨面积3.3万hm²，连片面积之大堪称世界之最。酥梨年产量7.5亿kg左右，鲜果贮藏量15万t。砀山县因芒、砀二山而得名，却因盛产酥梨而扬世。昔日不毛之地的黄泛区，如今凭借'砀山酥梨'成了世人瞩目的果海绿洲，1994年被冠以"梨都"称号（黄晓春，2014）。

2. 西北白梨区

该区主要包括山西晋东南地区、陕西黄土高原、甘肃陇东和甘肃中部。该区域海拔较高，光热资源丰富，气候干燥，昼夜温差大，病虫害少，土壤深厚、疏松，易出产优质果品。该区梨面积和产量分别占全国的15%和9%，是我国最具有发展潜力的白梨生产区。

山西省梨栽培面积以'酥梨'面积最大，栽

培面积占到全省梨栽培面积的2/3，其他梨品种如'玉露香''晋蜜梨'及砂梨系统的日本梨、韩国梨等占全省梨面积的1/3。山西省主要有4个梨优势产区：忻定盆地梨区，忻定盆地梨区地处山西中北部，包括忻州、原平、代县、河曲、定襄等地，已有1000多年的栽培历史，本区的主栽品种是'酥梨''黄梨''油梨''夏梨''笨梨''鸭梨''雪花梨'等（图26～图34）。晋中梨区，晋中梨区位于山西中部，包括榆次、太谷、介休、灵石、平遥、祁县、寿阳、太原等地，主栽品种是'酥梨'。晋东南梨区，该区地处山西东南部，包括长治、晋城的东部山区，栽植的主要品种有'酥梨'和'大黄梨'（图35～图37）。晋南梨区，该区地处山西南部，盐湖区、万荣、隰县等地是该区梨的主产地，也是山西省梨面积和产量最大的区域，主要品种有'酥梨''玉露香梨''晋蜜梨''红香酥梨'等（吉晶，2005）。

梨是陕西省仅次于苹果的大宗果品，栽培面

图20 '莱阳茌梨'（尹燕雷 供图）

图21 '黄县长把梨'植株（尹燕雷 供图）

图22 '黄县长把梨'果实（尹燕雷 供图）

图23 '阳信鸭梨'植株（尹燕雷 供图）

图24 '阳信鸭梨'结果状（尹燕雷 供图）

图25 '砀山酥梨'果实（孙其宝 供图）

图26 '黄梨'植株（曹秋芬 供图）

图27 '黄梨'结果状（曹秋芬 供图）

图28 '黄梨'生境（曹秋芬 供图）

图29 '油梨'植株（曹秋芬 供图）

图30 '油梨'结果状（曹秋芬 供图）

图31 '夏梨'植株（曹秋芬 供图）

图32 '夏梨'果实（曹秋芬 供图）

图33 '笨梨'植株（曹秋芬 供图）

图34 '笨梨'果实（曹秋芬 供图）

图35 '大黄梨'植株（曹秋芬 供图）

图36 '大黄梨'结果状（曹秋芬 供图）

积近百万亩，已形成了规模化产业。主栽品种比较单一，主要是'砀山酥梨'。甘肃省是梨的原产地之一，栽培历史悠久，早在二三千年前天水、河西一带就有梨的栽培。悠久的栽培历史和内外交流，形成了十分丰富的甘肃梨种质资源，其种类品种之多，居西北首位，也为全国所少见。甘肃省境内划分成了6个梨产区：陇中产区，包括六盘山以西，乌鞘岭以东，靖远以南，陇西以北，以兰州为中心的甘肃中部地区。该区是甘肃主要的梨产地，地方品种有20多个，其中，'兰州大冬果''兰州小冬果''哈

思梨'和'兰州软儿梨'等曾经是全省栽培最广泛的古老优良品种。河西产区，包括乌鞘岭以西的武威、金昌、张掖、酒泉等地。有地方品种20多个，其中，'敦煌窝窝梨''武威红宵梨''临泽鬼头梨''敦煌酸长把梨'和'敦煌冬酥木梨'都是著名品种（图38）。陇东产区，包括平凉、庆阳两市的陇东黄土高原，'泾川秃头梨''泾川红梨'和'泾川笨梨'等品种栽培较多。陇南产区，包括西秦岭以北，六盘山和陇西以南，以天水为中心的中南部地区，'化心梨''金瓶儿梨'分布最广（图39、图40），'秦安长把梨'及'礼县八盘梨'等丰产质优（图41～图44），为当地名产。陇南山地产区，包括秦岭以南，以武都为中心的甘肃南部地区。陇西南产区，包括临洮、会川、渭源以及临夏回族自治州为主的甘肃省西南部地区，种植有'胎果梨''歪把梨''甘长把梨''冬果梨''酥蜜梨'和'软儿梨'等地方品种（蔡黎明，2004）（图45～图47）。

3. 长江流域砂梨区

该区域主要包括长江中下游及其支流的四川盆地、湖北汉江流域、江西北部、浙江中北部等地区，气候温暖湿润、有效积温高、雨水充沛、土层

图37 '大黄梨'生境（曹秋芬 供图）

深厚肥沃，是我国南方砂梨的集中产区。该区同一品种的成熟期较北方产区提前20～40天，季节差价优势明显，具有较好的市场需求和发展潜力。目前，其面积和产量均占全国的20%左右。

四川自然条件优越，梨栽培范围广，历史悠久，品种资源十分丰富，已经发现1000多个品种品系和类型，其中以白梨和砂梨栽培最广。在栽培种中，有许多品种在国内外久负盛名。如'金花梨''金川雪梨''苍溪雪梨'等（图48）。

湖北省是砂梨生产大省，位于长江中下游砂梨区，为全国砂梨重点发展区域。砂梨是湖北省除柑橘以外最大的果树种类，也是该省最大的落叶果树种类。湖北省砂梨产业地域分布特点为全省遍布、相对集中，主要集中在汉江流域及长江沿岸沙洲地区。1980—2006年湖北省砂梨年平均种植面积占该

省水果种植总面积的18.62%（李先明等，2009）。

江西省属于亚热带区域，全省从北到南均适宜发展砂梨。1999年江西省委、省政府提出了"南橘北梨"果业发展战略，历经6年全省早熟梨发展很快，面积增加，产量增长，农民增收，早熟梨产业正逐步做大做强，已成为赣北、赣中一些市县的支柱产业。在江西省同一品种成熟期比浙江省、江苏省、安徽省、湖北省等地早7～10天。因此，江西省梨可南下北上，提前抢占市场，销路较为广阔（胡正月等，2005）。

由于长期栽培的结果，现已初步形成了具有地方特色的名优品种栽培区。如胶东半岛的'茌梨''长把梨''大香水梨'栽培区；黄河故道的'酥梨'栽培区；河北省石家庄、邢台、天津市的'雪花梨''鸭梨'栽培区；大连、烟台等地的

图38 '红宵梨'果实（刘佳棽 供图） 图39 '金瓶儿梨'植株（曹秋芬 供图）

图40 '金瓶儿'结果状（曹秋芬 供图）

图41 '长把梨'植株（曹秋芬 供图）

图42 '长把梨'果实（曹秋芬 供图）

图43 '八盘梨'嫩叶（李好先 供图）

图44 '八盘梨'花（李好先 供图）

图45 '软儿'植株（曹秋芬 供图）

图46 '软儿'生境（曹秋芬 供图）

图47 '软儿'结果状（曹秋芬 供图）

图48 '金川雪梨'果实（李天忠 供图）

'巴梨''三季梨'等西洋梨栽培区；辽西绥中、锦西、阜新等地的'白梨''小香梨''秋子梨'栽培区；山西省晋东南高原'大黄梨'栽培区；陕西的乾县、礼泉、眉县'砀山酥梨'栽培区；兰州的'大冬果''长把梨'栽培区；南疆库尔勒、喀什等地的'香梨'栽培区；四川省'金川'苍溪的'金花''金川雪''苍溪雪梨'栽培区；云南省'呈贡''昭通'及贵州省威宁的'大黄梨''宝珠梨'栽培区；河南省孟津的'天生伏梨'及湖北枣阳、襄樊的'金水梨''楚比香梨'栽培区；长江中下游的'早酥黄花''徽州雪梨'栽培区；北京市郊区的'京白梨'；及辽宁省鞍山、海城的'南果梨'栽培区；吉林省延边、甘肃省河西走廊的'苹果梨'栽培区（滕葳，1996）（图49~图51）。

三 栽培优势品种

'鸭梨'是河北省魏县古老的地方白梨优良品

种。因梨梗部突起，状似鸭头而得名。作为河北省的传统出口果品，栽培种植主产区主要分布在沧州的泊头市、肃宁县、孟村县、河间市、青县和南皮县，石家庄的辛集市、赵县和晋州市，保定的定州市和高阳县，邢台的宁晋县，邯郸的魏县，衡水的深州市和阜城县，廊坊的大城县等地，其栽培面积15万hm²，年产量约16.5亿kg（刘进余，2013）。此外，山东'阳信鸭梨'也非常有名，素有"天生甘露"之称，阳信县是中外闻名的"中国鸭梨之乡"，主要在阳信镇、河流镇、劳店镇、水落坡镇、商店镇、翟王镇、洋湖乡、流坡坞镇、温店镇等9个乡镇进行'鸭梨'种植。'阳信鸭梨'栽培历史悠久，迄今已有千余年的历史。在唐朝初期土生梨种就进入人工栽培，宋末明初开始园林生产和商品经营，并初具规模，明永乐年间"所栽梨树块块成行，果实累累，四方闻名"。清末民初，已有人"打洋梨"，指将'阳信鸭梨'肩挑车推送往登州（烟台）码头，然后运到东南亚一带。1985年，'阳

图49 '京白梨'植株（李天忠 供图）

图50 '京白梨'果实（李天忠 供图）

图51 '苹果梨'果实（李好先 供图）

信鸭梨'夺得全国优质水果金杯奖，2007年9月19日被正式命名为"中华名果"（赵蕾，2015）。'鸭梨'果实倒卵形，果梗一侧常有突起，并具有锈斑。采收时果皮绿黄色，贮后变黄色，果面光滑。果梗长先端常向一方弯曲。萼片脱落，果心小，果肉白色，质细而脆，汁液极多，味淡甜。果实较耐贮藏，一般可贮藏至第二年的2～3月份。适应性广，除渤海湾地区适宜栽培外，陕西渭北、新疆南部和四川西昌地区，'鸭梨'的生长和结果状况良好（张绍铃，2013）（图52～图58）。

'雪花梨'属白梨系统，是河北省土特名产之一，主要分布在河北省中南部，赵县是著名的集中产区，它因花洁白似雪，果肉洁白如霜而得名'雪花梨'（刘晶晶，2014）。早在北魏时就已是向宫廷进贡的土特产品，至今已有2000多年的栽培历史。赵县位于东经114°36'～115°4'、北纬37°37'～37°53'之间，海拔41.8m，地势由西北向东南倾斜，气候属季风暖温带半湿润区，年平均气温12.3℃，年平均日照2751.2小时，年积温4768.6℃，年降水量502.5mm，无霜期187天，生长季节日照长，热量充足，雨量适中，土质东部梨区为砂壤土，表土疏松，透气性好，是适宜梨果生产的最佳

图52 '鸭梨'植株（李天忠 供图）

图53 '鸭梨'枝干（李天忠 供图）

图54 '鸭梨'花芽（李天忠 供图）

图55 '鸭梨'枝叶（王圣元 供图）

图56 '鸭梨'果实（尹燕雷 供图）

图57 冠县'鸭梨'生境（尹燕雷 供图）

图58 河北赵县'鸭梨'生境（李天忠 供图）

图59 赵县'雪花梨'生境（李天忠 供图）

图60 赵县'雪花梨'开花状（李天忠 供图）

图61 '砀山酥梨'生境（孙其宝 供图）

区域，产有'雪花梨''鸭梨'和'皇冠梨'，但以'雪花梨'为最名优品种（王晓伟，2016）。1996年被国家命名为"中国雪花梨之乡"。1999年其产品荣获了"99昆明世博会"银奖并被"99中国国际农业博览名牌认定会"认定为"国际名牌产品"，从此'赵州雪花梨'享誉海内外（杨光宇，2011）。

'雪花梨'果实呈长卵圆形，果皮绿黄色，贮后变黄色，有蜡质光泽。果点较小而密，分布均匀。汁液多，味淡甜。品质上等。果实较耐贮藏（图59、

图60）。

'砀山酥梨'属于白梨品系，作为一个古老的地方优良品种原产于安徽省砀山县，是我国梨的主栽品种，约占全国梨栽培总面积的1/4（潘海发，2013）。此外，在辽宁、山西、山东、陕西、河南、四川、云南、新疆等省（自治区）均有栽培。在陕西渭北、山西南部及新疆栽培品质及外观均优于原产地。品系较多，有'白皮酥''青皮酥''金盖酥''伏酥'等。砀山县位于皖、苏、鲁、豫4省7

县结合部，东南连安徽省萧县，南部、西南部、西部分别与河南永城市、夏邑县、虞城县接壤；西北部与山东单县，东北部与江苏省丰县毗邻。介于东经116°29′~116°38′、北纬34°16′~34°39′之间，辖13个镇、3个经济开发区，县域面积达1193km²。全县水果种植面积超过4.67万hm²，总产达到170万t，产值近50亿元。砀山因盛产驰名中外的砀山酥梨被誉为"中国梨都""酥梨之乡"（李晓艳，2013），1985年全国优质名特产品评比会议上，'砀山酥梨'被评为全国名特水果；1992年获全国绿色食品博览会最高奖；1993年获泰国国际博览会"龙马金奖"；1995年、1997年连续获全国农业博览会金牌奖。中国绿色食品发展中心鉴定并颁发了绿色食品标志。2010年4月被吉尼斯纪录认定为世界最大的连片果园产区。'砀山酥梨'果实大，果皮绿黄色，果点小而密集。果梗长，梗洼浅，萼片多脱落，萼洼深、广。果心小，果肉白色，酥脆，汁液多，味甜。含可溶性固形物12.45%、可溶性糖7.35%、可滴定酸0.11%。果实耐贮藏（图61、图62），（张绍铃，2013）。

'苹果梨'产于吉林延边朝鲜族自治州，是延边地区主栽梨品种。据报道，'苹果梨'是1921年朝鲜人崔范斗从朝鲜咸镜南道北青郡引入6根梨的接穗，与延边朝鲜族自治州龙井市桃源乡小箕村的北方耐寒梨砧木嫁接而成的。起初人们叫它'大梨''大黄梨'，后因该果实形状呈扁圆形，阳面着色红晕，外观颇似苹果，故称'苹果梨'。作为吉林省量大质优的梨中佳果，1985年和1989年两次被评为全国第一优质水果（徐炳达，2005）。'苹果梨'栽培地区主要集中在龙井、和龙、延吉三市，图们、珲春、汪清等地也有较多分布，在辽

西、沈阳、甘肃河西、定西及内蒙古和新疆等地栽培也较多。因为这些地方的生态条件基本符合'苹果梨'生长结果最适宜的9项因素：年平均气温4.5~8.0℃，夏季平均气温16.0~24.0℃，最冷月平均气温-15.0~9.0℃，≥10℃积温2400~3500℃，年平均日较差13.5~15.5℃，年日照百分率50%~70%，年日照时数2400~3200小时，夏季平均相对湿度40%~60%，年降水量500~606mm或有灌溉条件的干旱区（吴燕民，1991）。延边朝鲜族自治州作为'苹果梨'的发源地和主产区，栽培历史悠久。据史料记载，新中国成立初期作为苹果梨故乡的老头镇一带的'苹果梨'栽培面积仅有7hm²，在20世纪50~60年代迎来了苹果梨栽培的第一次高峰，并陆续建成了延边龙井果树农场、老头沟农场、细鳞河果树农场，大苏果树农场等苹果梨为主的国有农场，栽培面积达到7000hm²。20世纪80~90年代随着农村商品经济的发展迎来了苹果梨的第二次种植高峰，种植面积又增加了6000hm²，并先后推广人工授粉、病虫害防治等先进技术，使得'苹果梨'的年产量达到8万t。21世纪初受其他果品和其他地区'苹果梨'的市场竞争影响，果农种植积极性下降，'苹果梨'的栽培面积有所回落，基本维持在7000hm²左右，近年来'苹果梨'栽培面积基本稳定在5500hm²左右（姜玲，2014），但受自然灾害的影响，产量很不稳定，但是作为优良的地方品种，'苹果梨'仍然是当地农民增收致富的重要来源（图63~图66）。

'京白梨'又名北京白梨，除北京郊区外，辽宁、吉林、内蒙古等地也有栽培。'京白梨'为秋子梨系统中品质最为优良的品种之一，是北京果品中唯一冠以"京"字的地方特色品种。深受广大消费者

图62 '砀山酥梨'果实（孙其宝 供图）

图63 '苹果梨'植株（李天忠 供图）

图64 '苹果梨'的立架式栽培（李天忠 供图）

图65 '苹果梨'结果状（李天忠 供图）

图66 '苹果梨'贮藏与销售（吴传宝 供图）

喜爱。'京白梨'起源于北京市门头沟区军庄镇，距今已有400多年的栽培历史。目前200岁以上的老梨树还存活着200多株，其中东山村的"御梨园"里面就有48株200年以上的"寿星"，有5株还是清朝皇帝赐名的御梨树。在1954年的北京市梨品种评比会上，该梨荣获最优产品奖，并正式在"白梨"前冠以"京"字，称之为'京白梨'。北京地区山区面积占市区总面积的3/5，丘陵地海拔在200m以下，不仅山地，丘陵地和平地均可栽种'京白梨'。近年来北京市各级政府加强了对'京白梨'优质生产栽培的投入，'京白梨'生产水平得到很大的提升，销售过程中'京白梨'果品供不应求且售价高于其他梨品种，提高了果农收益。'京白梨'果实呈扁圆形，传统的'京白梨'一个个摞起来，能摞到七八个而不倒。平均单果重100g，果皮黄绿色，贮藏后变为黄白色，果面平滑有蜡质光泽，果点小而稀；果肉黄白色，初采下时嫩脆，经后熟变软，汁特多，味浓甜，有香气；果心中大；石细胞小，品质上等；采收时可溶性固形物达12%，后熟后可溶性固形物达15%以上。萌芽期3月中下旬，开花期4月上旬，果实成熟期较早，北京8月中下旬即可采收；如采收过晚，容易落果；后熟期约需7~14天，仅能贮放20天左右。树势中庸，枝条纤细，成年树以短枝结果为主，坐果力较强，丰产稳产，大小年现象显著，该品种抗寒能力强，喜冷凉的栽培环境。主要病虫害种类有梨黑星病、腐烂病、梨茎蜂、梨木虱等（图67~图72）。

'南果梨'为秋子梨系统的著名品种，属辽南特产，1988年被农业部列为全国名优特品种（曹煜昊，2013），主产地为辽宁省海城市、锦州（北镇、义县），是钢都特有的富铁土壤才能孕育出的独特水果品种，该果海城等地产量较高，属华夏果中之桂冠。该梨以其色泽鲜艳、果肉细腻、爽口多汁、风味香浓而深受国内外友人赞誉，素有"梨中之王"美誉。是不可多得的能与'新疆库尔勒香梨''山西贡梨'以及原产于日本的'水晶梨'等诸多梨中珍品相媲美的稀有梨种。'南果梨'是世界梨果中的珍稀品种，在《中国果树志·第三卷（梨）》介绍的梨果中，'南果梨'名列首位。它以其独特的香气被中国农科院果树研究所对全国517个梨种评定品质极上的四个梨种之一。'南果梨'起源于辽宁省鞍山市千山区大孤山镇对桩石村，1987年千山区政府为原始祖树立碑，碑文记载，清光绪二十年仲秋某日，村里有人发现了这株'南果梨'树。经研究认为是自然杂交品种，其原始祖树为自然杂交实生单株。距今已经有130多年的历史。作为北方的水果而具有南方水果的香味，故名"南果"（王斌，2011）。作为'南果梨'主产区的海城位于辽宁省南部，辽河下游之左岸，辽东半岛之北端。地处东经122°18'~123°08'、北纬40°29'~41°11'之间，海城市地貌复杂，有山地、丘陵、平原、洼地，东南高、西北低，由东向南向西北倾斜。处于暖温带季风气候区，年平均气温10.4℃，降水量721.3mm。四季分明、雨量充沛。良好的地形区位优势以及气候特点为'南果梨'的优质生产创造了优越的自然条件。优质的'南果梨'果实呈扁圆形到近球形。一般平均单果重50~75g，最大单果重可达170g。果皮中厚，表面不光滑，底色多为黄绿色，阳面带有红晕，果点较大，近圆形，分布不均。果梗短粗，果心较小，石细胞少，果肉乳白色。果实采收后，果肉稍硬，需经10~15天后熟，后熟的果肉变黄

图67 '京白梨'开花状（赵立敏 供图）

图68 '京白梨'古树（李天忠 供图）

图69 '京白梨'果实成熟状（李天忠 供图）

图70 '京白梨'采收（李天忠 供图）

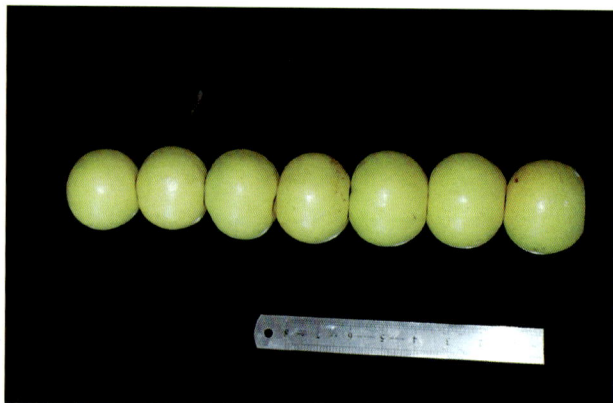

图71 '京白梨'端正果形（李天忠 供图）

图72 '京白梨'果实包装销售（王圣元 供图）

图73 '南果梨'果实（曲艺 供图）

图74 '南果梨'植株（曲艺 供图）

白色，肉质细，柔软多汁，果皮薄，甜酸适度，芳香浓厚，品质极上。在海城地区'南果梨'的物候期为：花芽萌动期4月上旬，初花期4月下旬，盛花期4月末至5月初。落花期5月上旬。落果期5月中旬至6月上旬。叶芽萌动期为4月上、中旬，展叶期为5月上旬。新梢生长始期为4月下旬，新梢旺盛生长期为5月中旬至6月上旬，新梢停止生长期为6月上旬。6月中旬开始花芽分化。果实采收期为9月上、中旬。落叶期为10月中旬（图73、图74）。

'新疆香梨'为我国独特的优质梨品种，栽培历史悠久，国内外知名度较高，为我国主要出口产品。其中最著名的是'库尔勒香梨'，维吾尔语名乃西米提或乃西普提，原产于新疆巴音郭楞蒙古自治州、阿克苏等地，至今已有1400年的栽培历史，为古老地方优良品种。'库尔勒香梨'是一个地域性极强的名优特优良品种，也是该地区甚至全国最优异的地方梨品种之一。从1995年开始，香梨种植面积每年以0.32万～0.66万hm²的规模迅速扩展（马建江，1996）。到2002年种植面积已达3万hm²，产量达20多万t。据不完全统计，2009年'库尔勒香梨'的种植面积在6.67万hm²左右，产量为50万t，产量占全疆香梨产量的95%以上（李疆，2009）。'库尔勒香梨'主产区属典型温暖带大陆性干旱荒漠气候，年均气温10.7～11.2℃，年均积温（≥10℃）4200℃以上，无霜期170～227天，日照时数2762.1～3186.3小时，年均相对湿度45%～50.3%，干燥度39.6～63.3。基于这些特定的光热水土资源，保证了该地区出产的香梨产量稳定，果实品质优良，果型端正，脱萼果率高，石细胞较少，是国内外驰名的香梨生产基地（祁岩龙，2013）。此外，吐鲁番、和田、阿克苏等地区亦有少量栽培。目前，中国北方一些省（自治区、直辖市）如陕西省、宁夏回族自治区、山西省、辽宁省、北京市已开始引种，而且山西省有部分地区已列为推广项目（高启明，2005）。成熟的'库尔勒香梨'果实倒卵圆形或椭圆形，平均单果重113.5g，果实黄绿色，阳面有红晕，果面光滑，蜡质较厚，果点小而密且呈红褐色，果皮薄，质脆，果肉白色细嫩，石细胞少，汁液多，味甜，近果心处略酸，香味浓郁。萌芽期3月下旬，开花期4月上中旬，果实成熟期9月中下旬。耐干旱、盐碱、瘠薄能力中强。极耐贮藏，这是'库尔勒香梨'进一步拓展国内外市

图75 '库尔勒香梨'果园（张占畅 供图）

图76 '库尔勒香梨'植株（张占畅 供图）

图77 '库尔勒香梨'开花状（王玉凯 供图）

图78 '库尔勒香梨'幼果状（张占畅 供图）

图79 '库尔勒香梨'结果状（张占畅 供图）

场，提高市场竞争力的突出优势。在贮藏条件较落后的情况下，其货架期可延长至翌年4、5月份；在具备冷库和冷藏运输条件下，可实现季产年销，周年供应。现如今，香梨早已成为库尔勒市农民增收的第一产业，种植面积连年快速递增。截至2010年，库尔勒市域内香梨种植面积达到4.67万hm²，年产量50万t，储藏保鲜能力达40万t以上，实现全年销售。建成库尔勒香梨标准化生产基地0.67万hm²，出口注册果园1.33万hm²，产量达29.7万t。产品远销美国、加拿大、日本、新加坡等10余个国家，享誉国内外。

市场跻身世界零售业连锁巨头"沃尔玛"和"欧尚"旗下各大超市，成功地实现了"从果园到餐桌"的飞跃（图75～图79）。

第四节
梨地方品种调查与收集的思路和方法

参照果树种质资源野外调查的一般方法和手段，预想我们实地调查可能遇到的问题和困难，我们因地制宜制定了一套符合梨地方品种调查和收集的技术路线，以期在最短时间内最大程度地收集大量的有效的信息。以前的野外资源考察工作会受到当时科技发展水平人力、物力、财力、交通条件等方面的限制，其考察效果势必受到很大的影响。另外，当时没有电脑，相机技术相对今天也很落后，野外资源考察工作不能够为后人留下足够的图像资料，即使有图像资料，其色彩、清晰度等各方面也存在许多失真的地方。而且，当时没有GPS导航设备，一些有关资源地域分布的描述并不确切；后期如果当地的地理环境发生变化，往往也不能对该地区的资源进行回访调查。针对以前调查的技术水平和工具的不足，我们想方设法——做了弥补。梨地方品种资源丰富而且分布广泛，短时间内需要了解、掌握和获取的信息较多，为方便资源调查工作顺利开展，我们制定了如下工作流程：

一　调查我国梨优势产区地方品种的地域分布、产业和生存现状

通过收集网络信息、查阅文献资料、果树志等途径，从文字信息上大体掌握我国主要落叶果树优势产区的地域分布，确定今后科学调查的主要区域和基本范围，做好前期的案头准备工作。在实地走访主要落叶果树种植地区的过程中，一方面直接对当地人进行问询，另一方面是通过当地林业站、农业局等单位协助调查，这样能科学有效地确定调查的主要区域和主要树种。实地调查过程中摸清该地区主要落叶果树的优势产区区域分布、历史演变、栽培面积、地方品种的种类和数量、产业利用状况和生存现状等情况，最终形成一套系统的相关树种的调查分析报告。

二　初步调查和评价我国梨优势产区地方品种资源的原生境、植物学特征、生态适应性和重要农艺性状

针对我国梨优势产区地方品种资源分布区域进行翔实的原生境实地调查和GPS定位等，利用数码相机和GPS定位获取每一地方品种的地理信息和生境信息。如实记录每一地方品种原生境生存现状、相关植物学性状、生态适应性、栽培性能和果实品质等主要农艺性状（文字、特征数据和图片），对梨优良地方品种资源进行初步评价后，做好相应品种的收集和保存工作，即采集接穗嫁接到每一树种的资源圃备份保存。这些工作意义重大而有效率，最后可以形成高质量的梨地方品种图谱、全国分布图和GIS资源分布及保护信息管理系统。

三　采集和制作梨地方品种的图片、图表、标本资料

由于以前的交通设施的限制，梨等地方品种资源调查工作受到限制。由于当时公路、铁路和交通工具均比较落后，许多交通不便的偏僻地方考察组无法到达，无法详细考察。而现在，公路、铁路和航空交通都较当时有了巨大的发展，给考察工作创造了很好的条件，使考察组可以深入过去不能够到达的地方，从而可能发现、收集并保存更多的地方品种资源。此外，我们每次调查时都会对叶、

枝、花、果等性状进行不同物候期进行调查，记载其生境信息、植物学信息、果实信息，并对其品质进行评价，按照梨种质资源调查表格进行记载，并采集枝、叶、果等材料制作浸渍或腊叶以及果实标本，而且拍摄一些品种的花粉扫描电镜（图80～图82）。并根据实际需要对果实进行果品成分的分析或对可能是多倍体的地方品种单独收集，后续进行相应的倍性鉴定。

四 鉴别梨地方品种遗传型和环境表型

我们加强对梨主要生态区具有丰产、优质、抗逆等主要性状资源的收集保存，针对恶劣环境条件下的梨地方品种，注重对工矿区、城乡结合部、旧城区等地濒危和可能灭绝地方品种资源的收集保存，以及梨地方品种优良变异株系的收集保存，并在郑州地区建立国家主要落叶果树地方品种资源圃，用于集中收集、保存和评价特异梨地方品种资源，以确保收集到的果树地方品种资源得到有效的保护。对于收集到资源圃的梨地方品种进行初步观察和评估，鉴别"同名异物"和"同物异名"现象。着重对同一地方品种的不同类型（可能为同一遗传型的环境表型）进行观察，并用有关仪器进行鉴定分析。我们在梨地方品种的调查过程中发现，由于当地社会经济状况已经发生了翻天覆地的巨大变化，梨地方品种的生存状况自然也会相应发生变化。现如今梨果树产业向着良种化、商品化方向发展，然而随着经济的发展，城镇化进程的加快，梨地方品种的生存空间和优势地位正加速丧失，导致梨地方品种因为各种原因急速消失，濒临灭绝，许多梨地方品种现在已经无法寻见。通过此项工作，一方面能够了解我国梨农家果树生产现状，解决其生产的各种问题，另一方面也为收集和保存大量自然产生的果品种资源，丰富我国梨种质资源库，为选育优良梨品种提供更多优异原始材料。对我国优势产区梨地方品种资源进行调查和收集，可以在有限的时间和资源配置下，快速有效地了解和收集到最多的梨资源。

图80 野外实地调查（刘佳梦 供图） 　图81 枝叶标本（吴传宝 供图）

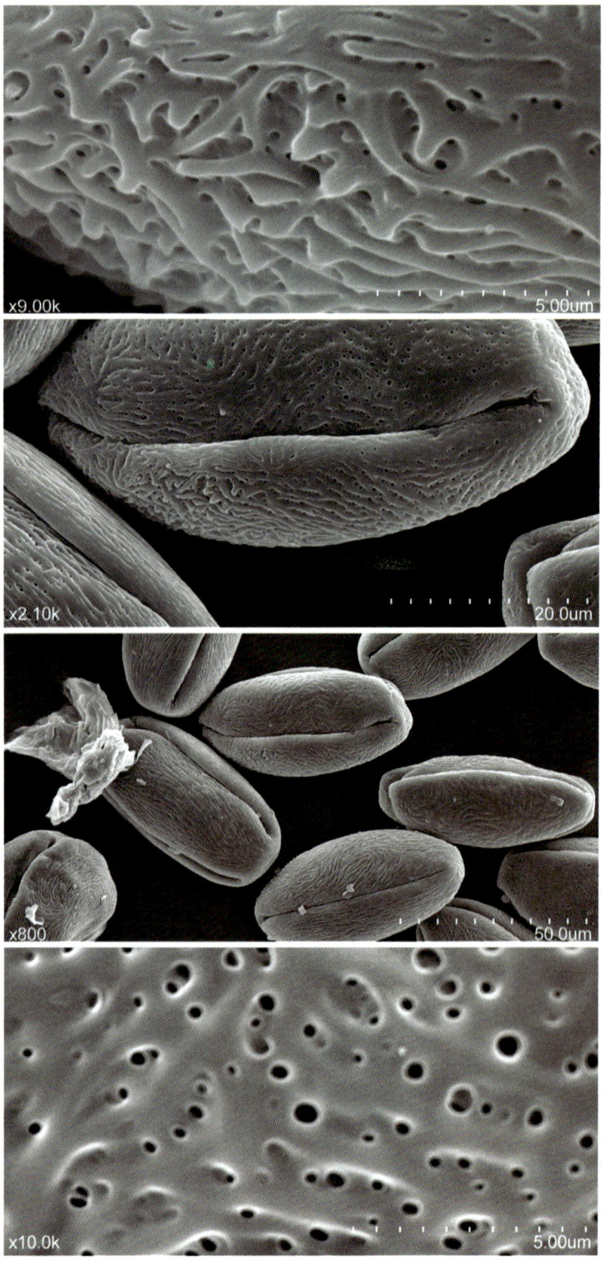

图82 鹅梨花粉扫描电镜照片（李天忠 供图）

第五节
梨地方品种资源遗传多样性分析

梨是世界上最主要的温带水果之一，而其分子生物学方面研究相对比较落后，还不能满足育种的需求。加强对种质资源的收集和保护，既是对优良基因的一种保护，又是种质资源创新的前提。通常地方品种对自然生境有着较强的适应性，含有更多优良基因。然而，地方品种分布较散，往往不被研究者重视，国内尚未有专门单位对地方品种进行收集。一方面，优良的地方品种资源往往分布在山地、丘陵区，为收集者制造了障碍和困难。另一方面，对收集来的地方品种进行斟酌鉴定和分类保存不仅需要专门资源圃，还需要耗费大量的人力、物力成本。本研究旨在收集分布全国各地的地方品种资源，对地方品种资源进行分子标记遗传多样性分析，为地方品种资源的保存和利用提供工作基础。

一　主要分子标记

分子标记技术是在形态标记、细胞标记和生化标记后出现的一种新技术手段，以DNA多态性为基础，与上述其他标记手段相比，它具有很好的优越性。分子标记技术主要有以下几个优点：①直接以DNA的形式表现，不受季节和环境的影响，在生物体的各个组织和发育阶段都可以检测到；②数量极其丰富，遍布于整个基因组；③多态性高，自然界中存在大量的变异；④表现为中性，不会影响到目标性状的表达；⑤有些标记表现为共显性，能区分出纯合体与杂合体。在果树的育种工作中，分子标记可用于研究果树种质资源的亲缘关系鉴定、遗传多样性分析和分子标记辅助育种等。目前常用的分子标记有RFLP、RAPD、AFLP、SSR等。其中，

SSR也称为微卫星（Microsatellite），是一类以1~6个碱基为重复单位串联组成的重复序列。SSR标记基于重复单位的次数不同或者重复程度不完全相同，造成了SSR长度的高度变异性，从而产生SSR标记。

其优点如下：①数量丰富，覆盖整个基因组，信息含量高；②具有多等位基因的特性，多态性高；③共显性表达，呈现孟德尔遗传；④试验所需要的DNA量较少；⑤位点的重现性和特异性好；⑥成本低廉，稳定性好，可用于大量群体分类。而其最主要的缺点是需要预先知道标记两端的序列信息。SSR标记由于具有以上几种优点已广泛应用于植物遗传研究和育种实践中。

二　SSR标记与遗传多样性分析

基于已发表的 NCBI公共数据库中梨的EST（Expressed Sequence Tag，表达序列标签）开发的SSR（Simple Sequence Repeat，简单重复序列）分子标记，对包含地方品种在内的60份梨地方品种资源（表3）进行遗传多样性分析。采用的SSR标记信息见表4。

基于SSR标记分析的梨地方品种资源遗传多样性结果（图83）。遗传多样性分析表明，所用标记可以有效地将60份梨资源显著区分开。该群体可以明显地分为3个亚群（Q1，Q2和Q3）。其中，Q1包含4个材料，Q2包含17个材料，Q3包含39个材料。除Pear45（'海林酸梨'）之外，几乎所有的酸梨（Pear11，'孙吴小酸梨'；Pear18，'孙吴酸梨'；Pear46，'东宁酸梨'；Pear52，'红面酸梨'）都被聚到

表3 梨地方品种资源汇总

品种编号	品种名称	品种编号	品种名称	品种编号	品种名称
Pear01	'鸡爪梨'	Pear21	'孙吴酸梨'	Pear41	'京白梨'
Pear02	'慈姑梨'	Pear22	'山梨王'	Pear42	'八盘梨'
Pear03	'栖霞大香水梨'	Pear23	'秋梨'	Pear43	'冻秋梨'
Pear04	'方山瓢梨'	Pear24	'黑砂梨2号'	Pear44	'平顶香'
Pear05	'青皮沙梨'	Pear25	'九龙潭梨1号'	Pear45	'海林酸梨'
Pear06	'盐仓麻梨'	Pear26	'八步习家黄梨'	Pear46	'东宁酸梨'
Pear07	'青皮脆'	Pear27	'秋香水梨'	Pear47	'阳信酥梨'
Pear08	'阳冬梨'	Pear28	'黄家店野梨'	Pear48	'胜山大梨'
Pear09	'早酥梨'	Pear29	'毛山屯沙梨'	Pear49	'小营酸梨'
Pear10	'秋香水'	Pear30	'二宫白梨'	Pear50	'八楞梨'
Pear11	'孙吴小酸梨'	Pear31	'龙竹小黄梨'	Pear51	'算盘梨'
Pear12	'柳河黄香水'	Pear32	'长把面梨'	Pear52	'红面酸梨'
Pear13	'大旺八棵树'	Pear33	'八步龙滩梨'	Pear53	'磕子梨'
Pear14	'大安香水'	Pear34	'昭宗圆黄梨'	Pear54	'老道梨'
Pear15	'龙窝安梨'	Pear35	'大种梨'	Pear55	'南城梨1号'
Pear16	'丰水梨'	Pear36	'佛见喜梨'	Pear56	'花盖梨'
Pear17	'冠县面梨'	Pear37	'佛见喜梨2号'	Pear57	'芝麻酥梨'
Pear18	'红梨'	Pear38	'木疙瘩梨2号'	Pear58	'红秤锤'
Pear19	'苍溪雪梨'	Pear39	'秤砣梨'	Pear59	'粗渣梨'
Pear20	'斤梨'	Pear40	'古根梨'	Pear60	'甜伏梨'

表4 SSR标记引物信息

引物名称	引物序列（5'→3'）	引物名称	引物序列（5'→3'）
P01	F:ATGCTCTATAAAACCCACCTACC	P16	F:CAAACCTAACCCTAAATACC
	R:AGAGGGACCATTGTGTTATTGTAT		R:TGTTCATATATTCATCACTC
P02	F:CCAAGCTGTGATTATAGGAAG	P17	F:TTGTGCCCTTTTTCCTACC
	R:AGGCTGAAAGATTGTAAGGT		R:CTTTGATGTTACCCCTTGCTG
P03	F:ATGAAATATGTCGTGTTGCCCTTAG	P18	F:GAGATGGAGTAGTAAAGAAGAAGG
	R:CCCTTCCTCAGCATGTTTCCTAGAC		R:ACGACATAGTGAAAACAGAAG
P04	F:TCATTGTAGCATTTTTATTTTT	P19	F:GGATCAGCCAAGAGGAGGTG
	R:ATGGCAAGGGAGATTATTAG		R:CGAGATGCAGAGGACGACG
P05	F:GCCAGCGAACTCAAATCT	P20	F:ATCTCAATTTTCTCGGTAACCA
	R:AACGAGAACGACGAGCG		R:CTGATATCTCTCTGCACTCCCT
P06	F:AAAGGTCTCTCTCACTGTCT	P21	F:CGTAATACTCGTAGTGCATGATG
	R:CCTCAGCCCAACTCAAAGCC		R:GCTTCTGGACTATCACTATTTCTTC
P07	F:CAACAACAACAAAAAACAGTAA	P22	F:GCAACAGATAGGAGCAAAGAGGC
	R:AGCCTTAGAAATAGAAACAACA		R:TCCAAAGTTCAACACAGATCAAGAG
P08	F:AGTATGTGACCACCCCGATGTT	P23	F:CGCATGCTGACATGTTGAAT
	R:AGAGTCGGTTGGGAAATGATTG		R:CGGTGAGCCCTCTTATGTGA
P09	F:AGGATGGGACGAGTTTAGAG	P24	F:AAACTGAAGCCATGAGGGC
	R:CCACATCTCTCAACCTACCA		R:TTCCAATTCACATGAGGCTG
P10	F:AACAAGCAAAGGCAGAACAA	P25	F:ACCACATTAGAGCAGTTGAGG
	R:CATAGAGAAAGCAAAGCAAA		R:CTGGTTTGTTTTCCTCCAGC
P11	F:AGAGGGAGAAAGGCGATT	P26	F:GAAAGACTTGCAGTGGGAGC
	R:GCTTCATCACCGTCTGCT		R:GGAGTGGGTTTGAGAAGGTT
P12	F:CACATTCAAAGATTAAGAT	P27	F:TGCAAAGATAGGTAGATATATGCCA
	R:ACTCAGCCTTTTTTTCCCAC		R:AGGAGGGATTGTTTGTGCAC
P13	F:GGTTCACATAGAGAGAGAGAG	P28	F:GGCAGGCTTTACGATTATGC
	R:TTTGCCGTTGGACCGAGC		R:CCCACTAAAAGTTCACAGGC
P14	F:CCGCCAGTACCCATCTCCA	P29	F:AACCAGATTTGCTTGCCATC
	R:ACCACTCAAACCCCCCCTC		R:GCTGGTGGTAAACGTGGTG
P15	F:GGTTTGAAGAGGAATGAGGAG	P30	F:AAACAACCGACTGAGCAACATC
	R:CATTGACTTTAGGGCACATTTC		R:AAAATCTTAGCCCAAAATCTCC

了Q2中，这与它们的表型特征几乎吻合。海林酸梨被聚到了Q3中，但是由系谱图可以看出，海林酸梨与Q3中的其他梨品种之间的遗传距离较远。由此可见，我们搜集到的60份梨地方品种彼此间均存在着显著的遗传差异。由于并未有梨地方品种资源遗传多样性研究报道，本研究首次采用分子标记技术对梨地方品种资源进行了遗传多样性分析，该研究表明梨地方品种资源有较高的利用价值，有可能成为梨新品种选育及遗传研究的可利用资源。

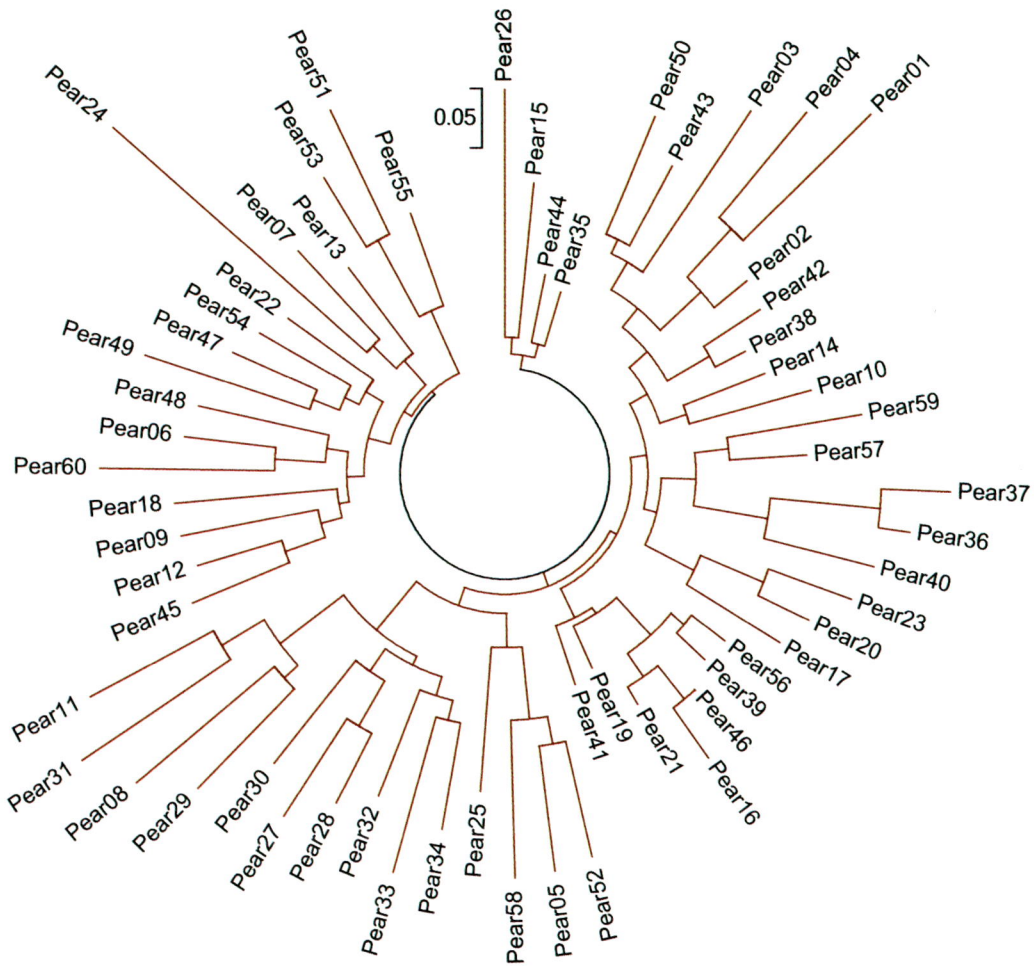

图83　60份梨资源遗传多样性分析

各论

黄金坠

Pyrus spp.'Huangjinzhui'

- 调查编号：YINYLFLJ001

- 所属树种：梨 *Pyrus* spp.

- 提 供 人：程伯奋
  电 话：13562833880
  住　　址：山东省泰安市宁阳县葛石镇黄家峪村

- 调 查 人：尹燕雷、冯立娟、杨雪梅
  电 话：0538－8334070
  单　　位：山东省果树研究所

- 调查地点：山东省泰安市宁阳县葛石镇黄家峪村

- 地理数据：GPS数据（海拔：163.4m，经度：E116°59'2.56"，纬度：N35°47'6.54"）

生境信息

来源于当地，生于田间坡地，该土地为耕地，土壤质地为砂土。种植年限30年，面积6.7～13.3hm²。

植物学信息

1. 植株情况

树势强，树姿开张，树形为圆头形，树高3.2m，冠幅东西6.8m、南北4.2m，干高1.3m，干周96cm，树干直径30cm。主干褐色，树皮呈块状裂。枝条密度较密。

2. 植物学特征

1年生枝较长，褐色挺直，节间平均长3.9cm，嫩梢茸毛较少呈灰色，多年生枝灰褐色。叶芽中等三角形，茸毛多且离生。花芽肥大球形，鳞片紧，茸毛多。叶片大卵圆形，绿色，长6cm、宽3.6cm。叶尖急尖，叶面平滑有光泽。叶背茸毛少，叶边锯齿钝且整齐，齿上无针刺。叶姿两侧向内平展，叶边波状先端扭曲，与枝所成角度弯曲向下，叶柄平均长5cm。花序伞房状排列，每花序7朵花，花瓣5～8片，白色，椭圆形，边缘呈波状。花冠直径3.5cm。花蕾白色，花梗平均长5cm，有茸毛，灰白色。花药红色且花粉少。

3. 果实性状

果实纵径8.3cm、横径6.5cm，种子数10粒，平均单果重197.5g，最大果重230g，圆锥形。果面黄色，光滑，蜡质少，果点较多。果梗长，梗洼较浅，果肉白色细密，风味酸甜适中，果心中等，品质上等。可溶性固形物含量11%，硬度8.8～11.4kg/cm²。

4. 生物学习性

生长势强，开始结果年龄为3年，盛果期年龄7～8年，坐果力强，采前落果少，丰产性强，大小年显著。

品种评价

高产，优质，适应性广。主要病虫害种类有梨小食心虫、梨木虱、黑星病、轮纹病、炭疽病。对寒、旱、涝、瘠、盐、风、日灼等恶劣环境的抵抗能力强。

生境

植株

花

花

果实

冠县鸭梨

Pyrus bretschneideri Rehd. 'Guanxianyali'

调查编号：YINYLFLJ002

所属树种：白梨 *Pyrus bretschneideri* Rehd.

提 供 人：王怀法
电　　话：13561216895
住　　址：山东省聊城市冠县兰沃乡韩路村

调 查 人：尹燕雷、冯立娟、杨雪梅
电　　话：0538－8334070
单　　位：山东省果树研究所

调查地点：山东省聊城市冠县兰沃乡韩路村

地理数据：GPS数据（海拔：52.6m，经度：E115°36'30.81"，纬度：N36°35'9.13"）

生境信息

来源于当地，生于田间平地，该土地为耕地，土壤质地为砂土。种植年限50年，面积13.3~20hm²。

植物学信息

1. 植株情况

树势强，树姿开张，树形为圆头形，树高3.8m，冠幅东西8.2m、南北6.8m，干高0.6m，干周110cm，树干直径35cm。主干褐色，树皮呈块状裂，枝条密度较密。

2. 植物学特征

1年生枝较长，褐色挺直，节间平均长5cm。嫩梢茸毛较少呈灰色，多年生枝灰褐色。叶芽中等三角形，茸毛多且离生。花芽肥大球形，鳞片紧，茸毛多。叶片大纺锤形，绿色，长8cm、宽3.5cm。叶尖渐尖，叶面平滑有光泽。叶背茸毛少，叶边锯齿钝且整齐，齿上无针刺。叶姿两侧向内平展，叶边波状先端扭曲，与枝所成角度弯曲向下。花序伞房状排列，每花序7朵花，花瓣5~8片，白色，椭圆形，边缘波状。花冠直径3.4cm。花蕾白色，花梗平均长5.1cm，有茸毛，灰白色，花药紫红色且花粉少。

3. 果实性状

果实纵径9.0cm、横径8.0cm，平均单果重216.7g，最大果重250g，圆锥形。果面绿色无条纹，光滑无果粉，蜡质少，果点较多。果梗长，梗洼浅，萼片脱落，呈鸭梨形。果肉白色细密汁液多，风味微酸。果心中等大小。可溶性固形物含量9.2%，硬度6.1kg/cm²。最佳食用期9月中旬至9月下旬，能贮存至12月中旬，共可贮60~90天。

4. 生物学习性

萌芽力、发枝力较强。新梢一年平均长36cm，生长势强，开始结果年龄为3年，盛果期年龄7~8年。坐果力强，生理落果、采前落果少，丰产性强，单株平均产量（盛果期）100kg，大小年显著。

品种评价

高产，优质，适应性广。主要病虫害种类有梨小食心虫、梨木虱、黑星病、轮纹病、干腐病。对寒、旱、涝、瘠、盐、风、日灼等恶劣环境的抵抗能力中等。

植株

叶片

花

果实

果实

冠县黄金梨

Pyrus pyrifolia Nakai.'Guanxianhuangjinli'

调查编号：YINYLFLJ004

所属树种：砂梨 *Pyrus pyrifolia* Nakai.

提 供 人：王怀法
电　　话：13561216895
住　　址：山东省聊城市冠县兰沃乡
　　　　　韩路村

调 查 人：尹燕雷、冯立娟、杨雪梅
电　　话：0538－8334070
单　　位：山东省果树研究所

调查地点：山东省聊城市冠县兰沃乡
　　　　　韩路村

地理数据：GPS数据（海拔：42.3m，
　　　　　经度：E115°36'30.81"，纬度：N36°35'9.14"）

生境信息

来源于当地，生于田间平地，该土地为耕地，土壤质地为砂土。种植年限20年，面积6.7～10hm²。

植物学信息

1. 植株情况

树势强，树姿半开张，树形为圆头形，树高4.2m，冠幅东西8.6m、南北6.6m，干高0.8m，干周80cm，树干直径25cm。主干褐色，树皮呈块状裂。枝条密度较密。

2. 植物学特征

1年生枝较长，绿褐色挺直，平均节间长3.7cm。嫩梢茸毛较少呈灰色，多年生枝灰褐色。叶芽中等三角形，茸毛多且离生。花芽肥大球形，鳞片紧，茸毛多。叶片大纺锤形，绿黄，长6.4cm、宽3.4cm。叶尖渐尖，叶面平滑有光泽。叶背无茸毛，叶边锯齿锐且整齐，齿上无针刺。叶姿两侧向内平展，叶边波状先端扭曲，与枝所成角度弯曲向下。叶柄平均长2.8cm。花序伞房状排列，每花序花数7朵，花瓣5～8片，白色，椭圆形。花冠直径3.4cm，花蕾白色，花梗平均长度4cm，有茸毛，灰白色，花药红色且花粉少。

3. 果实性状

果实纵径8.26cm、横径8.16cm，平均单果重336.6g，最大单果重500g，圆形。果面黄色，光滑无果粉，蜡质中等，果点较多。果梗短，梗洼浅，萼片脱落，果肉白色细密，风味甜，香气清香，果心小。可溶性固形物含量15%，硬度4.6～10.2kg/cm²。最佳食用期9月中旬至9月下旬，能贮存至12月中旬。

4. 生物学习性

生长势强，萌芽力、发枝力较弱，新梢一年平均长30cm。开始结果年龄为3年。坐果力强，生理落果、采前落果少，丰产性强，单株平均产量（盛果期）150kg，大小年显著。

品种评价

高产，优质，适应性广。主要病虫害种类有梨小食心虫、梨木虱、黑星病、轮纹病、炭疽病。对寒、旱、涝、瘠、盐、风、日灼等恶劣环境的抵抗能力中等。

植株

花

果实

果实

莱阳梨

Pyrus bretschneideri Rehd.'Laiyangli'

- 调查编号: YINYLFLJ005

- 所属树种: 白梨 *Pyrus bretschneideri* Rehd.

- 提 供 人: 林玉欣
  电　　话: 13225352359
  住　　址: 山东省栖霞市观里镇小观村

- 调 查 人: 尹燕雷、冯立娟、杨雪梅
  电　　话: 0538 - 8334070
  单　　位: 山东省果树研究所

- 调查地点: 山东省栖霞市观里镇小观村

- 地理数据: GPS数据（海拔：89m，
  经度: E120°40'41.00"，纬度: N37°11'27.40"）

生境信息

来源于当地，生于田间平地，该土地为耕地，土壤质地为砂土。种植年限100年，面积20~26.7hm²。

植物学信息

1. 植株情况

树势强，树姿开张，树形为开心形，树高3.6m，冠幅东西8m、南北5.8m，干高1m，干周98cm，树干直径31cm。主干褐色，树皮呈块状裂。枝条密度中等。

2. 植物学特征

1年生枝较长，褐色挺直，节间平均长6cm。嫩梢茸毛较少呈灰色，多年生枝灰褐色。叶芽中等三角形，茸毛少且离生。花芽肥大球形，鳞片紧，茸毛多。叶片大呈卵圆形，绿色，长5.6cm、宽3.2cm。叶尖渐尖，叶面平滑有光泽，叶背茸毛少，叶边锯齿钝且整齐，齿上无针刺。叶姿两侧向内平展，叶边平直先端扭曲，与枝条所成角度为钝角。叶柄平均长2.2cm。花序伞房状排列，每花序花数7朵，花瓣5~8片，白色，椭圆形。花冠直径3.5cm，花蕾白色，花梗平均长4cm，有茸毛，灰白色，花药红色且花粉少。

3. 果实性状

果实纵径7.3cm、横径6.8cm，平均单果重197.5g，最大果重260g，短圆锥形。果面绿黄色，光滑无果粉有光泽，蜡质多，果点较多。果梗长，梗洼浅，萼片脱落，形状鸭梨形。果肉白色细密，汁液多，风味甜。果心中等，种子数10粒。可溶性固形物含量12%，硬度11~13.4kg/cm²。最佳食用期9月中旬至9月下旬，能贮至11月中旬。

4. 生物学习性

生长势、萌芽力、发枝力较强。新梢一年平均长38cm，开始结果年龄为3年，盛果期7~8年，坐果力强，采前落果、生理落果都少，丰产性强，单株平均产量（盛果期）125kg，大小年显著。

品种评价

高产，优质，适应性广。主要病虫害种类有梨小食心虫、梨木虱、黑星病、轮纹病、锈病。对寒、旱、涝、瘠、盐、风、日灼等恶劣环境的抵抗能力强。

植株

花

叶片

果实

莱阳梨丰产

Pyrus spp.'Laiyanglifengchan'

调查编号：YINYLFLJ006

所属树种：梨 *Pyrus* spp.

提 供 人：林玉欣
电　　话：13225352359
住　　址：山东省栖霞市观里镇小观村

调 查 人：尹燕雷、冯立娟、杨雪梅
电　　话：0538－8334070
单　　位：山东省果树研究所

调查地点：山东省栖霞市观里镇小观村

地理数据：GPS数据（海拔：89m，
经度：E120°40'41.00"，纬度：N37°11'27.41"）

生境信息

来源于当地，生于田间坡地，该土地为耕地，土壤质地为砂土。种植年限100年，面积20~26.7hm²。

植物学信息

1. 植株情况

树势强，树姿开张，树形为开心形，树高5m，冠幅东西7m、南北5.7m，干高0.9m，干周126cm，树干直径40cm。主干褐色，树皮呈块状裂。枝条密度中等。

2. 植物学特征

1年生枝较长，褐色挺直，节间平均长4.0cm。嫩梢茸毛较少呈灰色，多年生枝灰褐色。叶芽中等三角形，茸毛多且离生。花芽肥大球形，鳞片紧，茸毛多。叶片大纺锤形，绿色，长6.0cm、宽4.0cm。叶尖急尖，叶面平滑有光泽，叶背茸毛少，叶边锯齿钝且整齐，齿上无针刺。叶姿两侧向内平展，叶边平直不扭曲，与枝所成角度弯曲向下。叶柄平均长度2.6cm，花序伞房状排列，每花序花数7朵，花瓣5~8片，白色，椭圆形。花冠直径3.6cm，花蕾白色，花梗平均长5.2cm，有茸毛，灰白色，花药红色，花粉少。

3. 果实性状

果实纵径8.3cm、横径7.8cm，平均单果重305g，最大单果重345g，短圆锥形。果面绿色，光滑无果粉，蜡质多，果点较多，果梗中等，梗洼浅，萼片脱落。果肉白色细密，汁液多极甜，果心中等大小，种子数10粒，可溶性固形物含量14%，硬度9~11.5kg/cm²。最佳食用期9月中旬至9月下旬，能贮存至11月中旬。

4. 生物学习性

生长势、萌芽力、发枝力强，新梢一年平均长35cm，开始结果年龄为3年，盛果期年龄7~8年，坐果力强，生理落果、采前落果少，丰产性强，大小年显著。单株平均产量（盛果期）160kg。

品种评价

高产，耐贫瘠。主要病虫害种类有梨小食心虫、梨木虱、黑星病、轮纹病、锈病。对寒、旱、涝、瘠、盐、风、日灼等恶劣环境的抵抗能力中等。

植株

叶片

果实

莱阳早熟

Pyrus spp.'Laiyangzaoshu'

调查编号：YINYLFLJ007

所属树种：梨 *Pyrus* spp.

提 供 人：林玉欣
电　　话：13225352359
住　　址：山东省栖霞市观里镇小观村

调 查 人：尹燕雷、冯立娟、杨雪梅
电　　话：0538－8334070
单　　位：山东省果树研究所

调查地点：山东省栖霞市观里镇小观村

地理数据：GPS数据（海拔：89m，
经度：E120°40′41.00″，纬度：N37°11′27.42″）

生境信息

来源于当地，生于田间平地，该土地为耕地，土壤质地为砂土。种植年限100年，面积13.3~16.7hm²。

植物学信息

1. 植株情况

树势强，树姿开张，树形为开心形，树高3.5m，冠幅东西7.1m、南北5.7m，干高1.0m，干周96cm，树干直径30.5cm。主干褐色，树皮呈块状裂。枝条密度中等。

2. 植物学特征

1年生枝较长，褐色挺直，节间平均长3.1cm。嫩梢茸毛较少呈灰色，多年生枝灰褐色。叶芽中等三角形，茸毛少且离生。花芽肥大球形，鳞片紧，茸毛多。叶片大纺锤形，绿，长6.4cm、宽3.8cm。叶尖渐尖，叶面平滑有光泽，叶背茸毛少，叶边锯齿钝且整齐，齿上无针刺。叶姿两侧向内平展，叶边平直不扭曲，与枝条所成角度为钝角。叶柄长3.0cm，花序伞房状排列，每花序花数7朵，花瓣5~8片，白色，椭圆形。花冠直径3.7cm，花蕾白色，花梗平均长4.9cm，有茸毛，灰白色，花药红色且花粉含量中等。

3. 果实性状

果实纵径8.5cm、横径7.5cm，平均单果重300g，最大果重320g，短圆锥形。果面绿黄色，光滑无果粉有光泽，蜡质多，果点较多。果梗长，梗洼浅。萼片脱落，果肉白色细密，汁液多极甜。种子数10粒，可溶性固形物含量13.5%，硬度8~12.5kg/cm²。最佳食用期9月上旬至9月中旬，能贮存至11月中旬。

4. 生物学习性

生长势、萌芽力、发枝力强。新梢一年平均长31cm，开始结果年龄为3年，盛果期年龄7~8年。坐果力强，生理落果、采前落果少，丰产性强，大小年显著。单株平均产量（盛果期）110kg。

品种评价

高产，优质，适应性广。主要病虫害种类有梨小食心虫、梨木虱、黑星病、轮纹病、锈病。对寒、旱、涝、瘠、盐、风、日灼等恶劣环境的抵抗能力强。

植株

叶片

果实

黄县长把实生梨

Pyrus bretschneideri Rehd.
'Huangxianchangbashishengli'

- 调查编号：YINYLFLJ008

- 所属树种：白梨 *Pyrus bretschneideri* Rehd.

- 提 供 人：王怀法
  电　　话：13561216895
  住　　址：山东省聊城市冠县兰沃乡韩路村

- 调 查 人：尹燕雷、冯立娟、杨雪梅
  电　　话：0538－8334070
  单　　位：山东省果树研究所

- 调查地点：山东省聊城市冠县兰沃乡韩路村

- 地理数据：GPS数据（海拔：34m，经度：E115°36′30.81″，纬度：N36°35′9.13″）

生境信息

来源于当地，生于田间平地，该土地为耕地，土壤质地为砂土。种植年限60～70年，面积20～26.7hm^2。

植物学信息

1. 植株情况

树势强，树姿半开张，多干，树形为圆头形，树高5m，冠幅东西7.4m、南北5.8m，干高1.2m，干周103cm，树干直径33cm。主干褐色，树皮呈块状裂。枝条密度中等。

2. 植物学特征

1年生枝较长，褐色挺直，节间平均长4～6cm。嫩梢茸毛较少呈灰色，多年生枝灰褐色。叶芽中等三角形，茸毛多且离生。花芽肥大球形，鳞片紧，茸毛多。叶片大纺锤形，绿色，长12.5cm、宽6.2cm。叶尖急尖，叶面平滑有光泽，叶背茸毛少，叶边锯齿钝且整齐，齿上无针刺。叶姿两侧向内平展，叶边平直先端扭曲，与枝条所成角度钝角，叶柄平均长3cm。花序伞房状排列，每花序花数4～8朵，花瓣5片，白色，椭圆形，边缘波状。花冠直径5.5cm。花蕾白色，花梗较长，平均长7cm，有茸毛，灰白色，花药红色且花粉少。

3. 果实性状

果实纵径7.3cm、横径6.8cm，平均单果重197.47g，最大果重220g，短圆锥形。果面绿色，光滑无果粉有光泽，蜡质多，果点较多。果梗长，梗洼浅。萼片脱落。果肉白色疏松，汁液多风味淡，品质中等，果心中等。种子数10粒，可溶性固形物含量11%，硬度6.5～11.4kg/cm^2。最佳食用期9月中旬至9月下旬，能贮存至11月中旬。

4. 生物学习性

生长势、萌芽力、发枝力强。开始结果年龄为3年，盛果期年龄7～8年，坐果力强，生理落果、采前落果少，丰产性强，大小年显著。单株平均产量（盛果期）115kg。

品种评价

高产，优质，适应性广。主要病虫害种类有梨黑星病、锈病、轮纹病、梨木虱、梨二叉蚜、梨茎蜂、梨小食心虫、吸果夜蛾、刺蛾等，对寒、旱、涝、瘠、盐、风、日灼等恶劣环境的抵抗能力较强。

植株

芽

花

果实

果实

小面梨

Pyrus spp. 'Xiaomianli'

调查编号：YINYLFLJ009

所属树种：梨 *Pyrus* spp.

提 供 人：王怀法
电　　话：13561216895
住　　址：山东省聊城市冠县兰沃乡韩路村

调 查 人：尹燕雷、冯立娟、杨雪梅
电　　话：0538－8334070
单　　位：山东省果树研究所

调查地点：山东省聊城市冠县兰沃乡韩路村

地理数据：GPS数据（海拔：34m，经度：E115°36'30.81"，纬度：N36°35'9.14"）

生境信息

来源于当地，生于田间坡地，该土地为耕地，土壤质地为砂土。种植年限60～70年，面积16.7～20hm²。

植物学信息

1. 植株情况

树势强，树姿开张，树形为开心形，树高3.7m，冠幅东西7.2m、南北6m，干高0.8m，干周110cm，树干直径35cm。主干褐色，树皮呈块状裂。枝条密度中等。

2. 植物学特征

1年生枝较长，褐色挺直，节间平均长5～6cm。嫩梢茸毛较少呈灰色，多年生枝灰褐色。叶芽中等三角形，茸毛少且离生。花芽肥大球形，鳞片紧，茸毛多。叶片大纺锤形，绿色，长6.5cm、宽4.2cm。叶尖急尖，叶面平滑有光泽。叶背茸毛少，叶边锯齿钝且整齐，齿上无针刺。叶姿两侧向内平展，叶边平直不扭曲，与枝所成角度弯曲向下。花序伞房状排列，每花序花数4～8朵，花瓣5片，白色，椭圆形，边缘波状。花冠直径5.5cm。花蕾粉红色，花梗平均长7cm，有茸毛，灰白色，花药红色且花粉少。

3. 果实性状

果实纵径6.9cm、横径7.0cm，平均单果重160g，最大单果重180g，圆形。果面褐色，光滑无果粉无光泽，蜡质多，果点较多。果梗长，梗洼浅，萼片脱落，果肉白色致密，汁液中等含量，风味酸甜适中。果心中等大小，种子数10粒，可溶性固形物含量11%。最佳食用期9月中下旬至10月上旬，能贮至12月中旬。

4. 生物学习性

生长势、萌芽力、发枝力强。新梢一年生平均长46cm。开始结果年龄为3年，盛果期年龄7～8年。坐果力强，生理落果、采前落果少，丰产性强，单株平均产量（盛果期）140kg，大小年显著。

品种评价

高产，优质，适应性广。主要病虫害种类有梨黑星病、锈病、轮纹病、梨木虱、梨二叉蚜、梨茎蜂、梨小食心虫、吸果夜蛾、刺蛾等，对寒、旱、涝、瘠、盐、风、日灼等恶劣环境的抵抗能力较强。

植株

果实

果实

果实

果实

冠县酸梨

Pyrus spp.'Guanxiansuanli'

- 调查编号：YINYLFLJ010

- 所属树种：梨 *Pyrus* spp.

- 提 供 人：王怀法
  电　　话：13561216895
  住　　址：山东省聊城市冠县兰沃乡韩路村

- 调 查 人：尹燕雷、冯立娟、杨雪梅
  电　　话：0538－8334070
  单　　位：山东省果树研究所

- 调查地点：山东省聊城市冠县兰沃乡韩路村

- 地理数据：GPS数据（海拔：34m，经度：E115°36′30.81″，纬度：N36°35′9.15″）

生境信息

来源于当地，生于旷野平地，该土地为耕地，土壤质地为砂土。种植年限60~70年，面积10~13.3hm²。

植物学信息

1. 植株情况

树势强，树姿半开张，树形为圆头形，树高7m，冠幅东西7.2m、南北6.0m，干高1.2m，干周98cm，树干直径31cm。主干褐色，树皮呈块状裂。枝条密度中等。

2. 植物学特征

1年生枝较长，褐色挺直，节间平均长3~5cm。嫩梢茸毛较少呈灰色，多年生枝灰褐色。叶芽中等三角形，茸毛少且离生。花芽瘦小纺锤形，鳞片紧，茸毛少。叶片大纺锤形，绿色，长6.8cm、宽4cm。叶尖急尖，叶面平滑有光泽。叶背茸毛少，叶边锯齿钝且整齐，齿上无针刺。叶姿两侧向内平展，叶边平直先端扭曲，与枝条所成角度为钝角。花序伞房状排列，每花序花数4~8朵，花瓣5片，白色，椭圆形，边缘波状。花冠直径5.7cm。花蕾粉红色，花梗平均长7cm，有茸毛，灰白色，花药红色且花粉含量中等。

3. 果实性状

果实纵径8.1cm、横径7.2cm，平均单果重190.5g，最大果重240g，椭圆形。果面绿色，光滑无果粉有光泽，蜡质多，果点较多。果梗长，梗洼浅，萼片脱落。果肉质地松软，汁液含量中等且味极酸。果心中等大小，种子数8粒。可溶性固形物含量10%，硬度15kg/cm²。最佳食用期9月中旬至9月下旬，能贮至翌年2~3月。

4. 生物学习性

生长势、萌芽力、发枝力强。新梢一年平均长28cm。开始结果年龄为3年，盛果期年龄7~8年。坐果力强，生理落果、采前落果少，丰产性强，大小年显著。单株平均产量（盛果期）145kg。

品种评价

高产，优质，适应性广。主要病虫害种类有梨黑星病、锈病、轮纹病、梨木虱、梨二叉蚜、梨茎蜂、梨小食心虫、吸果夜蛾、刺蛾等。对寒、旱、涝、瘠、盐、风、日灼等恶劣环境的抵抗能力较强。

植株

芽

果实

果实

阳信大个鸭梨

Pyrus bretschneideri Rehd. 'Yangxindageyali'

调查编号： YINYLFLJ011

所属树种： 白梨 *Pyrus bretschneideri* Rehd.

提 供 人： 朱元华
电　　话： 13954385339
住　　址： 山东省滨州市阳信县金阳街道办事处梨园郭村

调 查 人： 尹燕雷、冯立娟、杨雪梅
电　　话： 0538－8334070
单　　位： 山东省果树研究所

调查地点： 山东省滨州市阳信县金阳街道办事处梨园郭村

地理数据： GPS数据（海拔：34m，经度：E117°33'11"，纬度：N37°40'27"）

生境信息

来源于当地，生于田间平地，该土地为耕地，土壤质地为砂土。种植年限50～60年，面积13.3～20hm²。

植物学信息

1. 植株情况

树势强，树姿开张，树形为开心形，树高5m，冠幅东西7.5m、南北6.0m，干高0.6m，干周110cm，树干直径34cm。主干褐色，树皮呈块状裂。枝条密度中等。

2. 植物学特征

1年生枝中等长度，褐色挺直，节间平均长5～7cm。嫩梢茸毛较少呈灰色，多年生枝灰褐色。叶芽中等三角形，茸毛少且离生。花芽肥大球形，鳞片紧，茸毛多。叶片大卵圆形，绿色，长5.8cm，宽3.8cm。叶尖急尖，叶面平滑有光泽。叶背茸毛少，叶边锯齿钝且整齐，齿上无针刺。叶姿两侧向内平展，叶边平直先端扭曲，与枝条所成角度为钝角。花序伞房状排列，每花序花数4～8朵，花瓣5～10片，白色，椭圆形。花冠平均直径5.2cm。花蕾白色，花梗平均长4.2cm，有茸毛，浅绿色，花药红色且花粉少。

3. 果实性状

果实纵径8.7cm、横径8.2cm，短圆锥形。果面绿色，光滑无果粉有光泽。蜡质多，果点较多。果梗长，梗洼浅。萼片脱落。果肉白色致密。汁液多风味酸甜适中。果心中等，种子数10粒。可溶性固形物含量11.5%，硬度5～6.5kg/cm²。可溶性糖含量8.8%。最佳食用期9月中旬至10月上旬，能贮存至1月中旬，共可贮90天。

4. 生物学习性

生长势、萌芽力、发枝力强。新梢一年长30～70cm，（夏、秋）梢生长量22cm。开始结果年龄为3年，盛果期年龄7～8年。坐果力强，生理落果、采前落果少，丰产性强，大小年显著。单株平均产量（盛果期）150kg。

品种评价

高产，优质，适应性广。主要病虫害种类有梨黑星病、锈病、轮纹病、梨木虱、梨二叉蚜、梨茎蜂、梨小食心虫、吸果夜蛾、刺蛾等。对寒、旱、涝、瘠、盐、风、日灼等恶劣环境的抵抗能力较强。

植株

芽

枝条

叶片

花

平顶脆梨

Pyrus bretschneideri Rehd. 'Pingdingcuili'

调查编号： YINYLFLJ012

所属树种： 白梨 *Pyrus bretschneideri* Rehd.

提 供 人： 朱元华
电　　话： 13954385339
住　　址： 山东省滨州市阳信县金阳街道办事处梨园郭村

调 查 人： 尹燕雷、冯立娟、杨雪梅
电　　话： 0538－8334070
单　　位： 山东省果树研究所

调查地点： 山东省滨州市阳信县金阳街道办事处梨园郭村

地理数据： GPS数据（海拔： 34m，经度： E117°33'11"，纬度： N37°40'27"）

生境信息

来源于当地，生于田间耕地，该土地为耕地，土壤质地为砂壤土。种植年限50～60年，现存20～30株。

植物学信息

1. 植株情况

树势强，树姿开张，树形为半圆形，树高6.8m，冠幅东西8.7m、南北5.6m，干高1.2m，干周100cm，树干直径32cm。主干灰白色，树皮呈块状裂。枝条密度中等。

2. 植物学特征

1年生枝较长，褐色挺直，节间平均长4～5cm。嫩梢茸毛较少呈灰色，多年生枝灰褐色。叶芽中等三角形，茸毛少且离生。花芽肥大球形，鳞片紧，茸毛多。叶片大心脏形，绿色，长4.8cm、宽3.2cm。叶尖急尖，叶面光滑有光泽。叶背茸毛少，叶边锯齿钝且整齐，齿上无针刺。叶姿两侧向内平展，叶边平直先端扭曲，与枝条所成角度为钝角。叶柄平均长3.8cm。花序伞房状排列，每花序花数4～8朵，花瓣5～10片，浅粉红，椭圆形，边缘波状。花冠直径4.8cm。花蕾白色，花梗平均长4cm，有茸毛，灰白色，花药红色且花粉少。

3. 果实性状

果实纵径8.3cm、横径7.8cm，短圆锥形。果面黄色，光滑无果粉有光泽，蜡质多，果点较多。果梗长，梗洼浅，萼片脱落。果肉白色致密，汁液多风味极甜，果心中等大小，种子数10粒。可溶性糖含量9.8%，酸含量0.25%。最佳食用期8月中旬至9月上旬，能贮至11月中旬，共可贮60天。

4. 生物学习性

生长势强，萌芽力、发枝力较强。新梢一年平均长30～70cm，（夏、秋）梢生长量38cm。开始结果年龄为3年，盛果期年龄7～8年。坐果力强，生理落果、采前落果少，丰产性强，大小年显著。单株平均产量（盛果期）145kg。

品种评价

高产，优质，适应性广。主要病虫害种类有梨黑星病、锈病、轮纹病、梨木虱、梨二叉蚜、梨茎蜂、梨小食心虫、吸果夜蛾、刺蛾等。对寒、旱、涝、瘠、盐、风、日灼等恶劣环境的抵抗能力较强。

植株

枝条

芽

果实

雪花优质梨

Pyrus bretschneideri Rehd. 'Xuehuayouzhili'

- 调查编号： YINYLFLJ016

- 所属树种： 白梨 *Pyrus bretschneideri* Rehd.

- 提 供 人： 朱万庆
  电　　话： 15966389624
  住　　址： 山东省滨州市阳信县金阳街道办事处梨园郭村

- 调 查 人： 尹燕雷、冯立娟、杨雪梅
  电　　话： 0538－8334070
  单　　位： 山东省果树研究所

- 调查地点： 山东省滨州市阳信县金阳街道办事处梨园郭村

- 地理数据： GPS数据（海拔：34m，经度：E117°32′58″，纬度：N37°40′59″）

生境信息

来源于当地，生于庭院平地，该土地为耕地，土壤质地为砂土。种植年限20年，现存2株。

植物学信息

1. 植株情况

树势中等，树姿开张，树形为半圆形，树高6m，冠幅东西7.2m、南北5.6m，干高1m，干周107cm，树干直径34cm。主干褐色，树皮呈块状裂。枝条密度中等。

2. 植物学特征

1年生枝较长，褐色挺直，节间平均长3～5cm。嫩梢茸毛较少呈灰色，多年生枝赤褐色。叶芽中等三角形，茸毛多且离生。花芽肥大球形，鳞片紧，茸毛多。叶片大纺锤形，长5～7cm、宽3cm。叶尖急尖，叶背茸毛少，叶边锯齿钝且整齐，齿上无针刺。叶姿两侧向内平展，叶边平直不扭曲，与枝条所成角度为钝角，叶柄平均长3cm。花序伞房状排列，每花序花数4～8朵，花瓣5～10片。花冠直径4.5cm。花蕾白色，花梗中等长度，有茸毛，浅绿色，花药红色且花粉多。

3. 果实性状

果实纵径10.3cm、横径9.2cm，平均单果重258g，最大果重500g，短圆锥形。果面黄色，光滑，蜡质多，果点较多。果肉白色细腻，汁液丰富，风味极甜，可溶性固形物含量9.5%，果心大，品质上等。硬度11～13.4kg/cm^2。

4. 生物学习性

生长势强。开始结果年龄为3年，盛果期年龄7～8年，采前落果少，丰产性强，大小年显著。

品种评价

高产，耐贫瘠。主要病虫害种类有梨黑星病、锈病、轮纹病、梨木虱、梨二叉蚜、梨茎蜂、梨小食心虫、吸果夜蛾、刺蛾等。对寒、旱、涝、瘠、盐、风、日灼等恶劣环境的抵抗能力较强。

满林

叶片

花

大个子母梨

Pyrus ussuriensis Maxim.'Dagezimuli'

- 调查编号：YINYLFLJ018

- 所属树种：秋子梨 *Pyrus ussuriensis* Maxim.

- 提 供 人：魏树伟
  电　　话：13954887193
  住　　址：山东省泰安市龙潭路66号

- 调 查 人：尹燕雷、冯立娟、杨雪梅
  电　　话：0538－8334070
  单　　位：山东省果树研究所

- 调查地点：山东省临沂市费县许家崖乡南峪村

- 地理数据：GPS数据（海拔：303.8m，经度：E117°52′56.76″，纬度：N35°12′19.54″）

生境信息

来源于当地，生于田间平地，该土地为耕地，土壤质地为砂土。种植年限60～80年，现存80株。

植物学信息

1. 植株情况

树势强，树姿开张，树形为半圆形，树高5～6m，冠幅东西8m、南北10m，干高1m，干周140cm，树干直径45cm。主干褐色，树皮呈块状裂。枝条密度中等。

2. 植物学特征

1年生枝较长，褐色挺直，平均节间长2.5～5cm，嫩梢茸毛较少呈灰色，多年生枝灰褐色。叶芽中等三角形，茸毛多且离生。花芽肥大球形，鳞片紧，茸毛多。叶片大纺锤形，长6cm、宽3.6cm。叶尖急尖，叶背茸毛少，叶边锯齿钝且整齐，齿上无针刺。叶姿两侧向内平展，叶边平直不扭曲，与枝所成角度弯曲向下，叶柄平均长2.8cm。花序伞房状排列，每花序花数3～8朵，花瓣5片，花冠直径3～4cm。花蕾白色，花梗平均长5～6cm，有茸毛，浅绿色，花药红色且花粉多。

3. 果实性状

果实纵径6cm、横径5cm，平均单果重165g，最大果重250g，短圆锥形。果面绿色，光滑，蜡质多，果点较多。果梗长，粗细中等且近果端膨大呈肉质，梗洼浅且窄。果肉白色且细腻，汁液多，风味极甜，品质上等。可溶性固形物含量11%，硬度11～13.4kg/cm^2。

4. 生物学习性

生长势中等，开始结果年龄为3年，盛果期年龄7～8年，采前落果少，丰产性强，大小年显著。

品种评价

高产，优质，适应性广。主要病虫害种类有梨黑星病、锈病、轮纹病、梨木虱、梨二叉蚜、梨茎蜂、梨小食心虫、吸果夜蛾、刺蛾等。对寒、旱、涝、瘠、盐、风、日灼等恶劣环境的抵抗能力较强。

植株

花

花

枝条

香水优选梨

Pyrus bretschneideri Rehd.
'Xiangshuiyouxuanli'

调查编号：YINYLFLJ019

所属树种：白梨 *Pyrus bretschneideri* Rehd.

提 供 人：林玉欣
电　　话：13225352359
住　　址：山东省栖霞市观里镇小观村

调 查 人：尹燕雷、冯立娟、杨雪梅
电　　话：0538－8334070
单　　位：山东省果树研究所

调查地点：山东省栖霞市观里镇小观村

地理数据：GPS数据（海拔：89m，经度：E120°40'41.00"，纬度：N37°11'27.40"）

生境信息

来源于当地，生于田间平地，该土地为耕地，土壤质地为砂土。种植年限100年，现存面积20～26.7hm²。

植物学信息

1. 植株情况

树势强，树姿开张，树形为半圆形，树高4.5m，冠幅东西10m、南北7～8m，干高0.8m，干周140cm，树干直径45cm。主干黑色，树皮呈块状裂。枝条密度中等。

2. 植物学特征

1年生枝较长，褐色挺直，平均节间长3～8cm。嫩梢茸毛较少呈灰色，多年生枝灰褐色。叶芽中等三角形，茸毛少且离生。花芽肥大球形，鳞片紧，茸毛多。叶片大纺锤形，长6cm、宽4.2cm。叶尖急尖，叶背茸毛少，叶边锯齿钝且整齐，齿上无针刺。叶姿两侧向内平展，叶边平直不扭曲，与枝所成角度弯曲向下，叶柄平均长3cm。花序伞房状排列，每花序花数5～7朵，花瓣5片。花冠直径4.5cm。花蕾白色，花梗较长，有茸毛，浅绿色，花药红色且花粉多。

3. 果实性状

果实纵径6cm、横径5cm，平均单果重165g，最大果重250g，果实形状为圆形。果面褐色，光滑，蜡质中等，果点较多。果梗较长，粗细中等且近果端膨大呈肉质，梗洼浅且窄。果肉白色细腻，汁液多，风味极甜，品质上等。可溶性固形物含量11%，硬度11～13.4kg/cm²。

4. 生物学习性

生长势强。开始结果年龄为3年，盛果期年龄7～8年。生理落果、采前落果少，丰产性强，大小年显著。

品种评价

高产，优质，适应性广。主要病虫害有梨黑星病、锈病、轮纹病、梨木虱、梨二叉蚜、梨茎蜂、梨小食心虫、吸果夜蛾、刺蛾等。对寒、旱、涝、瘠、盐、风、日灼等恶劣环境的抵抗能力较强。

植株

花

果实

生境

小观梨 1 号

Pyrus spp.'Xiaoguanli 1'

调查编号：YINYLFLJ020

所属树种：梨 *Pyrus* spp.

提 供 人：林玉欣
电　　话：13225352359
住　　址：山东省栖霞市观里镇小观村

调 查 人：尹燕雷、冯立娟、杨雪梅
电　　话：0538 - 8334070
单　　位：山东省果树研究所

调查地点：山东省栖霞市观里镇小观村

地理数据：GPS数据（海拔：89m，
经度：E120°40′41.00″，纬度：N37°11′27.41″）

生境信息

来源于当地，生于田间平地，该土地为耕地，土壤质地为砂土。种植年限100年，现存100株。

植物学信息

1. 植株情况

树势强，树姿开张，多干，树形为疏散分层形，树高5～6m，冠幅东西10.2m、南北8m，干高1m，干周96cm，树干直径30cm。主干黑色，树皮呈块状裂。枝条密度稀疏。

2. 植物学特征

1年生枝较长，褐色曲折，平均节间长4.1cm。嫩梢茸毛较少呈灰色，多年生枝灰褐色。叶芽中等三角形，茸毛多且离生。花芽肥大球形，鳞片紧，茸毛多。叶片大纺锤形，长15.2cm、宽12.5cm。叶尖急尖，叶背茸毛少，叶边锯齿钝且整齐，齿上无针刺。叶姿两侧向内平展，叶边平直不扭曲，与枝所成角度呈钝角，叶柄平均长3.6cm。花序伞房状排列，每花序数3～8朵，花瓣5片。花冠直径5.4cm，花蕾白色，花梗平均长5～6cm，有茸毛，浅绿色，花药红色且花粉多。

3. 果实性状

果实纵径6.5cm、横径4.5cm，平均单果重137g，最大果重200g，马蹄形。果面绿黄色，光滑，蜡质中等，果点较多。果梗长且粗，近果端膨大呈肉质，梗洼浅且窄。果肉白色细腻，汁液多，果心大，风味酸甜适中，品质上等。可溶性固形物含量11%，硬度11～13.4kg/cm²。

4. 生物学习性

生长势强。开始结果年龄为3年，盛果期年龄7～8年。生理落果少，采前落果少，丰产性强，大小年不显著。

品种评价

高产，优质，抗旱，耐贫瘠，适应性广。主要病虫害有梨黑星病、锈病、轮纹病、梨木虱、梨二叉蚜、梨茎蜂、梨小食心虫、吸果夜蛾、刺蛾等。对寒、旱、涝、瘠、盐、风、日灼等恶劣环境的抵抗能力较强。

植株

植株

花

果实

果实

郭村梨 1 号

Pyrus spp.'Guocunli 1'

调查编号：YINYLFLJ021

所属树种：梨 *Pyrus* spp.

提 供 人：朱元华
电　　话：13954385339
住　　址：山东省滨州市阳信县金阳
　　　　　街道办事处梨园郭村

调 查 人：尹燕雷、冯立娟、杨雪梅
电　　话：0538－8334070
单　　位：山东省果树研究所

调查地点：山东省滨州市阳信县金阳
　　　　　街道办事处梨园郭村

地理数据：GPS数据（海拔：3m，
　　　　　经度：E117°33'11"，纬度：N37°40'27"）

生境信息

来源于当地，生于田间坡地，该土地为耕地，土壤质地为砂土。种植年限50~60年，面积10~16.7hm²。

植物学信息

1. 植株情况

树势弱，树姿半开张，树形为乱头形，树高3m，冠幅东西2m、南北6m，干高1.2m，干周66cm，树干直径20cm。主干灰色，树皮呈块状裂。枝条密度稀疏。

2. 植物学特征

1年生枝中等长度，褐色曲折，平均节间长4~6cm。嫩梢茸毛较少呈灰色，多年生枝灰褐色。叶芽中等三角形，茸毛多且离生。花芽肥大球形，鳞片紧，茸毛多。叶片大纺锤形，长12.5cm、宽6.2cm。叶尖渐尖，叶背茸毛少，叶边锯齿钝且整齐，齿上无针刺。叶姿两侧向内平展，叶边平直不扭曲，与枝所成角度为钝角，叶柄平均长4.5cm。花序伞房状排列，每花序花数4~8朵，花瓣5~10片。花冠直径5cm，花蕾白色，花梗较长，有茸毛，浅绿色，花药红色且花粉多。

3. 果实性状

果实纵径7.5cm、横径6.5cm，平均单果重220g，最大果重300g，卵圆形。果面绿黄色，光滑，蜡质多，果点较多。果梗长度和粗细均中等，近果端膨大呈肉质，梗洼浅且窄。果肉白色细腻，汁液特多，风味极甜，果心中等，品质极上等。可溶性固形物含量13~14%，硬度5.5kg/cm²。

4. 生物学习性

生长势强，萌芽力、发枝力弱。开始结果年龄为3年，采前落果少，丰产性强，大小年不显著。

品种评价

高产，耐贫瘠。果实易受金龟子危害，注意轮纹病、锈病的防治。对寒、旱、涝、瘠、盐、风、日灼等恶劣环境的抵抗能力较强。

植株

芽

芽

果实

晚熟小脆梨

Pyrus bretschneideri Rehd.
'Wanshuxiaocuili'

- 调查编号： YINYLFLJ022

- 所属树种： 白梨 *Pyrus bretschneideri* Rehd.

- 提 供 人： 靳启伟
  电　　话： 13562833880
  住　　址： 山东省泰安市岱岳区夏张镇

- 调 查 人： 尹燕雷、冯立娟、杨雪梅
  电　　话： 0538-8334070
  单　　位： 山东省果树研究所

- 调查地点： 山东省泰安市岱岳区夏张镇

- 地理数据： GPS数据（海拔：112m，经度：E116°57'33.05"，纬度：N36°05'53.63"）

生境信息

来源于当地，生于田间平地，该土地为耕地，土壤质地为砂土。种植年限100年，现存面积18.7~23.3hm²。

植物学信息

1. 植株情况

树势强，树姿开张，树形为圆头形，树高3.3m，冠幅东西6.4m、南北5.3m，干高1.3m，干周104cm，树干直径33cm。主干褐色，树皮呈块状裂。枝条密度密。

2. 植物学特征

1年生枝较长，褐色挺直，平均节间长3~5cm。嫩梢茸毛较少呈灰色，多年生枝灰褐色。叶芽中等三角形，茸毛多且离生。花芽肥大球形，鳞片紧，茸毛多。叶片大纺锤形，长6cm、宽3.6cm。叶尖渐尖，叶背茸毛少，叶边锯齿钝且整齐，齿上无针刺。叶姿两侧向内平展，叶边平直不扭曲，与枝所成角度弯曲向下，叶柄平均长2.8cm。花序伞房状排列，每花序花数7朵，花瓣5~8片。花冠直径3.5cm，花蕾白色，花梗中等长度，有茸毛，浅绿色，花药红色且花粉多。

3. 果实性状

果实纵径6.4cm、横径4.9cm，平均单果重73.4g，最大果重90g，圆锥形。果面黄色，光滑，蜡质中等，果点较多。果梗中等长度，较细且上下粗细均匀，梗洼浅且窄。果肉白色细腻，汁液多，风味甜，果心中等，品质上等。可溶性固形物含量13.5%，硬度8.8~11.4kg/cm²。

4. 生物学习性

生长势强。开始结果年龄为3年，盛果期年龄7~8年，采前落果少，丰产性强，大小年显著。

品种评价

高产，优质，适应性广。主要病虫害有梨黑星病、锈病、轮纹病、梨木虱、梨二叉蚜、梨茎蜂、梨小食心虫、吸果夜蛾、刺蛾等。对寒、旱、涝、瘠、盐、风、日灼等恶劣环境的抵抗能力较强。

植株

芽

果实

花

马蹄黄

Pyrus ussuriensis Maxim.'Matihuang'

调查编号： YINYLSQB023

所属树种： 秋子梨 *Pyrus ussuriensis* Maxim.

提 供 人： 雷波
电 话： 13696703049
住 址： 安徽省宿州市砀山县砀山园艺场

调 查 人： 孙其宝
电 话： 13956066968
单 位： 安徽省农业科学院园艺研究所

调查地点： 安徽省宿州市砀山县砀山园艺场

地理数据： GPS数据（海拔：40m，经度：E116°19'52"，纬度：N34°31'44"）

生境信息

来源于当地，生于旷野平地，该土地为人工林，土壤质地为砂壤土。

植物学信息

1. 植株情况

树势中等，树姿开张，树形为圆头形，树高5m，冠幅东西6.5m、南北5m，干高0.8m，干周50cm。主干褐色，树皮呈块状裂。枝条密度中等。

2. 植物学特征

1年生枝较长，绿色挺直，嫩梢茸毛较少呈灰色，多年生枝灰褐色。叶芽中等三角形，茸毛多且离生。花芽肥大球形，鳞片紧，茸毛多。叶片大纺锤形。叶尖急尖，叶背茸毛少，叶边锯齿钝且整齐，齿上无针刺。叶姿两侧向内平展，叶边平直不扭曲，与枝所成角度弯曲向下。花序伞房状排列，每花序花5~7朵，花瓣5片。花蕾白色，花梗中等长度，有茸毛，浅绿色，花药红色且花粉多。

3. 果实性状

平均单果重200g，果实马蹄形。果面绿黄色，光滑，蜡质中等，果点较多。果梗中等长度，较细且上下粗细均匀，可溶性固形物含量11.5%，可溶性糖含量7.2%，酸含量0.14%。质地软，无香味。

4. 生物学习性

生长势强，萌芽力中等，发枝力强。开始结果年龄为4年，坐果力中等，采前落果少，丰产性强，大小年不显著。

品种评价

高产，耐贫瘠。主要病虫害种类有梨小食心虫、梨木虱、黑星病、轮纹病、炭疽病。对寒、旱、涝、瘠、盐、风、日灼等恶劣环境的抵抗能力强。

植株

植株

枝叶

花

紫酥

Pyrus spp.'Zisu'

調查編號：YINYLSQB024

所屬樹種：梨 *Pyrus* spp.

提 供 人：雷波
電　　話：13696703049
住　　址：安徽省宿州市砀山县砀山
　　　　　园艺场

調 查 人：孙其宝
電　　話：13956066968
單　　位：安徽省农业科学院园艺研
　　　　　究所

調查地點：安徽省宿州市砀山县砀山
　　　　　园艺场

地理數據：GPS数据（海拔：40m，
　　　　　经度：E116°19'52"，纬度：N34°31'44"）

生境信息

来源于当地，生于旷野平地，该土地为人工林，土壤质地为砂壤土。

植物学信息

1. 植株情况

树势中等，树姿开张，多干，树形为圆头形，树高7m，冠幅东西8.5m、南北6.5m，干高0.8m，干周90cm。主干褐色，树皮呈块状裂。

2. 植物学特征

1年生枝较长，绿色挺直，嫩梢茸毛较少呈灰色，多年生枝灰褐色。叶芽中等三角形，茸毛多且离生。花芽肥大球形，鳞片紧，茸毛多。叶片大纺锤形。叶尖急尖，叶背茸毛少，叶边锯齿钝且整齐，齿上无针刺。叶姿两侧向内平展，叶边平直不扭曲。花序伞房状排列，每花序花数6朵，花瓣5片。花蕾粉色，花梗中等长度，有茸毛，浅绿色，花药红色且花粉多。

3. 果实性状

果实近圆柱形，平均单果重约200g，果面光滑，果点小而凸，蜡质中等。果梗长度粗细中等，且近果端膨大呈肉质。萼片多脱落，少量宿存，果肉白色，肉质细脆而致密，味甜多汁，石细胞少，果心较小，品质上等。可溶性固形物含量11.8%，可溶性糖含量7.9%，酸含量0.12%。

4. 生物学习性

生长势中等，萌发力强，发枝力弱。开始结果年龄为4年，盛果期年龄7～8年，生理落果、采前落果少，丰产性强，大小年不显著。

品种评价

高产，耐贫瘠。抗黑星病、轮纹病，不耐瘠薄、干旱，但耐涝。对寒、旱、涝、瘠、盐、风、日灼等恶劣环境的抵抗能力中等。

植株

枝叶

花

植株

鹅黄

Pyrus spp.'Ehuang'

调查编号：YINYLSQB025

所属树种：梨 *Pyrus* spp.

提 供 人：雷波
电　　话：13696703049
住　　址：安徽省宿州市砀山县砀山
　　　　　园艺场

调 查 人：孙其宝
电　　话：13956066968
单　　位：安徽省农业科学院园艺研
　　　　　究所

调查地点：安徽省宿州市砀山县砀山
　　　　　园艺场

地理数据：GPS数据（海拔：40m，
　　　　　经度：E116°19'52"，纬度：N34°31'44"）

生境信息

来源于当地，生于田间平地，该土地为人工林，土壤质地为砂壤土。

植物学信息

1. 植株情况

树势中等，树姿开张，树形为圆头形，树高5.5m，冠幅东西8.5m、南北5.0m，干高0.6m，干周120cm。主干褐色，树皮呈块状裂。枝条密度中等。

2. 植物学特征

1年生枝较长，绿色挺直，嫩梢茸毛较少呈灰色，多年生枝灰褐色。叶芽中等三角形，茸毛少且贴附。花芽肥大球形，鳞片紧，茸毛多。叶片中等心脏形。叶尖渐尖，叶背茸毛少，叶边锯齿钝且整齐，齿上无针刺。叶姿两侧向内平展，叶边平直不扭曲，与枝所成角度弯曲向下。花序伞房状排列，每花序花数7朵，花瓣5片。花蕾白色，花梗中等长度，有茸毛，浅绿色，花药红色且花粉多。

3. 果实性状

果实卵圆形。平均单果重250g，果面绿黄色，光滑，蜡质中等，果点较多。果梗较细，长度中等且近果端膨大呈肉质。果实肩部有鹅突，果实萼片脱落，成熟时果面黄绿色，果肉白色，质地细，风味酸甜、多汁，果心小，品质中上、丰产。可溶性固形物含量11%，可溶性糖含量7.6%，酸含量0.13%。质地软，无香味。

4. 生物学习性

生长势、萌芽力、发枝力中等。开始结果年龄为5年，采前落果少，坐果力中等，丰产性强。成熟期9月中旬，不耐贮藏。开花期较砀山酥梨早3天，其花出粉率低，以短果枝组结果为主，果台不抽生果台副梢，只形成芽。稳产性能差，易形成大小年结果现象。

品种评价

优质，耐贫瘠。主要病虫害种类有炭疽病、黑星病、轮纹病、梨小食心虫。对寒、旱、涝、瘠、盐、风、日灼等恶劣环境的抵抗能力中等。

生境

植株

植株

枝叶

花

鸡爪黄

Pyrus bretschneideri Rehd.'Jizhuahuang'

- 调查编号：YINYLSQB026
- 所属树种：白梨 *Pyrus bretschneideri* Rehd.
- 提 供 人：雷波
  电　　话：13696703049
  住　　址：安徽省宿州市砀山县砀山园艺场
- 调 查 人：孙其宝
  电　　话：13956066968
  单　　位：安徽省农业科学院园艺研究所
- 调查地点：安徽省宿州市砀山县砀山园艺场
- 地理数据：GPS数据（海拔：40m，经度：E116°19′52″，纬度：N34°31′44″）

生境信息

来源于当地，生于田间平地，该土地为人工林，土壤质地为砂壤土。土壤pH8～8.2。

植物学信息

1. 植株情况

树势中等，树姿开张，树形为圆头形，树高4m，冠幅东西4.5m、南北3.5m，干高0.7m，干周85cm。主干褐色，树皮呈块状裂。枝条密度中等。

2. 植物学特征

1年生枝较长，绿色挺直，嫩梢茸毛较少呈灰色，多年生枝灰褐色。皮目小，数量中等，呈近圆形。叶芽中等三角形，茸毛中等且离生。花芽肥大球形，鳞片紧，茸毛多。叶片大纺锤形。叶尖圆钝，叶背茸毛少，叶边锯齿钝且整齐，齿上无针刺。叶姿两侧平展，叶边平直不扭曲，与枝所成角度弯曲向下。花序伞房状排列，每花序花数6朵，花瓣5片，花蕾白色，花梗短，有茸毛，浅绿色，花药浅红且花粉多。

3. 果实性状

果实葫芦形，果肩部一边凸起，果形较小，平均单果重150g左右，果柄中长，柄洼处有肉质膨大。9月上旬成熟，果实成熟时为黄绿色，果点小而密，萼片脱落，肉质白色，致密而多汁，风味酸甜，品质中。可溶性固形物含量11.5%，可溶性糖含量7.2%，酸含量0.14%。质地软，无香味。

4. 生物学习性

生长势强，萌芽力中等。开始结果年龄为4年，盛果期年龄为8年。采前落果少，丰产性强，大小年不显著。坐果力强，果台副梢抽生及结果能力强。

品种评价

高产，耐贫瘠。主要病虫害种类有梨小食心虫、梨木虱、黑星病、轮纹病、炭疽病。对寒、旱、涝、瘠、盐、风、日灼等恶劣环境的抵抗能力强。

生境

植株

植株

枝叶

花

面梨

Pyrus spp.'Mianli'

调查编号：YINYLSQB027

所属树种：梨 *Pyrus* spp.

提供人：雷波
电　　话：13696703049
住　　址：安徽省宿州市砀山县砀山园艺场

调查人：孙其宝
电　　话：13956066968
单　　位：安徽省农业科学院园艺研究所

调查地点：安徽省宿州市砀山县砀山园艺场

地理数据：GPS数据（海拔：40m，经度：E116°19'52"，纬度：N34°31'44"）

生境信息

来源于当地，生于田间平地，该土地为人工林，土壤质地为砂壤土。

植物学信息

1. 植株情况

树势中等，树姿半开张，树形为圆头形，树高5m，冠幅东西7m、南北7.5m，干高0.7m，干周70cm。主干褐色，树皮呈块状裂。枝条密度中等。

2. 植物学特征

1年生枝较长，绿色挺直，嫩梢茸毛较少呈灰色，多年生枝灰褐色。叶芽小呈卵圆形，茸毛少且离生。花芽肥大球形，鳞片紧，茸毛多。叶片中等卵圆形，叶尖渐尖，叶背茸毛少，叶边锯齿钝且整齐，齿上无针刺。叶姿两侧微折，叶边平直不扭曲，与枝所成角度弯曲向下。花序伞房状排列，每花序花数9朵，花瓣5片。花蕾白色，花梗短，有茸毛，浅绿色，花药红色且花粉多。

3. 果实性状

平均单果重300g，果实近圆柱形。果面绿黄色，光滑，果粉少蜡质中等。果梗长度中等且上下粗细均匀。萼片多宿存，果点大而密，果皮粗糙，果肉白色，质地致密、较硬、果汁少，味甜，有很浓的香味，果心小，品质上等。可溶性固形物含量11.9%，可溶性糖含量9.7%，酸含量0.15%。质地软，无香味。

4. 生物学习性

生长势强，萌芽力中等。开始结果年龄为4年，盛果期年龄为9年。丰产性强，大小年不显著。单株平均产量100kg。9月下旬成熟，有采前落果现象。不耐贮藏。

品种评价

高产，抗旱，耐贫瘠。主要病虫害种类有梨小食心虫、轮纹病、炭疽病。对寒、旱、涝、瘠、盐、风、日灼等恶劣环境的抵抗能力中等。

植株

枝叶

花

花

歪尾巴糙

Pyrus spp.'Waiweibacao'

调查编号：YINYLSQB028

所属树种：梨 *Pyrus* spp.

提 供 人：雷波
电　　话：13696703049
住　　址：安徽省宿州市砀山县砀山
　　　　　园艺场

调 查 人：孙其宝
电　　话：13956066968
单　　位：安徽省农业科学院园艺研
　　　　　究所

调查地点：安徽省宿州市砀山县砀山
　　　　　园艺场

地理数据：GPS数据（海拔：40m，
　　　　　经度：E116°19'52"，纬度：N34°31'44"）

生境信息

来源于当地，生于田间平地，该土地为人工林，土壤质地为砂壤土。土壤pH7.8～8.3。

植物学信息

1. 植株情况

树势较强，树姿开张，树形为圆头形，树高6.0m，冠幅东西8.0m、南北7.0m，干高50cm，干周90cm。主干褐色，树皮呈块状裂。枝条密度中等。

2. 植物学特征

1年生枝较长，绿色挺直，嫩梢茸毛较少呈灰色，多年生枝灰褐色。叶芽小，三角形，茸毛少且离生。花芽肥大球形，鳞片紧，茸毛多。叶片中等卵圆形，叶尖急尖，叶背茸毛少，叶边锯齿钝且整齐，齿上无针刺。叶姿两侧微折，叶边平直不扭曲，与枝所成角度弯曲向下。叶柄长度中等、茸毛少，微红色。花序伞房状排列，每花序花数7朵，花瓣5片。花蕾白色，花梗较长，有茸毛，黄绿色，花药黄色且花粉多。

3. 果实性状

平均单果重250g，果实近纺锤形。果面光滑，黄色，蜡质中等，果点较多。果肩侧偏，肩部一边有明显的凸出，果皮粗糙，梗洼处有肉质膨大突起。果肉白色，肉质致密，脆嫩多汁，石细胞极少，味甜，微酸有清香。果心小，品质上。可溶性固形物含量11.7%，可溶性糖含量9.4%，酸含量0.19%。质地软，无香味。

4. 生物学习性

生长势强。开始结果年龄为5年，盛果期年龄为15年。果枝类型为长果枝8%，中果枝5%，短果枝60%。采前落果少，丰产性强，大小年不显著。9月下旬成熟，成熟前有少量的采前落果。坐果力中等。

品种评价

优质，耐盐碱。主要病虫害种类为轮纹病、炭疽病。对寒、旱、涝、瘠、盐、风、日灼等恶劣环境的抵抗能力中等。

植株

花

花

枝叶

水葫芦

Pyrus bretschneideri Rehd.'Shuihulu'

- 调查编号：YINYLSQB029
- 所属树种：白梨*Pyrus bretschneideri* Rehd.
- 提 供 人：雷波
  电　　话：13696703049
  住　　址：安徽省宿州市砀山县砀山园艺场
- 调 查 人：孙其宝
  电　　话：13956066968
  单　　位：安徽省农业科学院园艺研究所
- 调查地点：安徽省宿州市砀山县砀山园艺场
- 地理数据：GPS数据（海拔：40m，经度：E116°19'52"，纬度：N34°31'44"）

生境信息

来源于当地，生于田间平地，该土地为人工林，土壤质地为砂壤土。

植物学信息

1. 植株情况

树势中等，树姿开张，树形为圆头形。树高4m，冠幅东西8m、南北7m，干高50cm，干周45cm。主干褐色，树皮呈块状裂。枝条密度稀疏。

2. 植物学特征

1年生枝较长，绿色挺直，嫩梢茸毛较少呈灰色，多年生枝灰褐色。叶芽较小呈卵圆形，茸毛少且离生。花芽肥大纺锤形，鳞片松，茸毛多。叶片大椭圆形。叶尖渐尖，叶背茸毛少，叶边锯齿钝且整齐，齿上无针刺。叶姿两侧微折，叶边平直不扭曲，与枝所成角度弯曲向下。花序伞房状排列，每花序花数7朵，花瓣5片。花蕾白色，花梗长，有茸毛，浅绿色，花药红色且花粉数量中等。

3. 果实性状

果实大，圆锥形，平均单果重300g，果面黄绿色，光滑，果粉少蜡质中等，果点较多，略大，果皮粗糙，萼片脱落。果柄长度和粗细均中等且上下粗细均匀。梗洼较深，果肉白色，多汁而味淡，果心中等，品质下等。可溶性固形物含量10.5%，酸含量0.12%。

4. 生物学习性

生长势、萌芽力、发枝力强。开始结果年龄为4年，盛果期年龄为14年。果枝类型为长果枝6%，中果枝7%，短果枝65%。采前落果少，丰产性强，大小年不显著。9月下旬成熟，易成花，连续结果能力强，丰产。

品种评价

高产，抗旱，耐贫瘠。主要病虫害种类有轮纹病、炭疽病、黑星病、梨小食心虫。对寒、旱、涝、瘠、盐、风、日灼等恶劣环境的抵抗能力中等。

植株

枝叶

花

植株

青皮糙子

Pyrus bretschneideri Rehd.'Qingpicaozi'

○ 调查编号：YINYLSQB030

○ 所属树种：白梨 *Pyrus bretschneideri* Rehd.

○ 提 供 人：雷波
电　　话：13696703049
住　　址：安徽省宿州市砀山县砀山园艺场

○ 调 查 人：孙其宝
电　　话：13956066968
单　　位：安徽省农业科学院园艺研究所

○ 调查地点：安徽省宿州市砀山县砀山园艺场

○ 地理数据：GPS数据（海拔：40m，经度：E116°19'52"，纬度：N34°31'44"）

生境信息

来源于当地，生于田间平地，该土地为人工林，土壤质地为砂土。

植物学信息

1. 植株情况

树势强，树姿半开张，树形为圆头形，树高4.5m，冠幅东西6m、南北6m，干高50cm，干周48cm。主干褐色，树皮呈块状裂。枝条密。

2. 植物学特征

1年生枝较长，褐色挺直，嫩梢茸毛较少呈灰色，多年生枝灰褐色。皮目大小中等，数目中等且有凸起。叶芽小呈卵圆形，茸毛多且离生。花芽肥大纺锤形，鳞片紧，茸毛多。叶片大呈倒卵圆形。叶尖急尖，叶背茸毛少，叶边锯齿钝且整齐，齿上无针刺。叶姿两侧微折，叶边平直不扭曲，与枝所成角度弯曲向下。花序伞房状排列，每花序花数7朵，花瓣5片。花冠大小中等，花蕾白色，花梗中等长度，有茸毛，浅绿色，花药浅红且花粉多。

3. 果实性状

果实大，果形纺锤形，脐部突出，萼片宿存，果点大而密，平均单果重300g左右，果柄长度和粗细中等且上下粗细均匀。果面青绿色，蜡质中等，果点较多。果肉白色，致密而硬，味淡而微甜，汁液少，果心中等，品质下等。可溶性固形物含量11.0%，可溶性糖含量7.9%，酸含量0.15%。

4. 生物学习性

生长势、萌芽力强。开始结果年龄为7年，盛果期年龄为13年，果枝类型为长果枝9%，中果枝8%，短果枝64%。以短果枝结果为主，采前有落果现象，采前落果少，丰产性强，大小年不显著。9月下旬成熟。

品种评价

高产、耐盐碱，适应性广。可作为授粉品种使用。主要病虫害种类有炭疽病、轮纹病、黑星病等，对寒、旱、涝、瘠、盐、风、日灼等恶劣环境的抵抗能力中等。

植株

枝叶

花

花

紫皮糙子

Pyrus bretschneideri Rehd. 'Zipicaozi'

- 调查编号：YINYLSQB031

- 所属树种：白梨 *Pyrus bretschneideri* Rehd.

- 提 供 人：雷波
  电　　话：13696703049
  住　　址：安徽省宿州市砀山县砀山园艺场

- 调 查 人：孙其宝
  电　　话：13956066968
  单　　位：安徽省农业科学院园艺研究所

- 调查地点：安徽省宿州市砀山县砀山园艺场

- 地理数据：GPS数据（海拔：40m，经度：E116°19'52"，纬度：N34°31'44"）

生境信息

来源于当地，生于田间平地，该土地为人工林，土壤质地为砂土，土壤pH8.3。

植物学信息

1.植株情况

树势强，树姿开张，树形为圆头形，树高6m，冠幅东西8m、南北7m，干高50cm，干周60cm，主干褐色，树皮呈丝状裂。

2.植物学特征

枝条密度中等，1年生枝较长，褐色挺直，嫩梢茸毛较少呈灰色，多年生枝灰褐色。叶芽较小，三角形，茸毛中等且离生。花芽肥大球形，鳞片紧，茸毛多。叶片绿色椭圆形，叶尖急尖，叶基楔形，叶面平滑无光泽，叶背茸毛中等，叶边锯齿钝且整齐，齿上无针刺，无腺体。叶姿两侧平展，叶边平直不扭曲，与枝所成角度为锐角。叶柄粗细中等，茸毛少，微红色。花序伞房状排列，每花序花数7朵，花瓣5片，花蕾白色，花梗较长，有茸毛，浅绿色，花药红色且花粉量中等，雌蕊有4~5个柱头且比雄蕊高。

3.果实性状

果实大，卵圆形，平均单果重250g左右，果面褐色，果点大而粗糙，果粉少，无光泽，无锈斑，蜡质中等，无棱起。果梗长度中等，上下粗细均匀，梗洼较深，萼片着生处中洼，萼片多宿存，果肉白色，肉质较硬，味酸甜，汁少，无味，无香气，品质下。果心中等大小，正形，位于近萼端，萼筒漏斗形，较小，与心室连通，心室椭圆形，无絮状物，横切面心室半开，种子数8粒，较饱满。果点较多，可溶性固形物含量10.8%，可溶性糖含量7.8%，酸含量0.18%。

4.生物学习性

生长势、萌芽力强。发枝力中等。开始结果年龄为4年，盛果期年龄13年，果枝类型为长果枝7%、中果枝9%、短果枝62%。果枝类型以短果枝为主，坐果部位偏上，坐果力中等，采前落果少，产量中等，大小年显著，单株平均产量100kg。

品种评价

高产，耐贫瘠，抗旱，耐盐碱。主要病虫害种类有梨小食心虫、黑星病、炭疽病。对寒、旱、涝、瘠、盐、风、日灼等恶劣环境的抵抗能力中等。可作为砀山酥梨的授粉品种。

植株

果实

花

枝叶

宿州梨1号

Pyrus spp.'Suzhouli 1'

- 调查编号： YINYLSQB032
- 所属树种： 梨 *Pyrus* spp.
- 提 供 人： 雷波
  电　　话： 13696703049
  住　　址： 安徽省宿州市砀山县砀山园艺场
- 调 查 人： 孙其宝
  电　　话： 13956066968
  单　　位： 安徽省农业科学院园艺研究所
- 调查地点： 安徽省宿州市砀山县砀山园艺场
- 地理数据： GPS数据（海拔：40m，经度：E116°19'52"，纬度：N34°31'44"）

生境信息

来源于当地，生于田间平地，该土地为人工林，土壤质地为砂壤土，土壤pH8.3。

植物学信息

1. 植株情况

树势强，树姿半开张，树形为圆头形，树高4m，冠幅东西4.5m、南北4m，干高0.6m，干周40cm。主干褐色，树皮呈块状裂，枝条密度中等。

2. 植物学特征

1年生枝较长，褐色挺直，嫩梢茸毛中等呈灰色，多年生枝灰褐色，叶芽较小卵圆形，茸毛少且离生。花芽肥大球形，鳞片紧，茸毛中等。叶片中等大小呈卵形，绿色，叶尖渐尖，叶基圆形，叶背茸毛少，叶边锯齿钝且整齐，齿上无针刺，无腺体。叶姿两侧平展，叶边平直不扭曲，与枝所成角度为钝角。花序伞房状排列，每花序花数9朵，花瓣5片，呈白色，花蕾微绿，花梗中等长度，有茸毛，浅绿色，花药红色且花粉少，雌蕊柱头比雄蕊高。

3. 果实性状

平均单果重150g，最大单果重350g，果实形状为圆形。果面黄色，光滑，果粉少，有光泽，无棱起，蜡质中等，果点少且小。果梗长度中等，上下粗细均匀，梗洼较深，无锈斑，萼片着生处中洼，萼片宿存。果肉白色，较硬，汁液少，风味较甜，味淡，无香气。果心小，正形，位于近萼端，萼筒漏斗形，与心室连通，心室呈卵形，无絮状物，横切面心室半开，种子数7粒。可溶性固形物含量11.1%，可溶性糖含量8.0%，酸含量0.15%。

4. 生物学习性

生长势、萌芽力强。开始结果年龄为5年，盛果年龄为9年，果枝类型为长果枝6%、中果枝7%、短果枝65%。果枝以短果枝为主，全树均可坐果，坐果力中等，采前落果中等，丰产性强，大小年不显著，单株平均产量100kg。

品种评价

高产，耐盐碱，抗病，早熟性强。主要病虫害种类有梨小食心虫、轮纹病、炭疽病。对寒、旱、涝、瘠、盐、风、日灼等恶劣环境的抵抗能力强。以土层深厚的砂壤土栽培最好。

植株

芽

花

枝叶

古泉梨 1 号

Pyrus spp.'Guquanli 1'

调查编号：YINYLSQB033

所属树种：梨 *Pyrus* spp.

提 供 人：雷波
电　　话：13696703049
住　　址：安徽省宿州市砀山县砀山园艺场

调 查 人：孙其宝
电　　话：13956066968
单　　位：安徽省农业科学院园艺研究所

调查地点：安徽省宣城市宣州区古泉镇

地理数据：GPS数据（海拔：89m，经度：E118°39'11"，纬度：N31°1'44"）

生境信息

来源于当地，生于田间平地，该土地为人工林，土壤质地为黏壤土，土壤pH6.7。

植物学信息

1. 植株情况

树势中等，树姿半开张，树形为圆头形，树高5m，冠幅东西4m、南北3.5m，干高0.7m，干周50cm。主干褐色，树皮呈块状裂，枝条密度中等。

2. 植物学特征

1年生枝长度与粗度中等，棕褐色挺直，嫩梢茸毛中等呈灰色，多年生枝灰褐色。叶芽小，卵圆形，茸毛少且离生。花芽肥大球形，鳞片紧，茸毛中等。叶片大小中等，卵形，绿色，叶尖急尖，叶基圆形，呈叶面平滑有光泽，叶背茸毛少，叶边锯齿钝且整齐，齿上无针刺。叶姿两侧平展，叶边平直不扭曲，与枝所成角度为钝角。叶柄茸毛少，黄绿色。花序伞房状排列，每花序花数9朵，花瓣5片，白色。花蕾微绿，花梗较长，有茸毛，浅绿色，花药紫红色且花粉少，雌蕊柱头与雄蕊等高。

3. 果实性状

平均单果重228g，果实卵圆形。果面绿黄色，光滑，果粉少，有光泽，蜡质中等，果点数中等。果梗长度中等，上下粗细均匀，梗洼较深，无锈斑，萼片着生处中洼，萼片宿存。果肉颜色为白色，质地较细且致密，口感较硬，汁液少，风味酸甜适中，味道浓郁，微香，品质上等。果心小，正形，位于近萼端，萼筒漏斗形且较小，与心室连通，心室呈卵形，无絮状物，种子数8粒。可溶性固形物含量11.1%，可溶性糖含量9.7%，酸含量0.88%。

4. 生物学习性

生长势、萌芽力和发枝力均中等。开始结果年龄为5年，盛果期年龄为10年，果台副梢抽生及连续结果能力中等，果枝类型以短果枝为主，全树可坐果，坐果力中等，采前落果少，丰产性强，大小年不显著，单株平均产量100kg。

品种评价

高产，抗病，早熟。主要病虫害种类有梨小食心虫、轮纹病、炭疽病。对寒、旱、涝、瘠、盐、风、日灼等恶劣环境的抵抗能力中等。

植株

叶片

檗叶

花

锈酥

Pyrus spp.'Xiusu'

调查编号：YINYLSQB034

所属树种：梨 *Pyrus* spp.

提 供 人：雷波
电　　话：13696703049
住　　址：安徽省宿州市砀山县砀山
　　　　　园艺场

调 查 人：孙其宝
电　　话：13956066968
单　　位：安徽省农业科学院园艺研
　　　　　究所

调查地点：安徽省宿州市砀山县砀山
　　　　　园艺场

地理数据：GPS数据（海拔：40m，
　　　　　经度：E116°19'52"，纬度：N34°31'44"）

生境信息

来源于当地，生于田间平地，该土地为人工林，土壤质地为砂壤土，土壤pH8.0～8.3。

植物学信息

1.植株情况

树势中等，树姿开张，多干，树形为圆头形，树高6m，冠幅东西7m、南北7.5m，干高0.5m，干周120cm。主干褐色，树皮呈块状裂。枝条密度中等。

2.植物学特征

1年生枝长度中等，绿色挺直，嫩梢茸毛中等呈灰色，多年生枝灰褐色。叶芽小呈卵圆形，茸毛少且离生。花芽肥大球形，鳞片紧，茸毛中等。叶片卵形，绿色，叶尖急尖，叶基圆形，叶面平滑有光泽，叶背茸毛少，叶边锯齿钝且整齐，齿上无针刺。叶姿两侧平展，叶边平直不扭曲，与枝所成角度为钝角，叶柄长度中等，茸毛少，微红色。花序伞房状排列，每花序花数9朵，花瓣5片，白色，花蕾微绿，花梗长，有茸毛，浅绿色，花药紫红色且花粉少，雌蕊柱头比雄蕊高。

3.果实性状

平均单果重200g，果实圆锥形。果面褐色，粗糙，果粉少，有光泽，无棱起，片状锈斑，蜡质中等，果点中等。果梗长度中等，上下粗细均匀，梗洼较深无锈斑，萼片着生处中洼，萼片宿存。果肉白色，质地致密较硬，汁液少，风味甜，无香气，品质上等。果心较小，正形，位于近萼端，萼筒漏斗形，与心室连通，心室呈卵形，无絮状物，种子数6粒。可溶性固形物含量11.9%，可溶性糖含量7.4%，酸含量0.11%。

4.生物学习性

生长势、萌芽力和发枝力均中等，开始结果年龄为5年，盛果期年龄9年，果枝类型以短果枝为主，全树坐果，坐果力中等，采前落果少，丰产性强，大小年不显著。

品种评价

高产，抗旱，耐贫瘠。主要病虫害种类有梨小食心虫、轮纹病、炭疽病。对寒、旱、涝、瘠、盐、风、日灼等恶劣环境的抵抗能力中等。该品种是砀山酥梨的褐皮芽变。

植株

枝叶

花

花

果实

宿州梨2号

Pyrus spp.'Suzhouli 2'

调查编号：YINYLSQB035

所属树种：梨 *Pyrus* spp.

提 供 人：雷波
电　　话：13696703049
住　　址：安徽省宿州市砀山县砀山
　　　　　园艺场

调 查 人：孙其宝
电　　话：13956066968
单　　位：安徽省农业科学院园艺研
　　　　　究所

调查地点：安徽农业大学

地理数据：GPS数据（海拔：19m，
　　　　　经度：E117°15'07"，纬度：N31°51'53"）

生境信息

来源于当地，生于田间坡地，该土地为人工林，土壤质地为砂壤土。土壤pH7.8～8.3。

植物学信息

1. 植株情况

树势强，树姿半开张，树形为圆头形，树高6m，冠幅东西4m、南北3.7m，干高0.6m，干周80cm。主干褐色，树皮呈块状裂。枝条密度中等。

2. 植物学特征

1年生枝中等长度，褐色挺直，嫩梢茸毛较少呈灰色，多年生枝灰褐色。叶芽小且呈三角形，茸毛少且离生。花芽肥大球形，鳞片紧，茸毛中等。叶片中等呈卵形，浅绿色，叶尖渐尖，叶基圆形心形均有，叶面平滑无光泽，叶背茸毛少，叶边锯齿锐且整齐，齿上无针刺。叶姿两侧平展，叶边平直不扭曲，与枝条所成角度为钝角。叶柄粗细中等，无茸毛，绿色。花序伞房状排列，每花序花数6～9朵，花瓣5片，白色，花蕾白色，花梗较长，有茸毛，浅绿色，花药紫红色且花粉多，雌蕊柱头比雄蕊高。

3. 果实性状

平均单果重269g，果实形状为圆形。果面黄色，粗糙，果粉少，有光泽，无棱起，蜡质中等，果点较大，梗洼较浅，无锈斑，萼片脱萼。果肉白色较细脆，汁液多，风味酸甜，有清香，品质上等。果心小，不正形，位于近萼端，萼筒圆锥形较小，与心室连通，心室心形，种子数7粒，饱满。可溶性固形物含量10.2%，可溶性糖含量8.4%，酸含量0.21%。

4. 生物学习性

生长势强、萌芽力、发枝力中等。果枝类型以短果枝为主，全树坐果，坐果力中等，采前落果少，丰产性中等，大小年不显著。

品种评价

优质，适应性广。主要病虫害种类有轮纹病、炭疽病。对寒、旱、涝、瘠、盐、风、日灼等恶劣环境的抵抗能力中等。

生境

植株

枝叶

叶片

花

砀山酥梨

Pyrus bretschneideri Rehd. 'Dangshansuli'

调查编号：YINYLSQB036

所属树种：白梨 *Pyrus bretschneideri* Rehd.

提 供 人：雷波
电　　话：13696703049
住　　址：安徽省宿州市砀山县砀山
园艺场

调 查 人：孙其宝
电　　话：13956066968
单　　位：安徽省农业科学院园艺研
究所

调查地点：安徽省宿州市砀山县砀山
园艺场

地理数据：GPS数据（海拔：40m，
经度：E116°19'52"，纬度：N34°31'44"）

生境信息

来源于当地，生于田间平地，该土地为人工林，土壤质地为壤土。土壤pH8.3。

植物学信息

1. 植株情况

树势强，树姿开张，树形为圆头形，树高6m，冠幅东西11m、南北13m，干高0.6m，干周70cm。主干褐色，树皮呈丝状裂。枝条密度稀疏。

2. 植物学特征

1年生枝中等，褐色挺直，嫩梢茸毛较少呈灰色，多年生枝灰褐色。叶芽小呈三角形，茸毛中等且离生。花芽肥大心脏形，鳞片紧，茸毛中等。叶片中等倒卵形，绿色，叶尖急尖，叶基楔形，叶面平滑有光泽，叶背茸毛中等，叶边锯齿锐且整齐，齿上有针刺。叶姿两侧平展，叶边平直，与枝所成角度为锐角，叶柄茸毛少，黄绿色。花序伞房状排列，每花序花数6朵，花瓣5片，白色，花蕾白色，花梗长，有茸毛，浅绿色，花药紫红色且花粉中等，雌蕊柱头比雄蕊高。

3. 果实性状

平均单果重270g，果实圆形，黄绿色，贮存后黄色，果皮粗糙，果粉少，无光泽，无棱起，斑状锈，蜡质中等，果点小而密。果梗长度中等，上下粗细均匀，梗洼较浅，有片状锈斑，萼片脱落或宿存。果肉白色，肉致密较脆，汁特多味甜，无涩味，无香气。果心中等，位于近萼端，萼筒漏斗形，与心室连通，心室椭圆形，无絮状物，种子数8粒，饱满。可溶性固形物含量11%~13%，酸含量0.09%。

4. 生物学习性

生长势、萌芽力强，发枝力中等。树体上部坐果，坐果力中等，生理落果少，开始结果年龄为4年，采前落果少，丰产性强，大小年不显著。

品种评价

高产，抗旱，耐盐碱，耐贫瘠。主要病虫害种类有炭疽病、黑星病、梨小食心虫。对寒、旱、涝、瘠、盐、风、日灼等恶劣环境的抵抗能力中等。

生境

花

果实

植株

良梨早酥

Pyrus spp.'Lianglizaosu'

调查编号： YINYLSQB037

所属树种： 梨 *Pyrus* spp.

提 供 人： 雷波
电　　话： 13696703049
住　　址： 安徽省宿州市砀山县砀山
　　　　　园艺场

调 查 人： 孙其宝
电　　话： 13956066968
单　　位： 安徽省农业科学院园艺研
　　　　　究所

调查地点： 安徽省宿州市砀山县砀山
　　　　　园艺场

地理数据： GPS数据（海拔：40m，
　　　　　经度：E116°19'52"，纬度：N34°31'44"）

生境信息

来源于当地，生于庭院，该土地为人工林，土壤质地为砂壤土。土壤pH8.0。

植物学信息

1. 植株情况

树势强，树姿半开张，树形为圆头形，树高4m，冠幅东西4m、南北3.5m，干高50cm，干周45cm。主干褐色，树皮呈丝状裂。枝条密度稀疏。

2. 植物学特征

1年生枝中等长度较细，褐色挺直，嫩梢茸毛较少呈灰色，多年生枝灰褐色。叶芽较小呈三角形，茸毛中等且离生。花芽肥大心脏形，鳞片紧，茸毛中等。叶片中等大小倒卵形，绿色，叶尖急尖，叶基楔形，叶面平滑无光泽，叶背茸毛中等，叶边锯齿锐且整齐，齿上无针刺。叶姿两侧微折，叶边平直不扭曲，与枝所成角度为锐角，叶柄茸毛少，黄绿色。花序伞房状排列，每花序花数7朵，花瓣5片，白色，花蕾白色，花梗短，有茸毛，浅绿色，花药浅黄色且花粉量中等，柱头比雄蕊高。

3. 果实性状

平均单果重250～300g，果实卵圆形。果面绿黄色，光滑，果粉少，有光泽，有棱起，蜡质中等，果点较多且大。果梗长度中等，上下粗细均匀，梗洼较深，无锈斑，萼片脱落或宿存。果肉颜色白色，质地粗且硬，汁液少，风味酸甜，无香气，品质下等。果心正形，位于近萼端，萼筒漏斗形，较小，与心室连通，心室椭圆形，无絮状物，种子数8粒，饱满。酸含量0.18%。

4. 生物学习性

生长势、萌芽力、发枝力强。开始结果年龄为4年，果枝类型以短果枝为主，坐果部位为树体上部，坐果力中等，采前落果少，丰产性中等，大小年显著。

品种评价

高产，抗旱，耐盐碱，耐贫瘠。主要病虫害种类有炭疽病、黑星病、梨小食心虫，对寒、旱、涝、瘠、盐、风、日灼等恶劣环境的抵抗能力中等。

生境

植株

植株

枝叶

花

宿州梨3号

Pyrus spp.'Suzhouli 3'

调查编号：YINYLSQB038

所属树种：梨 *Pyrus* spp.

提 供 人：雷波
电　　话：13696703049
住　　址：安徽省宿州市砀山县砀山园艺场

调 查 人：孙其宝
电　　话：13956066968
单　　位：安徽省农业科学院园艺研究所

调查地点：安徽省宿州市砀山县砀山园艺场

地理数据：GPS数据（海拔：40m，经度：E116°19'52"，纬度：N34°31'44"）

生境信息

来源于当地，生于田间平地，该土地为人工林，土壤质地为砂壤土。土壤pH7.9。

植物学信息

1. 植株情况

树势强，树姿开张，树形为圆头形，树高5m，冠幅东西6.5m、南北5m，干高0.8m，干周50cm。主干褐色，树皮呈块状裂。枝条密度稀疏。

2. 植物学特征

1年生枝中等长度较细，褐色挺直，嫩梢茸毛较少呈灰色，多年生枝灰褐色。叶芽小呈三角形，茸毛中等且离生。花芽肥大心脏形，鳞片紧，茸毛多。叶片中等倒卵形，绿色，叶尖急尖，叶基楔形，叶面平滑无光泽，叶背茸毛中等，叶边锯齿锐且整齐，齿上无针刺。叶姿两侧微折，叶边平直不扭曲，与枝所成角度为锐角，叶柄中等长度，茸毛少，黄绿色。花序伞房状排列，每花序花数9朵，花瓣5片，白色，花蕾白色，花梗短，有茸毛，浅绿色，花药紫红色且花粉量中等，柱头比雄蕊高。

3. 果实性状

平均单果重300g，果实形状为圆形。果面绿黄色，光滑，果粉少，有光泽，无棱起，蜡质多，果点较多且小。果梗中等长度，上下粗细均匀，梗洼较深，无锈斑，萼片脱落或宿存。果肉白色，质地较细，口感较脆，汁液多，风味甜，味浓郁，有清香，品质上等。果心较小，正形，位于近萼端，萼筒漏斗形较小，与心室连通，心室椭圆形，无絮状物，种子数8粒，饱满。可溶性固形物含量11%。

4. 生物学习性

生长势、萌芽力强，发枝力中等。开始结果年龄为4年，坐果部位为树体上部，坐果力中等，采前落果少，丰产性中等，大小年显著。

品种评价

高产，优质，抗旱，耐盐碱，耐贫瘠。主要病虫害种类有梨小食心虫、黑星病、炭疽病。对寒、旱、涝、瘠、盐、风、日灼等恶劣环境的抵抗能力中等。

生境

植株

植株

枝叶

花

宿州梨4号

Pyrus spp.'Suzhouli 4'

调查编号：YINYLSQB039

所属树种：梨 *Pyrus* spp.

提 供 人：雷波
电　　话：13696703049
住　　址：安徽省宿州市砀山县砀山园艺场

调 查 人：孙其宝
电　　话：13956066968
单　　位：安徽省农业科学院园艺研究所

调查地点：安徽省宿州市砀山县砀山园艺场

地理数据：GPS数据（海拔：0m，
经度：E116°19'52"，纬度：N34°31'44"）

生境信息

来源于当地，生于田间平地，该土地为人工林，土壤质地为砂壤土。土壤pH8.3。

植物学信息

1. 植株情况

树势强，树姿半开张，树形为圆头形，树高3m，冠幅东西4m、南北3.5m。主干褐色，树皮呈块状裂。枝条密度中等。

2. 植物学特征

1年生枝中等长度较细，褐色挺直，嫩梢茸毛较少呈灰色，多年生枝灰褐色。叶芽小呈三角形，茸毛中等且离生。花芽肥大心脏形，鳞片紧，茸毛中等。叶片中等呈倒卵形，绿色，叶尖急尖，叶基楔形，叶面平滑无光泽，叶背茸毛中等，叶边锯齿钝且整齐，齿上无针刺。叶姿两侧微折，叶边平直不扭曲，与枝条所成角度为锐角，叶柄中等长度，茸毛少，绿色。花序伞房状排列，每花序花数7朵，花瓣5片，白色，花蕾白色，花梗较长，有茸毛，浅绿色，花药紫红色且花粉量中等，柱头比雄蕊高。

3. 果实性状

平均单果重250～300g，果实扁圆形。果面绿黄色，粗糙，果粉少，无光泽，有棱起，蜡质中等，果点较多且小。果梗中等长度较粗，梗洼较平，无锈斑，萼片宿存。果肉白色，质地较细脆，汁液多，风味酸甜，无香气，品质中等。果心中等大小，位于近萼端，萼筒漏斗形，较小，与心室连通，心室椭圆形，无絮状物，种子数8粒，饱满。可溶性固形物含量10%～11%。

4. 生物学习性

生长势、萌芽力强，发枝力中等。开始结果年龄为4年，盛果年龄为13年，果枝类型以短果枝为主，坐果部位为树体上部，坐果力中等，采前落果少，丰产性中等，大小年显著。

品种评价

高产，抗旱，耐盐碱，耐贫瘠。主要病虫害种类有梨小食心虫、黑星病、炭疽病。对寒、旱、涝、瘠、盐、风、日灼等恶劣环境的抵抗能力中等。

植株

植株

枝叶

六月消

Pyrus spp.'Liuyuexiao'

调查编号： YINYLXXB023

所属树种： 梨 *Pyrus* spp.

提 供 人： 洪波
电　　话： 13576303688
住　　址： 江西省上饶市上饶县田墩镇田墩村

调 查 人： 徐小彪、黄春辉
电　　话： 13767008891
单　　位： 江西农业大学

调查地点： 江西省上饶市上饶县田墩镇田墩村

地理数据： GPS数据（海拔：86m，经度：E118°0555.69"，纬度：N28°1717.91"）

生境信息

来源于当地，生长于丘陵地，种植年限100年，种植规模500株。

植物学信息

1. 植株情况

树势较强，树姿较直立，半圆头形。树高18.5m，冠幅东西15m、南北13m，干高1.7m，干周150cm。主干黄褐色，枝条密度较密。

2. 植物学特征

1年生枝较长，褐色挺直，嫩梢茸毛较少呈灰色，皮目小、多、凸，近圆形。多年生枝灰褐色。叶芽中等三角形，茸毛较多。花芽肥大球形，茸毛多。叶片卵圆形，绿色，长7.2cm、宽3.8cm，叶尖渐尖，叶面平滑有光泽。叶背茸毛少，叶边锯齿钝且整齐，齿上无针刺。叶姿两侧向内微折，叶边波状先端不扭曲，与枝所成角度为锐角，叶柄平均长3.6cm。花序伞房状排列，每花序7～9朵花，花冠直径3.2cm。花瓣白色，椭圆形，花蕾白色，花梗平均长5cm，灰白色，花药红色，花粉少。

3. 果实性状

果实较大，长椭圆形，平均单果重224g，最大可达300g。果皮薄，绿色，果点较大。果肉白色，石细胞极少，汁多、味甜而微酸，果心小，品质佳。

4. 生物学习性

萌芽力、发枝力较强。开始结果年龄为4年，盛果期年龄8～9年。生理落果中等，采前落果少，坐果力强，丰产性强，大小年显著。

品种评价

优质、抗旱、耐瘠薄，适应性广。主要病虫害种类有梨小食心虫、梨木虱、黑星病、轮纹病、炭疽病。对寒、旱、涝、瘠、盐、风、日灼等恶劣环境的抵抗能力强。对土壤及生境条件要求不高。

花

叶片

果实

果实

细花麻壳

Pyrus spp.'Xihuamake'

调查编号： YINYLXXB024

所属树种： 梨 *Pyrus* spp.

提 供 人： 洪波
电　　话： 13576303688
住　　址： 江西省上饶市上饶县田墩
镇田墩村

调 查 人： 徐小彪、黄春辉
电　　话： 13767008891
单　　位： 江西农业大学

调查地点： 江西省上饶市上饶县田墩
镇田墩村

地理数据： GPS数据（海拔：92m,
经度：E118°0555.69",纬度：N28°1717.91"）

生境信息

来源于当地，生长于丘陵地，种植年限100年，种植规模1000株。

植物学信息

1. 植株情况

树势较强，树姿较直立，半圆头形。树高8m，冠幅东西5m、南北4m，干高0.5m，干周44cm。主干黄褐色，枝条密度较稀。

2. 植物学特征

1年生枝中等长度，褐色挺直，嫩梢茸毛较少呈灰色，多年生枝灰褐色。叶芽大呈三角形，茸毛较多。花芽肥大尖卵形，茸毛多。叶片卵圆形，绿色，叶尖渐尖，叶面平滑有光泽。叶背茸毛少，叶边锯齿钝且整齐，齿上无针刺。叶姿两侧向内微折，叶边波状先端不扭曲，叶柄平均长3.6cm。花序伞房状排列，每花序7～9朵花，花冠直径3.5cm。花瓣白色，椭圆形，花蕾白色，花梗平均长3cm，灰白色，花药红色，花粉少。

3. 果实性状

果实大小中等，形状近圆形，平均单果重158g。果面薄，绿色，果点较大。果肉白色，石细胞极少，汁多、味甜而微酸，果心小。品质佳。

4. 生物学习性

萌芽力、发枝力较强。开始结果年龄为4年，盛果期年龄8～9年。生理落果中等，采前落果少，坐果力强，丰产性强，大小年显著。

品种评价

优质，抗旱，耐瘠薄，适应性广。主要病虫害种类有梨小食心虫、梨木虱、黑星病、轮纹病、炭疽病。对寒、旱、涝、瘠、盐、风、日灼等恶劣环境的抵抗能力强。对土壤及生境条件要求不高。

花

芽

植株

叶片

江湾粗柄酥

Pyrus spp.'Jiangwancubingsu'

调查编号： YINYLXXB026

所属树种： 梨 *Pyrus* spp.

提 供 人： 洪波
电　　话： 13576303688
住　　址： 江西省上饶市上饶县田墩镇田墩村

调 查 人： 徐小彪、黄春辉
电　　话： 13767008891
单　　位： 江西农业大学

调查地点： 江西省上饶市上饶县田墩镇田墩村

地理数据： GPS数据（海拔：79m，经度：E118°0247.02"，纬度：N28°2219.55"）

生境信息

来源于本地，生长于田间平地，该土地为耕地，土壤质地为砂土。

植物学信息

1. 植株情况

树势较强，树姿半开张，树形为乱头形。树高5.1m，冠幅东西6.6m、南北5.3m，干高1.7m，干周105cm。主干褐色。树皮块状裂，枝条密度中等。

2. 植物学特征

1年生枝较长，褐色挺直，嫩梢茸毛中等呈灰色，多年生枝灰褐色。叶芽大，呈三角形，花芽肥大球形。叶片大，倒卵形，绿色，叶尖渐尖，叶面平滑有光泽，叶背茸毛少，叶边锯齿钝且整齐。叶姿两侧向内平展，叶边平直先端不扭曲。与枝所成角度弯曲向下，叶柄平均长3.3cm。花序伞房状排列，每花序7朵花，花瓣5片，白色，椭圆形，边缘呈波状。花蕾白色，花梗中等长度，有茸毛，灰白色。花药红色，花粉量中等。

3. 果实性状

果实中等大小，近圆锥形，平均单果重172g，最大可达200g，果面黄色，光滑，蜡质少，果点较多且粗大。果肉白色，石细胞中多，肉质坚实，汁中多，味微酸，果心大，品质中等。

4. 生物学习性

生长势中等，萌芽力、发枝力较强。开始结果年龄为4年，采前落果少，坐果力中等丰产性强，大小年显著。

品种评价

高产，耐贫瘠。主要病虫害种类有梨小食心虫、梨木虱、黑星病、轮纹病、炭疽病，对寒、旱、涝、瘠、盐、风、日灼等恶劣环境的抵抗能力强。

植株

果实

芽

叶片

金阳雪梨

Pyrus spp.'Jinyangxueli'

调查编号： FANGJGZQJ065

所属树种： 梨 *Pyrus* spp.

提 供 人： 张全军
电　　话： 13880343606
住　　址： 四川省成都市锦江区狮子
　　　　　 山路4号

调 查 人： 张全军
电　　话： 13880343606
单　　位： 四川省农业科学院园艺研
　　　　　 究所

调查地点： 四川省凉山彝族自治州金
　　　　　 阳县寨子乡

地理数据： GPS数据（海拔：2673m，
　　　　　 经度：E103°09'37.43"，纬度：N27°38'10.71"）

生境信息

来源于当地，生于田间坡地，东南坡向，坡度为25°，该土地为人工林，土壤质地为砂壤土。土壤pH6.8。

植物学信息

1. 植株情况

树姿直立，树形半圆形。树高4m，冠幅东西5m、南北4m，干高0.9m，干周89cm。主干灰褐色，树皮丝状裂，枝条密度稀疏。

2. 植物学特征

1年生枝挺直，褐色，长，粗度中等。嫩梢上无茸毛，皮目大小中等，数量中等，凸，近圆形。叶芽中等大小，三角形，花芽肥大卵圆形，叶片大，绿色，长12.5cm、宽7cm，椭圆形，叶尖急尖，叶面平滑有光泽，叶边锯齿锐、细、小、整齐。叶柄平均长4cm，相当于叶长的1/3。花序伞房状排列，每花序7~9朵花，花瓣5片，白色，椭圆形，边缘呈波状。花冠直径3.4cm，花蕾白色，花梗平均长2.8cm，有浅绿色茸毛。花药红色，且花粉量中等，雌蕊柱头与雄蕊等高。

3. 果实性状

果实为圆形，平均果重180g，最大可达220g。果面黄白色，平滑，蜡质中等，果梗粗长，基部肥大。果肉特白，质致密、细脆，味极甜，汁多，品质上等。果心中等大小，种子数7粒，饱满。较耐贮藏，可溶性固形物含量为14.2%。

4. 生物学习性

生长势强。开始结果年龄为4年，采前落果少，丰产性强，大小年显著。

品种评价

高产，优质，适应性广。主要病虫害种类有梨小食心虫、梨木虱、黑星病、轮纹病、炭疽病。对旱、涝、瘠、盐、风、日灼等恶劣环境的抵抗能力强。

花

叶片

芽

得荣灯泡梨

Pyrus spp.‘Derongdengpaoli’

调查编号：FANGJGZQJ066

所属树种：梨 *Pyrus* spp.

提 供 人：张全军
电　　话：13880343606
住　　址：四川省成都市锦江区狮子
　　　　　山路4号

调 查 人：张全军
电　　话：13880343606
单　　位：四川省农业科学院园艺研
　　　　　究所

调查地点：四川省甘孜藏族自治州得
　　　　　荣县茨巫乡

地理数据：GPS数据（海拔：2445m，
　　　　　经度：E99°22'8.88"，纬度：N29°37.61"）

生境信息

来源于当地，生于田间坡地，东南坡向，坡度为20°，该土地为人工林，土壤质地为砂壤土。土壤pH7.1。现存64株。

植物学信息

1. 植株情况

树势强，树姿开张，树形圆头形。树高4m，冠幅东西5m、南北4.4m，干高0.5m，干周82cm。主干直径26cm。主干灰褐色，树皮丝状裂，枝条密度中等。

2. 植物学特征

1年生枝褐色挺直，较长，粗度中等，嫩梢上无茸毛，皮目大小、数量中等，凸，近圆形。叶芽大，三角形，花芽肥大尖卵形。叶片大呈椭圆形，绿色，长8.6cm、宽4.5cm。叶尖渐尖，叶面平滑有光泽，叶边锯齿钝且整齐。叶柄平均长4cm，相当于叶长的1/2。花序伞房状排列，每花序8朵花，花瓣5片，花冠直径3.7cm，白色，心脏形，边缘呈波状。花蕾白色，花梗平均长4.6cm，有茸毛，灰白色。花药红色，花粉量大，雌蕊柱头比雄蕊低。

3. 果实性状

果实为葫芦形，平均果重270g，最大可达400g。果面绿色，平滑。果梗粗长，梗洼浅且窄，果肉白色，质地致密、细、脆，味极甜，汁多，品质中等。种子数6粒，饱满。较耐贮藏，可溶性固形物含量为12.5%。

4. 生物学习性

萌芽力强，发枝力弱。开始结果年龄为4年，生理落果中等，采前落果少，坐果力强，丰产性强，大小年显著。

品种评价

高产，优质，适应性广。主要病虫害种类有梨小食心虫、梨木虱、黑星病、轮纹病、炭疽病。对寒、旱、涝、瘠、盐、风、日灼等恶劣环境的抵抗能力强。

花

芽

叶片

鲁洼沙梨

Pyrus spp.'Luwashali'

调查编号：FANGJGZQJ067

所属树种：梨 *Pyrus* spp.

提 供 人：张全军
电　　话：13880343606
住　　址：四川省成都市锦江区狮子山路4号

调 查 人：张全军
电　　话：13880343606
单　　位：四川省农业科学院园艺研究所

调查地点：四川省甘孜藏族自治州得荣县茨巫乡

地理数据：GPS数据（海拔：2897m，经度：E99°20'43"，纬度：N29°08'35"）

生境信息

来源于当地，生于田间坡地，东南坡向，坡度为20°，该土地为人工林，土壤质地为砂壤土。土壤pH6.9。现存25株。

植物学信息

1. 植株情况

树势中等，树姿直立，树形圆锥形。树高4m，冠幅东西5m、南北4m，干高0.6m，干周58cm，主干直径18cm。主干灰褐色，树皮丝状裂，枝条密度中等。

2. 植物学特征

1年生枝褐色挺直，较长，粗度中等。嫩梢上茸毛少，皮目大小中等，数量中等，凸，近圆形。叶片大，绿色，长11.5cm、宽5.5cm，椭圆形，叶尖渐尖，叶面平滑有光泽，叶边锯齿锐、细、小、整齐。叶柄平均长6cm，相当于叶长的1/2。花序伞房状排列，每花序10朵花，花瓣5片，白色，椭圆形，边缘呈波状，花冠直径3.4cm。花蕾白色，花梗平均长4cm，有茸毛，灰白色。花药红色，花粉量中等少。

3. 果实性状

果实平均种子数9粒，平均单果重184g，最大果重226g，圆锥形，果面绿色，光滑，蜡质少，果点较多。果梗长，梗洼较浅，果肉白色细密，果心中等，品质中等。可溶性固形物含量11.3%。

4. 生物学习性

生长势强。开始结果年龄为3年，采前落果少，丰产性强，大小年显著。

品种评价

高产，优质，适应性广。主要病虫害种类有梨小食心虫、梨木虱、黑星病、轮纹病、炭疽病。对寒、旱、涝、瘠、盐、风、日灼等恶劣环境的抵抗能力强。

植株

叶片

枝条

花

金阳大黄梨

Pyrus spp.'Jinyangdahuangli'

调查编号：FANGJGZQJ069

所属树种：梨 *Pyrus* spp.

提 供 人：钟必凤
电　　话：1890451750
住　　址：四川省成都市锦江区狮子山路4号

调 查 人：张全军
电　　话：13880343606
单　　位：四川省农业科学院园艺研究所

调查地点：四川省凉山彝族自治州金阳县寨子乡

地理数据：GPS数据（海拔：2842m，经度：E103°09'40"，纬度：N27°38'45"）

生境信息

来源于当地，生于田间坡地，东南坡向，坡度为20°，该土地为人工林，土壤质地为砂壤土。土壤pH7.1。现存35株。

植物学信息

1. 植株情况

树势强，树姿半开张，树形圆头形。树高5m，冠幅东西4m、南北4m，干高0.8m，干周67cm。主干灰褐色，树皮丝状裂，枝条密度中等。

2. 植物学特征

1年生枝较长，褐色挺直，粗度中等。嫩梢上无茸毛，皮目大小、数量中等，椭圆形。多年生枝赤褐色，叶芽中等，茸毛多且离生。花芽肥大尖卵形，鳞片紧。叶片大，绿色，长8.1cm、宽4.0cm，椭圆形，叶尖渐尖，叶面平滑有光泽，叶边锯齿锐、细、小、整齐。叶姿两侧向内微折，叶边先端平直不扭曲，叶柄平均长6cm，相当于叶长的1/2。伞房花序，花瓣白色卵圆形，边缘波状，花梗长，茸毛多，浅绿。花药红色，花粉多。

3. 果实性状

果实为扁圆形，平均果重200g，底色为黄绿色，带有红晕。果面粗糙，果粉、蜡质均少，果点多，果梗中等长度，梗洼较浅且窄，萼洼浅且宽，萼片宿存。果肉白色，质地致密、细、脆，味极甜，汁多，品质中等。较耐贮藏，可溶性固形物含量为12.7%。

4. 生物学习性

生长势强，萌芽力、发枝力较强。开始结果年龄为4年，盛果期年龄7~8年。坐果力强，生理落果少，采前落果少，丰产性强，大小年显著。

品种评价

高产，适应性广。主要病虫害种类有梨小食心虫、梨木虱、黑星病、轮纹病、炭疽病。对寒、旱、涝、瘠、盐、风、日灼等恶劣环境的抵抗能力强。

枝条

果实

果实

叶片

雷波老麻梨

Pyrus spp.'Leibolaomali'

调查编号: FANGJGZQJ070

所属树种: 梨 *Pyrus* spp.

提 供 人: 钟必凤
电　话: 18987451750
住　址: 四川省成都市锦江区狮子
　　　　山路4号

调 查 人: 张全军
电　话: 13880343606
单　位: 四川省农业科学院园艺研
　　　　究所

调查地点: 四川省凉山彝族自治州
　　　　雷波县溪洛米乡

地理数据: GPS数据（海拔: 1890m,
　　　　经度: E103°40'58", 纬度: N28°15'58"）

生境信息

来源于当地，生于庭院坡地，东南坡向，坡度为15°，该土地为耕地，土壤质地为砂壤土。现存58株。

植物学信息

1. 植株情况

树势强，树姿半开张，树形圆头形。树高3.6m，冠幅东西4m、南北3.4m，干高0.8m，干周67cm。主干灰褐色，树皮块状裂，枝条密度中等。

2. 植物学特征

1年生枝褐色挺直，较长，中等粗度。嫩梢上茸毛少，皮目大小中等，数量中等，近圆形。多年生枝赤褐色，叶芽瘦小，尖卵形，花芽肥大卵圆形。叶片较大，绿色，长12.3cm、宽8.1cm，椭圆形。叶尖渐尖，叶面平滑有光泽，叶边锯齿钝。叶姿两侧向内微折，叶边波状，先端扭曲，叶柄平均长6.5cm，相当于叶长的1/2。伞房花序，每花序花数8朵，花瓣5片，粉红色，椭圆形，边缘波状。花梗中等长度有绒毛，浅绿。花药红色，花粉较多。

3. 果实性状

果实纵径7.2cm、横径6.9cm，平均单果重144.3g，最大果重170g，卵圆形。成熟的果实呈黄色，果粉较少，蜡质少，果点多。果梗长，梗洼较深，萼片脱落。果肉白色，质地致密、细、脆，风味淡而微甜，汁多，品质中等。果心小，平均种子数7粒，较耐贮藏，可溶性固形物含量为12.8%。

4. 生物学习性

生长势、萌芽力、发枝力较强。新梢一年平均生长量34cm，开始结果年龄3年，盛果期年龄8～10年，坐果力较强，生理落果、采前落果少，丰产性强，大小年显著。单株平均产量75kg。

品种评价

高产，抗旱，耐贫瘠，适应性广。主要病虫害种类有梨小食心虫、梨木虱、黑星病、轮纹病。对寒、旱、涝、瘠、盐、风、日灼等恶劣环境的抵抗能力强，对土壤、地势、栽培条件的要求较低。

生境

枝条

果实

枝条

木里芝麻梨

Pyrus bretschneideri Rehd.'Mulizhimali'

调查编号：FANGJGZQJ071

所属树种：白梨 *Pyrus bretschneideri* Rehd.

提 供 人：钟必凤
电　　话：18980451750
住　　址：四川省成都市锦江区狮子山路4号

调 查 人：张全军
电　　话：13880343606
单　　位：四川省农业科学院园艺研究所

调查地点：四川省凉山彝族自治州木里藏族自治县博科乡

地理数据：GPS数据（海拔：2810m，经度：E100°55'51"，纬度：N28°07'40"）

生境信息

来源于当地，生于田间平地，坡度为25°，该土地为人工林，土壤质地为砂壤土。土壤pH7.3。现存43株。

植物学信息

1. 植株情况

树势强，树姿半开张，树形圆头形。树高3.4m，冠幅东西4.5m、南北5.3m，干高0.8m，干周70cm，树干直径22cm。主干灰褐色，树皮丝状裂，枝条密度中等。

2. 植物学特征

1年生枝褐色挺直，较长，平均节间长3～5cm，粗度中等。嫩梢上茸毛少，皮目大小中等，近圆形。多年生枝赤褐色。叶芽中等大小，茸毛多。花芽肥大呈卵圆形，鳞片疏松，绒毛多，叶片大呈椭圆形，绿色，长11.2cm、宽7cm。叶尖渐尖，叶面平滑有光泽，叶背绒毛少，叶边锯齿锐、细、小、整齐。叶姿两侧向内微折，叶边波状先端扭曲，与枝所成角度为钝角，叶柄平均长6cm，相当于叶长的1/2。伞房花序，每花序花数8朵，花瓣5片，白色，边缘波状。花梗中等长度，有绒毛，颜色浅绿，花药红色，花粉多，雌蕊柱头比雄蕊高。

3. 果实性状

果实纵径7.1cm、横径6.8cm，平均种子数8粒，平均单果重123.2g，最大果重150g，椭圆形。果面绿黄色，粗糙，蜡质少，果点多。果梗长，梗洼较浅，果肉白色细密，风味酸甜适中，果心中等，品质中等。可溶性固形物含量10%，硬度8.2～10.4kg/cm^2。

4. 生物学习性

生长势、萌芽力、发枝力较强。新梢一年平均生长量34cm，开始结果年龄3年，盛果期年龄8～9年，坐果力强，生理落果、采前落果少，产量高，大小年显著。

品种评价

高产，耐盐碱，适应性广。主要病虫害种类有梨小食心虫、梨木虱、黑星病、轮纹病、炭疽病。对寒、旱、涝、瘠、盐、风、日灼等恶劣环境的抵抗能力强。对土壤、地势和栽培条件要求低。

叶片

花

叶片

芽

青皮梨

Pyrus spp.'Qingpili'

调查编号：FANGJGLYP004

所属树种：梨 *Pyrus* spp.

提 供 人：陈立
电　　话：18777145322
住　　址：广西壮族自治区南宁市大
　　　　　学东路174号

调 查 人：李永平、章学虎、万双粉
电　　话：13116290224
单　　位：云南省农业厅

调查地点：云南省曲靖市麒麟区茨营镇

地理数据：GPS数据（海拔：1870m，
　　　　　经度：E103°55'50"，纬度：N25°22'13"）

生境信息

来源于当地，生于市郊房屋后坡地，坡度10°。该土地为人工林，土壤质地为壤土。现存11株。

植物学信息

1. 植株情况

树势强，树姿开张，树形圆头形，树高4.2m，冠幅东西5.3m、南北4.9m，干高0.4m，干周94cm，主干灰褐色，树皮丝状裂。

2. 植物学特征

1年生枝长，褐色挺直，节间平均长3.7cm，嫩梢茸毛较少呈灰色，多年生枝灰褐色。叶芽中等三角形，茸毛多且离生。花芽肥大球形，鳞片紧，茸毛多。叶片大卵圆形，绿色，长5.6cm、宽3.4cm。叶尖急尖，叶面平滑有光泽。叶背茸毛少，叶边锯齿钝且整齐，齿上无针刺。叶姿两侧向内弯曲，叶边平直先端不扭曲，与枝所成角度弯曲向下，叶柄平均长3.4cm。花序伞房状排列，每花序8朵花，花瓣5片，白色、近圆形，花冠直径3.1cm。花蕾白色，花梗平均长4.7cm，有茸毛，灰白色。花药紫红色，花粉少。

3. 果实性状

果实纵径5.4cm、横径6.2cm，种子数8粒，平均单果重136.9g，最大果重160g，果实近圆形。果面绿色，粗糙有锈斑，蜡质少，果点较多。果梗长，梗洼较深，果肉白色细密，风味偏酸，果心中等大小，品质一般。可溶性固形物含量13.1%，硬度8.4kg/cm²。

4. 生物学习性

生长势、萌芽力、发枝力强。开始结果年龄为4年，盛果期年龄7～8年，生理落果、采前落果少，丰产性强，大小年显著。

品种评价

高产，优质，适应性广。主要病虫害种类有梨小食心虫、梨木虱、黑星病、轮纹病、炭疽病。对寒、旱、涝、瘠、盐、风、日灼等恶劣环境的抵抗能力强。对土壤、地势、栽培条件的要求低。

花

花

叶片

腾梨

Pyrus bretschneideri Rehd.'Tengli'

○ 调查编号：FANGJGZQJ076

所属树种：白梨 *Pyrus bretschneideri* Rehd.

提 供 人：钟必凤
电　　话：18980451750
住　　址：四川省成都市锦江区狮子山路4号

调 查 人：张全军、钟必凤、陈亮
电　　话：13880343606
单　　位：四川省农业科学院园艺研究所

调查地点：四川省泸州市江阳区丹林镇梨花村

地理数据：GPS数据（海拔：258m，经度：E105°17'25"，纬度：N28°49'57"）

生境信息

来源于当地，生于旷野坡地，东南坡向，坡度为15°，该土地为人工林，土壤质地为砂壤土。土壤pH7.1。现存58株。

植物学信息

1. 植株情况

树势强，树姿开张，树形半圆形。树高4m，冠幅东西3.8m、南北4.2m，干高1.2m，干周40cm，主干灰褐色，树皮丝状裂。枝条密度较密。

2. 植物学特征

1年生枝较长，褐色挺直，节间平均长3.9cm，嫩梢茸毛较少呈灰色，多年生枝灰褐色。叶芽中等三角形，茸毛多且离生。花芽肥大球形，鳞片紧，茸毛多。叶片大椭圆形，绿色，长6.3cm、宽3.8cm。叶尖急尖，叶面平滑有光泽。叶背茸毛少，叶边锯齿钝且整齐，齿上无针刺。叶姿两侧向内弯曲，叶边波状先端扭曲，与枝所成角度弯曲向下，叶柄平均长3.2cm。花序伞房状排列，每花序8朵花，花瓣5~8片，白色，椭圆形，边缘呈波状。花冠直径3.0cm。花蕾白色，花梗平均长3.3cm，有茸毛，灰白色。花药红色且花粉多。

3. 果实性状

果实纵径5.5cm、横径5.8cm，种子数10粒，平均单果重98.4g，最大果重120g，圆形。果面褐色，粗糙，蜡质少，果点较多。果梗长，梗洼较浅，果肉白色细密，风味偏酸，果心中等大小，品质上等。可溶性固形物含量11.5%，硬度8.9kg/cm^2。

4. 生物学习性

生长势强，萌芽力、发枝力都较强。开始结果年龄为3年，采前落果、生理落果少，丰产性中等，大小年显著。

品种评价

高产，适应性广。主要病虫害种类有炭疽病、蚜虫、梨茎蜂。对寒、旱、涝、瘠、盐、风、日灼等恶劣环境的抵抗能力强。对土壤、地势、栽培条件的要求低。

生境

植株

枝条

昭通梨

Pyrus spp.'Zhaotongli'

调查编号： FANGJGZQJ077

所属树种： 梨 *Pyrus* spp.

提 供 人： 钟必凤
电　　话： 18980451750
住　　址： 四川省成都市锦江区狮子
　　　　　 山路4号

调 查 人： 张全军、钟必凤、陈亮
电　　话： 13880343606
单　　位： 四川省农业科学院园艺研
　　　　　 究所

调查地点： 四川省泸州市江阳区丹林
　　　　　 镇梨花村

地理数据： GPS数据（海拔：249m，
　　　　　 经度：E105°17'25"，纬度：N28°49'59"）

生境信息

来源于当地，生于旷野坡地，正南坡向，坡度为10°，该土地为人工林，土壤质地为砂壤土。土壤pH6.9。现存8株。

植物学信息

1. 植株情况

树势强，树姿半开张，树形半圆形。树高4.5m，冠幅东西4m、南北4.3m，干高1.2m，干周75cm。主干灰褐色，树皮丝状裂。枝条密度中等。

2. 植物学特征

1年生枝较长，褐色挺直，节间平均长3.7cm，嫩梢茸毛较少呈灰色，多年生枝灰褐色。叶芽中等卵圆形，茸毛多且离生。花芽肥大球形，鳞片紧，茸毛中等。叶片大卵圆形，绿色，长5.9cm、宽3.5cm。叶尖急尖，叶面平滑有光泽。叶背茸毛少，叶边锯齿钝且整齐，齿上无针刺。叶姿两侧向内弯曲，叶柄平均长3.2cm。花序伞房状排列，每花序7朵花，花瓣5片，白色，椭圆形，边缘呈波状。花冠直径3.3cm。花蕾白色，花梗平均长4.4cm，有茸毛，灰白色。花药红色，花粉多。

3. 果实性状

果实纵径7.5cm、横径6.4cm，种子数8粒，平均单果重155.4g，近圆形。果面黄色，粗糙，蜡质少，果点较多。果梗长，梗洼较浅，果肉白色细密，风味酸甜适中，果心中等，品质中等。可溶性固形物含量12.4%，硬度5.9kg/cm²。

4. 生物学习性

生长势中等，萌芽力、发枝力强。开始结果年龄为3年，生理落果、采前落果少，坐果力强，丰产性强，大小年显著。

品种评价

高产，适应性广。主要病虫害种类有梨小食心虫、梨木虱、黑星病、轮纹病、炭疽病。对寒、旱、涝、瘠、盐、风、日灼等恶劣环境的抵抗能力强。对土壤、地势、栽培条件的要求低。

生境

植株

叶片

果实

金糖梨

Pyrus bretschneideri Rehd.'Jintangli'

调查编号： FANGJGZQJ080

所属树种： 白梨 *Pyrus bretschneideri* Rehd.

提 供 人： 钟必凤
电　　话： 18980451750
住　　址： 四川省成都市锦江区狮子山路4号

调 查 人： 张全军、钟必凤、陈亮
电　　话： 13880343606
单　　位： 四川省农业科学院园艺研究所

调查地点： 四川省泸州市江阳区丹林镇梨花村

地理数据： GPS数据（海拔：262m，经度：E105°17'24"，纬度：N28°49'58"）

生境信息

来源于当地，生于庭院坡地，正南坡向，坡度为10°，该土地为耕地，土壤质地为砂壤土。土壤pH7.0。

植物学信息

1. 植株情况

树势强，树姿开张，树形半圆形。树高7m，冠幅东西6.3m、南北5.2m，干高1.4m，干周73cm。主干灰褐色，树皮块状裂，枝条密度较密。

2. 植物学特征

1年生枝较长，褐色挺直，节间平均长4.4cm，嫩梢茸毛较少呈灰色，多年生枝灰褐色。叶芽中等三角形，茸毛多且离生。花芽肥大球形，鳞片紧，茸毛多。叶片椭圆形，绿色，长5.8cm、宽3.3cm。叶尖渐尖，叶面平滑有光泽。叶背无茸毛，叶边锯齿锐、小且整齐，齿上无针刺。叶柄平均长2.8cm。花序伞房状排列，每花序7朵花，花瓣5片，白色，椭圆形，边缘呈波状。花冠直径3.2cm。花蕾白色，花梗平均长4.7cm，有茸毛，灰白色。花药红色，花粉量较少。柱头比雄蕊高。

3. 果实性状

果实纵径6.3cm、横径5.1cm，种子数9粒，平均单果重142.6g，圆形。果面绿色，粗糙，蜡质少，果点较多。果梗长，梗洼较浅，果肉白色细密，风味较甜，果心中等，品质上等。可溶性固形物含量13.8%，硬度6.4kg/cm^2。

4. 生物学习性

生长势强，萌芽力、发枝力较强。开始结果年龄为3年，盛果期年龄8～9年，生理落果、采前落果中等，丰产性强，大小年显著。

品种评价

高产，适应性广。主要病虫害种类有梨小食心虫、梨木虱、黑星病、轮纹病、炭疽病。对寒、旱、涝、瘠、盐、风、日灼等恶劣环境的抵抗能力强。对土壤、地势、栽培条件的要求低。

植株

花

幼叶

花

慈姑梨

Pyrus spp.'Ciguli'

调查编号：FANGJGZQJ081

所属树种：梨 *Pyrus* spp.

提 供 人：钟必凤
电　　话：18980451750
住　　址：四川省成都市锦江区狮子
　　　　　山路4号

调 查 人：张全军、钟必凤、陈亮
电　　话：13880343606
单　　位：四川省农业科学院园艺研
　　　　　究所

调查地点：四川省泸州市江阳区丹林
　　　　　镇梨花村

地理数据：GPS数据（海拔：262m，
经度：E105°17'25"，纬度：N28°49'58"）

生境信息

来源于当地，生于旷野坡地，正南坡向，坡度为12°，该土地为人工林，土壤质地为砂壤土。土壤pH6.8。现存17株。

植物学信息

1. 植株情况

树势强，树姿开张，树形半圆形。树高6.3m，冠幅东西5.6m、南北4.8m，干高2.0m，干周92cm。主干灰褐色，树皮丝状裂，枝条密度较密。

2. 植物学特征

1年生枝较长，褐色挺直，节间平均长3.8cm，嫩梢茸毛较少呈灰色，多年生枝灰褐色。叶芽中等三角形，茸毛多且离生。花芽肥大球形，鳞片紧，茸毛少。叶片大倒卵形，绿色，长6.6cm、宽3.8cm。叶尖急尖，叶面平滑有光泽，叶背茸毛少，叶边锯齿钝且整齐，齿上无针刺。叶柄平均长3.1cm。花序伞房状排列，每花序7朵花，花瓣5片，白色，椭圆形，边缘呈波状。花冠直径3.2cm。花蕾白色，花梗平均长4.5cm，有茸毛，灰白色。花药红色且花粉少。

3. 果实性状

果实纵径6.2cm、横径7.3cm，平均种子数8粒，平均单果重137.3g，最大果重165g，近圆形。果面绿色，粗糙，蜡质少，果点较多。果梗长，梗洼较浅，果肉白色细密，风味酸甜适中，果心中等，品质一般。可溶性固形物含量10.3%，硬度7.2kg/cm^2。

4. 生物学习性

生长势强，萌芽力、发枝力较强。开始结果年龄为3年，盛果期年龄为10年，采前落果少，丰产性强，大小年显著。

品种评价

高产，适应性广。主要病虫害种类有梨小食心虫、梨木虱、黑星病、轮纹病、炭疽病。对寒、旱、涝、瘠、盐、风、日灼等恶劣环境的抵抗能力强。对土壤、地势、栽培条件的要求低。

树干

植株

芽

叶片

黄谷梨

Pyrus spp.'Huangguli'

- 调查编号: FANGJGZQJ083

- 所属树种: 梨 *Pyrus* spp.

- 提 供 人: 钟必凤
  电 话: 18980451750
  住 址: 四川省成都市锦江区狮子山路4号

- 调 查 人: 张全军、钟必凤、陈亮
  电 话: 13880343606
  单 位: 四川省农业科学院园艺研究所

- 调查地点: 四川省泸州市江阳区丹林镇梨花村

- 地理数据: GPS数据（海拔: 249m，经度: E105°17'25"，纬度: N28°49'58"）

生境信息

来源于当地，生于旷野坡地，正南坡向，坡度为5°，该土地为耕地，土壤质地为砂壤土。土壤pH7.3。现存5株。

植物学信息

1. 植株情况

树势强，树姿直立，树形半圆形。树高4.7m，冠幅东西3.4m、南北3.7m，干高1.2m，干周84cm。主干灰褐色，树皮丝状裂。枝条密度稀疏。

2. 植物学特征

1年生枝较长，褐色挺直，节间平均长3.5cm，嫩梢茸毛较少呈灰色，多年生枝灰褐色。叶芽中等三角形，茸毛多且离生。花芽肥大球形，鳞片紧，茸毛多。叶片中等大小，绿色，长5.8cm、宽3.2cm。叶尖渐尖，叶面平滑有光泽。叶背无茸毛，叶边锯齿钝，齿上无针刺。叶姿两侧向内弯曲，叶边波状先端扭曲，与枝条所成角度为钝角，叶柄平均长3.2cm。花序伞房状排列，每花序7～9朵花，花瓣5片，白色，椭圆形，边缘呈波状。花冠直径3.2cm。花蕾白色，花梗平均长4.3cm，有茸毛，灰白色。花药红色，花粉量中等。

3. 果实性状

果实纵径6.7cm、横径5.5cm，种子数7粒，平均单果重145.2g，最大果重170g，椭圆形。果面绿色，光滑，蜡质少，果点较多。果梗长，梗洼较浅，果肉白色细密，风味偏酸，果心中等，品质一般。可溶性固形物含量12.1%，硬度7.3kg/cm^2。

4. 生物学习性

生长势、萌芽力、发枝力较强。开始结果年龄为3年，盛果期年龄为8～9年，生理落果、采前落果少，丰产性强，大小年显著。

品种评价

适应性广。主要病虫害种类有梨小食心虫、梨木虱、黑星病、轮纹病、炭疽病。对寒、旱、涝、瘠、盐、风、日灼等恶劣环境的抵抗能力强。对土壤、地势、栽培条件的要求低。

植株

花

叶片

鸡爪梨

Pyrus bretschneideri Rehd.'Jizhuali'

- 调查编号：FANGJGZQJ084

- 所属树种：白梨 *Pyrus bretschneideri* Rehd.

- 提 供 人：钟必凤
  电　　话：18980451750
  住　　址：四川省成都市锦江区狮子山路4号

- 调 查 人：张全军、钟必凤、陈亮
  电　　话：13880343606
  单　　位：四川省农业科学院园艺研究所

- 调查地点：四川省泸州市江阳区丹林镇梨花村

- 地理数据：GPS数据（海拔：261m，经度：E105°14'59"，纬度：N28°49'18"）

生境信息

来源于当地，生于旷野坡地，正南坡向，坡度为15°，该土地为人工林，土壤质地为砂壤土。土壤pH6.4。现存3株。

植物学信息

1. 植株情况

树势强，树姿开张，树形半圆形。树高7m，冠幅东西6.3m、南北4.2m，干高1.4m，干周108cm，主干灰褐色，树皮块状裂，枝条密度中等。

2. 植物学特征

1年生枝较长，褐色挺直，节间平均长3.8cm，嫩梢茸毛多呈灰色，多年生枝灰褐色。叶芽中等三角形，茸毛多且离生。花芽肥大球形，鳞片紧，茸毛多。叶片大倒卵形，绿色，长6.1cm、宽3.7cm，叶尖渐尖，叶面平滑有光泽。叶背茸毛少，叶边锯齿钝且整齐，齿上无针刺。叶姿两侧向内平展，叶边平直先端不扭曲，与枝所成角度为钝角，叶柄平均长2.7cm。花序伞房状排列，每花序8朵花，花瓣5片，白色，椭圆形。花冠直径3.4cm。花蕾白色，花梗平均长5.3cm，有茸毛。花药红色且花粉少。

3. 果实性状

果实纵径6.3cm、横径5.9cm，种子数8粒，平均单果重148.2g，最大果重180g，果实圆形，果面绿色，粗糙，蜡质少，果点较多。果梗长，梗洼较浅，果肉白色细密，风味较淡，果心中等，品质一般。可溶性固形物含量10.2%，硬度6.9kg/cm²。

4. 生物学习性

生长势强，萌芽力、发枝力较强。开始结果年龄为4年，盛果期年龄为8～9年，生理落果、采前落果少，丰产性强，大小年显著。

品种评价

适应性广，耐贫瘠。主要病虫害种类有梨小食心虫、梨木虱、黑星病、轮纹病、炭疽病。对寒、旱、涝、瘠、盐、风、日灼等恶劣环境的抵抗能力强。对土壤、地势、栽培条件的要求低。

植株

花

花

巍山红雪梨

Pyrus spp.'Weishanhongxueli'

调查编号：LIYPCSY015

所属树种：梨 *Pyrus* spp.

提 供 人：万双粉
电　　话：13405720600
住　　址：云南省曲靖市麒麟区

调 查 人：万双粉
电　　话：13405720600
单　　位：云南省曲靖市农业局

调查地点：云南省昆明市西山区团结乡

地理数据：GPS数据（海拔：2015m，
经度：E102°31'32.62"，纬度：N25°03'27.06"）

生境信息

来源于当地，生于田间坡地，该土地为耕地，土壤质地为砂壤土。土壤pH6.5。现存5株。

植物学信息

1. 植株情况

树势中等，树姿半开张，树形半圆形。树高3.8m，冠幅东西3.4m、南北3.1m，干高0.8m，干周87cm。主干灰白色，树皮光滑不裂。枝条密度稀疏。

2. 植物学特征

1年生枝长度中等，细弱，褐色挺直，节间平均长4.2cm。嫩梢茸毛较少呈灰色，多年生枝灰褐色。叶芽中等三角形，茸毛多且离生。叶片大倒卵形，绿色，长6.4cm、宽3.8cm。叶尖急尖，叶面平滑有光泽，叶背茸毛少，叶边锯齿锐且整齐，齿上无针刺。叶姿两侧向内微折，叶边波状先端扭曲，与枝所成角度弯曲向下，叶柄平均长2.6cm。花序伞房状排列，每花序8朵花，花瓣5片，花冠直径3.3cm。花蕾白色，花梗平均长4.5cm，有茸毛，灰白色，花药红色且花粉少。

3. 果实性状

果实纵径5.2cm、横径5.8cm，种子数8粒，平均单果重127.9g，最大果重155g，近圆形，果面褐色，粗糙，蜡质少，果点较多。果梗长，梗洼较浅，果肉白色且细，风味酸甜适中，果心较大，品质一般。可溶性固形物含量10.6%，硬度9.4kg/cm^2。

4. 生物学习性

生长势中等，萌芽力、发枝力弱。开始结果年龄为3年，盛果期年龄5~6年，生理落果、采前落果少，丰产性强，大小年显著。

品种评价

高产，优质，适应性广。主要病虫害种类有红蜘蛛、梨木虱、黑星病。对寒、旱、涝、瘠、盐、风、日灼等恶劣环境的抵抗能力强。对土壤、地势、栽培条件的要求低。

植株

叶片

果实

安宁红梨

Pyrus bretschneideri Rehd.'Anninghongli'

调查编号：LIYPCSY020

所属树种：白梨 *Pyrus bretschneideri* Rehd.

提 供 人：万双粉
电　　话：13405720600
住　　址：云南省曲靖市麒麟区

调 查 人：万双粉
电　　话：13405720600
单　　位：云南省曲靖市农业局

调查地点：云南省昆明市安宁市县街镇礼仪村

地理数据：GPS数据（海拔：2117m，经度：E102°25'50"，纬度：N24°50'51"）

生境信息

来源于当地，生于田间坡地，该土地为耕地，土壤质地为红壤土。土壤pH6.6。

植物学信息

1. 植株情况

树势强，树姿开张，树形半圆形。树高3.6m，冠幅东西4.2m、南北3.5m，干高0.6m，干周82cm。主干灰褐色，树皮光滑不裂。枝条密度中等。

2. 植物学特征

1年生枝较长，褐色挺直，节间平均长3.7cm，嫩梢茸毛较少呈灰色，多年生枝灰褐色。叶芽中等三角形，茸毛多且离生。叶片大卵圆形，绿色，长6cm、宽3.6cm。叶尖急尖，叶面平滑有光泽，叶背茸毛少，叶边锯齿锐、细且整齐，齿上无针刺。叶姿两侧向内微折，叶边波状先端扭曲，与枝所成角度为锐角，叶柄平均长2.8cm。花序伞房状排列，每花序7朵花，花瓣5~8片，花冠直径3.5cm。花蕾白色，花梗平均长5cm，有茸毛，灰白色，花药红色且花粉多。

3. 果实性状

果实纵径5.8cm、横径6.2cm，种子数9粒，平均单果重138.3g，最大果重150g，近圆形，底色为黄色，浅红相间条纹，果面光滑，蜡质少，果点较多。果梗长，梗洼较浅，果肉白色，风味甜，口味浓郁，品质上等。可溶性固形物含量12.6%，硬度6.2kg/cm^2。

4. 生物学习性

生长势、萌芽力强，发枝力弱。开始结果年龄为3年，盛果期年龄8~9年，生理落果、采前落果少，丰产性强，大小年显著。

品种评价

高产、优质、耐旱、耐涝、耐贫瘠。主要病虫害种类有梨小食心虫、梨木虱、黑星病、轮纹病、炭疽病。对寒、旱、涝、瘠、盐、风、日灼等恶劣环境的抵抗能力强。对土壤、地势、栽培条件的要求低。

生境

果实

果实

青梨

Pyrus spp.'Qingli'

调查编号：FANGJGZQJ075

所属树种：梨 *Pyrus* spp.

提 供 人：钟必凤
电　　话：18980451750
住　　址：四川省成都市锦江区狮子山路4号

调 查 人：张全军、钟必凤、陈亮
电　　话：13880343606
单　　位：四川省农业科学院园艺研究所

调查地点：四川省泸州市江阳区丹林镇梨花村

地理数据：GPS数据（海拔：262m，经度：E105°17'22"，纬度：N28°49'54"）

生境信息

来源于当地，生于旷野坡地，正南坡向，坡度为15°，该土地为人工林，土壤质地为砂壤土。土壤pH6.9。现存4株。

植物学信息

1. 植株情况

树势强，树姿直立，树形半圆形，树高4m，冠幅东西3m、南北3.5m，干高1.3m，干周80cm，主干颜色灰褐色，树皮丝状裂。

2. 植物学特征

1年生枝较长，褐色挺直，节间平均长4.1cm，粗度中等，嫩梢上茸毛中等，皮目大小中等，数量中等，凸，近圆形。叶片大卵圆形，绿色，长5.6cm、宽3.4cm。叶尖渐尖，叶面平滑有光泽。叶背茸毛多，叶边锯齿锐、细、小且整齐，齿上有针刺。叶姿两侧向内弯曲，叶边平直先端扭曲，与枝所成角度弯曲向下，叶柄平均长3.0cm。花序伞房状排列，每花序8朵花，花瓣5片，白色，椭圆形，边缘呈波状。花冠直径3.3cm。花蕾白色，花梗平均长5cm，有茸毛，灰白色。花药呈红色，花粉少。

3. 果实性状

果实纵径7.2cm、横径6.2cm，种子数8粒，果实椭圆形，果面绿黄色，粗糙，蜡质少，果点较多。果梗长，梗洼较浅，果肉白色细密，风味微酸，果心中等，品质一般。可溶性固形物含量12%，硬度7.2kg/cm^2。

4. 生物学习性

萌芽力、发枝力强。开始结果年龄为3年，生理落果、采前落果少，丰产性强，大小年显著。

品种评价

高产，耐贫瘠，适应性广。主要病虫害种类有梨小食心虫、梨木虱、黑星病、轮纹病、炭疽病。对寒、旱、涝、瘠、盐、风、日灼等恶劣环境的抵抗能力强。对土壤、地势、栽培条件的要求低。

植株

花

叶片

麒麟沙梨

Pyrus spp.'Qilinshali'

调查编号： FANGJGLYP003

所属树种： 梨 *Pyrus* spp.

提 供 人： 陈立
电　　话： 18777145322
住　　址： 广西壮族自治区南宁市大学东路174号

调 查 人： 李永平、章学虎、万双粉
电　　话： 13116290224
单　　位： 云南省农业厅

调查地点： 云南省曲靖市麒麟区茨营镇

地理数据： GPS数据（海拔：1870m，经度：E103°54'41"，纬度：N25°21'33"）

生境信息

来源于当地，生于庭院坡地，坡度5°。土壤质地为壤土。现存1株。

植物学信息

1. 植株情况

树势强，树姿开张，树形半圆形。树高4.7m，冠幅东西3.5m、南北4.1m，干高1.2m，干周70cm。主干灰褐色，树皮块状裂，枝条密度中等。

2. 植物学特征

1年生枝中等长度，褐色挺直，节间平均长3.4cm，嫩梢茸毛较多呈灰色，多年生枝灰褐色。叶芽中等三角形，茸毛多且离生。花芽肥大球形，鳞片紧，茸毛多。叶片小椭圆形，绿色，长5.8cm、宽3.6cm。叶尖急尖，叶面平滑有光泽。叶背茸毛少，叶边锯齿钝且整齐，齿上无针刺。叶姿两侧向内弯曲，叶边波状先端扭曲，与枝所成角度弯曲向下，叶柄平均长2.6cm。花序伞房状排列，每花序7朵花，花瓣5片，粉红色，椭圆形，花冠直径2.9cm。花蕾白色，花梗平均长4.4cm，有茸毛，灰白色。花药红色且花粉少。柱头与雄蕊等高。

3. 果实性状

果实纵径6.3cm、横径6.8cm，种子数8粒，平均单果重143.4g，最大果重178g，圆形，果面绿色，粗糙，蜡质少，果点较多。果梗长，梗洼较浅，果肉白色细密，风味酸甜适中，果心较大，品质一般。可溶性固形物含量12.6%。

4. 生物学习性

生长势，萌芽力强，发枝力弱。开始结果年龄为3年，盛果期年龄8～9年，生理落果、采前落果少，丰产性强，大小年显著。

品种评价

高产，适应性广。主要病虫害种类有梨小食心虫、梨木虱、黑星病、轮纹病、炭疽病。对寒、旱、涝、瘠、盐、风、日灼等恶劣环境的抵抗能力强。对土壤、地势、栽培条件的要求低。

花

叶片

花蕾

毛山屯沙梨

Pyrus spp.'Maoshantunshali'

调查编号： FANGJGLXL036

所属树种： 梨 *Pyrus* spp.

提 供 人： 陈德绪
电　　话： 0776 - 7869703/2555712
住　　址： 广西壮族自治区百色市乐
　　　　　业县逻沙乡逻瓦村毛山屯

调 查 人： 李贤良
电　　话： 13978358920
单　　位： 广西特色作物研究院

调查地点： 广西壮族自治区百色市乐
　　　　　业县逻沙乡逻瓦村毛山屯

地理数据： GPS数据（海拔：1186m，
　　　　　经度：E106°23′00.37″，纬度：N24°41′28.54″）

生境信息

来源于当地，生于旷野坡地，土地利用为人工林，土壤质地为壤土，现存1株。

植物学信息

1.植株情况

树势中庸，树姿开张，树形半圆形，树高3.6m，冠幅东西3m、南北2.5m，干高0.7m，干周41cm，主干直径13cm，主干褐色，树皮块状裂。枝条密度中等。

2.植物学特征

1年生枝较长，褐色挺直，粗度中等。嫩梢上无茸毛，皮目小，多，凸起，椭圆形。叶芽瘦尖，花芽肥大卵圆形。叶片大，绿色，长8.4cm、宽3.9cm，椭圆形。叶尖渐尖，叶面平滑有光泽，叶边锯齿锐、细、小、整齐。叶柄平均长4cm。花序伞房排列，每花序7~9朵花，花瓣5~8片，白色，椭圆形，边缘呈波状。花蕾白色，花梗平均长5cm，有茸毛，灰白色。花药红色，花粉少。

3.果实性状

果实平均单果重192g，最大果重220g，果实扁圆形。果面绿色，光滑，蜡质少，果点多。果梗长，梗洼较浅，果肉白色，风味酸甜适中，果心中等，品质上等。

4.生物学习性

生长势、萌芽力强，发枝力弱。开始结果年龄为5年，生理落果、采前落果少，坐果力中等。丰产性强，大小年显著。

品种评价

高产，优质，适应性广。主要病虫害种类有梨小食心虫、黑星病、锈病、黑斑病。对旱、涝、瘠、盐、风、日灼等恶劣环境的抵抗能力强。

生境

植株

叶片

叶片

大种梨

Pyrus spp.'Dazhongli'

调查编号：FANGJGZQJ082

所属树种：梨 *Pyrus* spp.

提 供 人：陈亮
电　　话：15280470866
住　　址：四川省泸州市江阳区

调 查 人：张全军、钟必凤、陈亮
电　　话：13880343606
单　　位：四川省农业科学院园艺研
　　　　　究所

调查地点：四川省泸州市江阳区丹林
　　　　　镇梨花村

地理数据：GPS数据（海拔：257m，
　　　　　经度：E105°14'52"，纬度：N28°49'20"）

生境信息

来源于当地，生于旷野坡地，正南坡向，坡度为10°，该土地为耕地，土壤质地为砂壤土。土壤pH6.9。现存3株。

植物学信息

1. 植株情况

树势强，树姿开张，树形半圆形，树高4.8m，冠幅东西4.2m、南北4.1m，干高1.0m，干周78cm，主干灰褐色，树皮块状裂。枝条密度中等。

2. 植物学特征

1年生枝较长，褐色挺直，节间平均长4.0cm，嫩梢茸毛较多呈灰色，多年生枝灰褐色。叶芽中等三角形，茸毛多且离生。花芽肥大尖卵形，鳞片松，茸毛多。叶片中等大小呈椭圆形，绿色，长6.2cm、宽3.3cm。叶尖急尖，叶面平滑有光泽。叶背茸毛少，叶边锯齿锐、小且整齐，齿上无针刺。叶姿两侧向内弯曲，叶片与枝所成角度弯曲向下，叶柄平均长3.2cm。花序伞房状排列，每花序6朵花，花瓣5片，白色，椭圆形。花冠直径3.2cm，花蕾白色，花梗平均长4.6cm，有茸毛，颜色灰白色。花药红色且花粉量中等。

3. 果实性状

果实纵径8.2cm、横径7.0cm，平均种子数9粒，平均单果重168.3g，最大果重190g，圆形。果面黄色，粗糙，蜡质少，果点较多。果梗长，梗洼较浅，果肉白色细密，风味香浓，果心中等大小，品质中等。可溶性固形物含量13.8%，硬度5.4kg/cm²。

4. 生物学习性

生长势强，萌芽力、发枝力较强。开始结果年龄为3~5年，生理落果、采前落果少，丰产性中等，大小年显著。

品种评价

高产，适应性广。主要病虫害种类有梨小食心虫、梨木虱、黑星病、轮纹病、炭疽病。对寒、旱、涝、瘠、盐、风、日灼等恶劣环境的抵抗能力强。对土壤、地势、栽培条件的要求低。

植株

叶片

叶片

叶片

全州蜜梨（黄皮）

Pyrus bretschneideri Rehd.
'Quanzhoumili（huangpi）'

调查编号：FANGJGLXL008

所属树种：白梨 *Pyrus bretschneideri* Rehd.

提 供 人：廖玉平
电　　话：18376307994
住　　址：广西壮族自治区桂林市全州县两河乡鲁水村10队

调 查 人：李贤良
电　　话：13978358920
单　　位：广西特色作物研究院

调查地点：广西壮族自治区桂林市全州县两河乡鲁水村10队

地理数据：GPS数据（海拔：340m，经度：E111°07'33.87"，纬度：N25°42'13.72"）

生境信息

来源于当地，生于坡地，土地利用为耕地、人工林，土壤质地为壤土。种植年限100多年，现存1株。

植物学信息

1. 植株情况

树势强，树姿直立，树形半圆形。树高5m，冠幅东西4m、南北4m，干高2.0m，干周85cm，主干直径27cm。主干灰褐色，树皮丝状裂。

2. 植物学特征

1年生枝绿色挺直，较长，粗度中等。嫩梢上茸毛少，皮目大小中等，数量中等，凸，近圆形。叶片大，绿色，长7.3cm、宽3.2cm，椭圆形。叶尖渐尖，叶面平滑有光泽，叶边锯齿锐、细、小、整齐。叶柄平均长4cm，相当于叶长的1/2。花序伞房排列，每花序7～9朵花，花瓣5片，白色，椭圆形，边缘呈波状。花蕾白色，花梗中等长度，有茸毛，灰白色。花药红色，花粉量中等。

3. 果实性状

果实广长圆形，平均果重350g，最大可达450g。成熟后果实颜色稍转深，果面平滑，果梗粗长，基部肥大肉质化。果肉特白，质地致密、细脆，味极甜，汁多，品质上等。较耐贮藏，可溶性固形物含量为12.6%。

4. 生物学习性

萌芽力、发枝力强。开始结果年龄为3年，盛果期年龄为8～10年，生理落果、采前落果少，丰产性强。

品种评价

高产，优质，适应性广。主要病虫害种类有梨小食心虫、梨木虱、黑星病、轮纹病、炭疽病。对寒、旱、涝、瘠、盐、风、日灼等恶劣环境的抵抗能力强。

果实

植株

果实

呈贡宝珠梨

Pyrus spp.'Chenggongbaozhuli'

调查编号: LIYPCSY016

所属树种: 梨 *Pyrus* spp.

提 供 人: 万双粉
电 话: 13405720600
住 址: 云南省曲靖市

调 查 人: 万双粉
电 话: 13405720600
单 位: 云南省曲靖市

调查地点: 云南省昆明市呈贡区吴家营街道万溪冲社区

地理数据: GPS数据（海拔: 1900m，经度: E102°52'44"，纬度: N24°49'21"）

生境信息

来源于当地，生于田间平地，该土地为耕地，土壤质地为红壤土。土壤pH6.3。现存2株。

植物学信息

1. 植株情况

树势强，树姿开张，树形圆头形。树高3.8m，冠幅东西4.4m、南北3.6m，干高0.8m，干周74cm。主干褐色，树皮块状裂，枝条密度中等。

2. 植物学特征

1年生枝较短，褐色挺直，节间平均长4.3cm。嫩梢茸毛较少呈灰色，多年生枝灰褐色。叶芽中等三角形，茸毛多且离生。花芽肥大球形，鳞片紧，茸毛多。叶片大卵圆形，绿色，长6.2cm、宽3.7cm。叶尖急尖，叶面平滑有光泽。叶背无茸毛，叶边锯齿钝且整齐，齿上无针刺。叶姿两侧向内平展，叶边波状先端平直，与枝所成角度弯曲向下，叶柄平均长3.2cm。花序伞房状排列，每花序8朵花，花瓣5片，花冠直径3.4cm。花蕾白色，花梗平均长4.1cm，有茸毛，灰白色。花药红色，花粉量中等。

3. 果实性状

果实纵径6.1cm、横径5.7cm，种子数9粒，平均单果重152.3g，最大果重180g，圆形，果面黄色，粗糙，蜡质少，果点较多。果梗长，梗洼较浅，果肉白色致密，风味酸甜适中，果心中等，品质上等。可溶性固形物含量12.3%，硬度6.4kg/cm²。

4. 生物学习性

生长势、萌芽力、发枝力强。开始结果年龄为3年，盛果期年龄7~8年。生理落果、采前落果少，丰产性强，大小年显著。

品种评价

高产，优质，耐贫瘠。主要病虫害种类有梨小食心虫、梨木虱、轮纹病、炭疽病。对寒、旱、涝、瘠、盐、风、日灼等恶劣环境的抵抗能力强。对土壤、地势、栽培条件的要求低。

生境

果实

植株

果实

全州蜜梨（青皮）

Pyrus bretschneideri Rehd.
'Quanzhoumili（qingpi）'

调查编号： FANGJGLXL009

所属树种： 白梨 *Pyrus bretschneideri* Rehd.

提 供 人： 廖玉平
电　　话： 18376307994
住　　址： 广西壮族自治区桂林市全州县两河乡鲁水村10队

调 查 人： 李贤良
电　　话： 13978358920
单　　位： 广西特色作物研究院

调查地点： 广西壮族自治区桂林市全州县两河乡鲁水村10队

地理数据： GPS数据（海拔：340m，经度：E111°0734.01"，纬度：N25°4213.56"）

生境信息

来源于当地，生于旷野坡地，土地利用为人工林，土壤质地为砂壤土。

植物学信息

1. 植株情况

树势强，树姿直立，树形半圆形。树高6m，冠幅东西7m、南北5m，干高1.8m，干周73cm，主干直径23cm。主干灰褐色，树皮丝状裂，枝条密度较密。

2. 植物学特征

1年生枝褐色挺直，较长，粗度中等，嫩梢上茸毛少。叶芽瘦尖，花芽肥大卵圆形。叶片较大呈椭圆形，绿色，长8cm、宽3.5cm。叶尖渐尖，叶面平滑有光泽，叶边锯齿锐、细、小、整齐。叶柄平均长3.5cm。花序伞房排列，每花序8朵花，花瓣5片，白色，椭圆形，边缘呈波状。花蕾白色，花梗中等长度，灰白色，花药红色，花粉量少。

3. 果实性状

果实平均单果重170g，最大果重190g，果实椭圆形。果面绿色，粗糙，有锈斑，蜡质少，果点较多。果梗长，梗洼较浅，果肉白色细密，风味酸甜适中，果心中等，品质中等。可溶性固形物含量12.0%。

4. 生物学习性

萌芽力弱，发枝力强。开始结果年龄为4年，采前落果少，丰产性强，大小年显著。

品种评价

高产，优质，适应性广。主要病虫害种类为梨小食心虫、梨木虱、黑星病、轮纹病、炭疽病。对寒、旱、涝、瘠、盐、风、日灼等恶劣环境的抵抗能力强。

生境

植株

国家落叶果树种质资源库

采集编号：Lsx1009
采集日期：2011-09-09
采集人：李智忠、周三馆
采集地：中国广西省桂林市全州县两河乡鲁水村
经纬度：N25°42′13.56″ E111°07′11.01″
海拔高度：380m 坡度： 坡向：
生境：山地
伴生植物种：
其他描述：乔木

地方名：全州雪梨（青皮）（野生）
野外鉴定：沙梨

枝条

果实

果实

耙梨

Pyrus spp.'Bali'

🔲 调查编号：FANGJGZQJ073

🏷 所属树种：梨 *Pyrus* spp.

📋 提 供 人：钟必凤
电　　话：18980451750
住　　址：四川省成都市锦江区狮子
山路4号

📇 调 查 人：张全军、钟必凤、黄晓娇
电　　话：13880343606
单　　位：四川省农业科学院园艺研
究所

📍 调查地点：四川省成都市浦江县光明
乡金花村

🌐 地理数据：GPS数据（海拔：580m，
经度：E103°30′19″，纬度：N30°10′21″）

🗒 生境信息

来源于当地，生于庭院平地，该土地为耕地，土壤质地为砂壤土。土壤pH6.5。现存45株。

📑 植物学信息

1. 植株情况

树势强，树姿开张，树形半圆形。树高3m，冠幅东西3.4m、南北4.1m，干高0.8m，干周69cm。主干灰褐色，树皮块状裂。

2. 植物学特征

1年生枝较长，褐色挺直，节间平均长4.3cm。嫩梢上无茸毛，皮目大小、数量中等，凸，近圆形。叶芽中等三角形，茸毛多且离生。花芽肥大球形，鳞片紧，茸毛多。叶片大尖卵圆形，绿色，长8cm、宽3.8cm。叶尖急尖，叶面平滑有光泽。叶姿两侧向内平展，叶边波状先端扭曲，与枝所成角度弯曲向下，叶柄平均长3.2cm，花序伞房排列，每花序8朵花，花瓣5片，白色，椭圆形，边缘呈波状。花冠直径3.1cm。花蕾白色，花梗平均长5cm，有茸毛，灰白色。花药淡红色且花粉多。

3. 果实性状

果实纵径9cm、横径3.6cm，平均种子数10粒，平均单果重161.2g，最大果重190g，长椭圆形。果面绿色，粗糙，蜡质少，果点较多。果梗长，梗洼较浅，果肉白色细密，风味酸甜适中，果心大，品质一般。可溶性固形物含量10.2%，硬度10.4kg/cm²。

4. 生物学习性

生长势强。开始结果年龄为3年，盛果期年龄8～9年。生理落果、采前落果少，坐果力强，全树外围坐果，丰产性强，大小年显著。

📋 品种评价

高产，适应性广。主要病虫害种类有梨小食心虫、梨木虱、黑星病、轮纹病、炭疽病。对寒、旱、涝、瘠、盐、风、日灼等恶劣环境的抵抗能力强。对土壤、地势、栽培条件的要求低。

生境

植株

芽

花

叶

香瓜梨

Pyrus spp.'Xiangguali'

调查编号：FANGJGZQJ078

所属树种：梨 *Pyrus* spp.

提 供 人：钟必凤
电　　话：18980451750
住　　址：四川省成都市锦江区狮子
山路4号

调 查 人：张全军、钟必凤、陈亮
电　　话：13880343606
单　　位：四川省农业科学院园艺研
究所

调查地点：四川省泸州市江阳区丹林
镇梨花村

地理数据：GPS数据（海拔：264m，
经度：E105°14′43″，纬度：N28°49′25″）

生境信息

来源于当地，生于旷野坡地，正南坡向，坡度为10°，该土地为人工林，土壤质地为砂壤土。土壤pH7.1。现存21株。

植物学信息

1. 植株情况

树势强，树姿开张，树形半圆形，树高5m，冠幅东西4m、南北4m，干高1.2m，干周80cm，主干灰褐色，树皮块状裂。枝条密度较密。

2. 植物学特征

1年生枝较长，褐色挺直，节间平均长3.2cm，嫩梢茸毛中等呈灰色，皮目小、数量中等、凸且呈圆形。多年生枝灰褐色。叶芽大三角形，茸毛多且离生。花芽肥大球形，鳞片紧，茸毛多。叶片大倒卵形，绿色，长5.7cm、宽3.4cm。叶尖渐尖，叶面平滑有光泽。叶背茸毛少，叶边锯齿锐、细、小且整齐，齿上无针刺。叶姿两侧向内弯曲，叶柄平均长3.1cm。花序伞房状排列，每花序8朵花，花瓣5片，白色椭圆形，边缘呈波状。花冠直径3.2cm。花蕾粉红色，花梗平均长5cm，有茸毛，灰白色。花药红色且花粉少。柱头比雄蕊低。

3. 果实性状

果实纵径8.2cm、横径5.5cm，种子数10粒，平均单果重160.2g，最大果重188.6g，椭圆形。果面绿色，粗糙，蜡质少，果点较多。果梗长，梗洼较浅，果肉白色细密，风味酸甜适中，果心中等，品质上等。可溶性固形物含量13.2%，硬度7.5kg/cm²。

4. 生物学习性

生长势中等，萌芽力、发枝力较强。开始结果年龄为3年，生理落果、采前落果多，丰产性中等，大小年显著。

品种评价

高产，适应性广。主要病虫害种类有梨小食心虫、梨木虱、黑星病、轮纹病、炭疽病。对寒、旱、涝、瘠、盐、风等恶劣环境的抵抗能力强。对土壤、地势、栽培条件的要求低。

植株

花芽

花芽

花芽

花

花

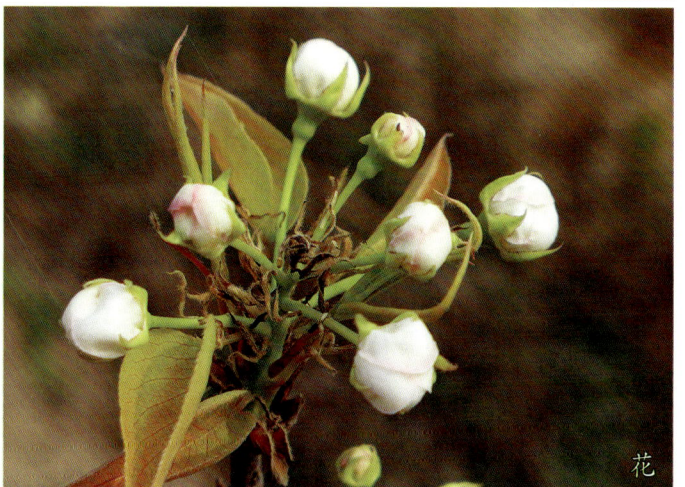

花

青皮沙梨

Pyrus spp.‘Qingpishali’

调查编号：FANGJGLXL019

所属树种：梨 *Pyrus* spp.

提 供 人：左桂香
电　　话：13877659861
住　　址：广西壮族自治区百色市凌
　　　　　云泗城镇陇照村思力沟屯

调 查 人：李贤良
电　　话：13978358920
单　　位：广西特色作物研究院

调查地点：广西壮族自治区百色市凌
　　　　　云泗城镇陇照村思力沟屯

地理数据：GPS数据（海拔：631m，
　　　　　经度：E106°378.11"，纬度：N24°221.34"）

生境信息

来源于当地，生于旷野坡地，土地利用为人工林，土壤质地为砂壤土，种植年限100多年，现存1株。

植物学信息

1. 植株情况

树势强，树姿直立，树形半圆形。树高7m，冠幅东西6m、南北5.5m，干高1.4m，干周82cm，主干直径26cm，主干灰褐色，树皮丝状裂，枝条密度中等。

2. 植物学特征

1年生枝形状褐色挺直，较长，粗度中等，叶芽瘦长，花芽肥大，叶片大呈卵圆形，绿色，长7cm、宽3.2cm。叶尖急尖叶面平滑有光泽，叶边锯齿锐、细、小、整齐。叶柄平均长4cm。花序伞房排列，每花序10朵花，花瓣5片，粉红色，椭圆形，边缘呈波状，花蕾白色，花梗中等长度，灰白色，花药红色，花粉量少。

3. 果实性状

平均单果重162g，最大果重200g，果实椭圆形。果面绿色，粗糙，蜡质少，果点较多。果梗长，梗洼较浅，果肉白色，质地中等，风味酸甜适中。果心中等大小，品质上等。可溶性固形物含量12.4%。

4. 生物学习性

生长势强。开始结果年龄为4年，生理落果、采前落果少，丰产性强，大小年显著。

品种评价

高产，优质，适应性广。主要病虫害种类有梨小食心虫、梨木虱、黑星病、轮纹病、炭疽病。对寒、旱、涝、瘠、盐、风、日灼等恶劣环境的抵抗能力强。

生境

枝条

叶片

植株

果实

秤砣梨

Pyrus spp.'Chengtuoli'

- 调查编号：FANGJGLXL037

- 所属树种：梨 *Pyrus* spp.

- 提 供 人：陈德绪
  电　　话：0776－7869703/2555712
  住　　址：广西壮族自治区百色市乐
  业县逻沙乡逻瓦村毛山屯

- 调 查 人：李贤良
  电　　话：13978358920
  单　　位：广西特色作物研究院

- 调查地点：广西壮族自治区百色市乐
  业县逻沙乡逻瓦村毛山屯

- 地理数据：GPS数据（海拔：1193m，
  经度：E106°23'00.02"，纬度：N24°41'28.94"）

生境信息

来源于当地，生于坡地，土地利用为耕地、人工林，土壤质地为壤土。

植物学信息

1. 植株情况

树势中庸，树姿直立，树形半圆形。树高5m，冠幅东西5m、南北4m，干高0.9m，干周60cm，主干直径19cm。主干灰褐色，树皮丝状裂。枝条密度较密。

2. 植物学特征

1年生枝挺直，较长，褐色，粗度中等。嫩梢上茸毛少，叶芽小，三角形。花芽肥大卵圆形。叶片大椭圆形，绿色，长8.2cm、宽4.7cm。叶尖渐尖，叶面平滑有光泽，叶边锯齿锐、细、小、整齐。叶姿两侧向内平展，叶边平直，先端不扭曲。叶柄平均长3.9cm。花序伞房状排列，每花序8朵花，花瓣5片，白色，圆形，边缘呈波状。花冠直径3.3cm，花蕾白色，花梗中等长度，平均长4cm，有茸毛，灰白色。雌蕊柱头比雄蕊高，花药红色且花粉少。

3. 果实性状

果实为长圆锥形，平均果重300～400g，最大可达500g。果面绿黄色，粗糙，果梗粗长，基部肥大。果肉特白，质地致密、细、脆，味极甜，汁多，品质中等。较耐贮藏，可溶性固形物含量为12.1%。

4. 生物学习性

生长势强，萌芽力、发枝力较强。开始结果年龄为3年，盛果期年龄8～10年，采前落果少，丰产性强，大小年显著。

品种评价

高产，优质，适应性广。主要病虫害种类有梨小食心虫、梨木虱、黑星病、轮纹病、炭疽病。对寒、旱、涝、瘠、盐、风、日灼等恶劣环境的抵抗能力强。

植株

植株

叶片

花

果实

大沙梨

Pyrus spp. 'Dashali'

调查编号： FANGJGLXL044

所属树种： 梨 *Pyrus* spp.

提 供 人： 陈立
电　　话： 18777145322
住　　址： 广西壮族自治区南宁市大
　　　　　学东路174号

调 查 人： 李贤良
电　　话： 13978358920
单　　位： 广西特色作物研究院

调查地点： 广西壮族自治区百色市乐
　　　　　业县逻沙乡逻瓦村毛山屯

地理数据： GPS数据（海拔：1170m，
　　　　　经度：E106°22'56.36"，纬度：N24°41'24.04"）

生境信息

来源于当地，生于坡地，土地利用为耕地，土壤质地为壤土。

植物学信息

1. 植株情况

树势强，树姿直立，树形半圆形。树高5.5m，冠幅东西5m、南北4.5m，干高1.0m，干周79cm，主干直径25cm。主干灰褐色，树皮丝状裂，枝条密度较稀。

2. 植物学特征

1年生枝挺直，褐色，长，粗度中等。嫩梢上茸毛量中等，皮目大小中等，数量中等，凸，近圆形。多年生枝灰褐色。叶芽三角形，花芽肥大尖卵形。叶片大椭圆形，绿色，长10cm、宽4.8cm。叶尖渐尖，叶面平滑有光泽，叶边锯齿锐、细、小、整齐。叶柄平均长3.5cm。花序伞房状排列，每花序9朵花，花瓣5片，白色，椭圆形，边缘呈波状。花冠直径3.1cm。花蕾粉红色，花梗平均长4.5cm，有茸毛，灰白色，花药红色且花粉量中等。

3. 果实性状

果实为圆锥形，平均果重230g，最大可达300g，绿色。果面平滑，果梗粗长，基部肥大。梗洼浅，果肉白色，质地致密、细脆，味极甜，汁多，品质上等。较耐贮藏，可溶性固形物含量为12%。

4. 生物学习性

生长势中等。开始结果年龄为3年，采前落果少，丰产性强，大小年显著。

品种评价

高产，优质，适应性广，主要病虫害种类有梨小食心虫、梨木虱、黑星病、轮纹病、炭疽病。对旱、涝、瘠、盐、风、日灼等恶劣环境的抵抗能力强。

花

枝条

花芽

叶片

泡黄梨

Pyrus spp.'Paohuangli'

调查编号： FANGJGZQJ089

所属树种： 梨 *Pyrus* spp.

提 供 人： 钟必凤
电 话： 18980451750
住 址： 四川省成都市锦江区狮子山路4号

调 查 人： 张全军、钟必凤、黄燕辉
电 话： 13880343606
单 位： 四川省农业科学院园艺研究所

调查地点： 四川省宜宾市江安县桐梓镇赶场山

地理数据： GPS数据（海拔：312m，经度：E105°05'10"，纬度：N28°47'01"）

生境信息

来源于当地，生于旷野坡地，正南坡向，坡度为5°，该土地为人工林，土壤质地为砂壤土。土壤pH6.7。现存10株。

植物学信息

1. 植株情况

树势强，树姿直立，树形半圆形。树高4.7m，冠幅东西4.2m、南北3.6m，干高2.3m，干周78cm。主干灰褐色，树皮丝状裂，枝条密度中等。

2. 植物学特征

1年生枝中等长度，褐色挺直，节间平均长3.6cm，嫩梢茸毛较少呈灰色，多年生枝灰褐色。叶芽小呈三角形，茸毛多且离生。花芽肥大尖卵形，鳞片紧，茸毛多。叶片大卵圆形，绿色，长6.2cm，宽3.3cm。叶尖急尖，叶面平滑有光泽。叶背茸毛少，叶边锯齿锐且整齐，齿上无针刺。叶姿两侧向内弯曲，叶柄平均长2.4cm。花序伞房状排列，每花序8朵花，花瓣5片，花冠直径3.2cm。花蕾白色，花梗平均长4.5cm，有茸毛，灰白色。花药红色，花粉少。

3. 果实性状

果实纵径5.4cm、横径5.6cm，平均种子数9粒，平均单果重128.3g，最大果重150g，圆形。果面褐色，粗糙，蜡质少，果点较多。果梗长，梗洼较浅，果肉白色细密，风味酸甜，果心小，品质上等。可溶性固形物含量13.4%，硬度4.5kg/cm^2。

4. 生物学习性

生长势强，萌芽力、发枝力较强。开始结果年龄为3年，盛果期年龄为12年。生理落果、采前落果少，丰产性强，大小年显著。

品种评价

高产，优质，适应性广。主要病虫害种类有梨小食心虫、梨木虱、黑星病、轮纹病、炭疽病。对寒、旱、涝、瘠、盐、风、日灼等恶劣环境的抵抗能力强。对土壤、地势、栽培条件的要求低。

生境

植株

花

芽

枝条

笨梨

Pyrus spp. 'Benli'

调查编号：CAOQFMYP028

所属树种：梨 *Pyrus* spp.

提 供 人：郭相星
电　　话：13835020099
住　　址：山西省忻州市原平市东社镇上庄村

调 查 人：孟玉平
电　　话：13643696321
单　　位：山西省农业科学院生物技术研究中心

调查地点：山西省忻州市原平市东社镇上庄村

地理数据：GPS数据（海拔：1002m，经度：E112°53′46″，纬度：N38°43′08″）

生境信息

生长于田间平地，容易受耕作的影响。地形为坡地，南向，坡度10°，土地利用类型为耕地。

植物学信息

1. 植株情况

树高9m。树势强，树姿张开，树形半圆形，主干深褐色，树皮块状裂，枝条密度中等。

2. 植物学特征

1年生枝挺直，绿色，长度中等，嫩梢上有茸毛，呈灰色。多年生枝灰褐色。叶芽中等大小，三角形，茸毛多且离生。花芽肥大呈球形，鳞片紧，茸毛多。叶片大小中等，卵圆形，浓绿，叶尖急尖，叶面平滑有光泽，叶姿两侧内向平展，叶边波状先端扭曲，与枝所成角度弯曲向下。叶柄中等粗度，茸毛较少，颜色微红。花序伞房状排列，每花序7朵花。花瓣白色椭圆形，边缘呈波状。花蕾白色，花梗中等长度，有茸毛，灰白色。花药红色。

3. 果实性状

果实纵径8cm、横径7.2cm。果实短圆锥形，长势整齐。果面较粗，蜡质中等，果粉少，有棱起，有斑状锈斑，果点大且多。果梗长度中等，粗细比较均匀，萼片宿存。果肉乳白色，疏松绵软，汁液较少，果心中等，位于近萼端，品质中等。

4. 生物学习性

生长势强。开始结果年龄为3年，采前落果少，丰产性强，大小年显著。

品种评价

耐贫瘠，易腐烂。主要利用部位为果实。对寒、旱、涝、瘠、盐、风、日灼等恶劣环境的抵抗能力强。

植株

果实

果实

果实

果实

油梨

Pyrus spp.'Youli'

调查编号： CAOQFMYP029

所属树种： 梨 *Pyrus* spp.

提 供 人： 郭相星
电 话： 13835020099
住 址： 山西省忻州市原平市东社镇上庄村

调 查 人： 孟玉平
电 话： 13643696321
单 位： 山西省农业科学院生物技术研究中心

调查地点： 山西省忻州市原平市东社镇上庄村

地理数据： GPS数据（海拔：998m，经度：E112°53'40"，纬度：N38°43'08"）

生境信息

来源于当地，生于田间，坡地，坡度为10°，该土地为耕地，土壤质地为壤土，最大树龄120年。

植物学信息

1. 植株情况

树势中庸，树姿开张，树形为圆头形。树高6m，冠幅东西7m、南北5m，干高1.2m，干周110cm。主干为褐色，树皮呈块状裂，枝条密度较密。

2. 植物学特征

1年生枝较长、褐色、挺直，嫩梢茸毛灰色，多年生枝灰褐色。叶芽中等大小，卵圆形，茸毛多且离生。花芽肥大球形，鳞片松，茸毛多。叶片大椭圆形，浓绿，叶尖渐尖，叶面平滑有光泽。叶背茸毛少，叶边锯齿钝且整齐，齿上无针刺。叶姿两侧向内平展，叶边波状先端扭曲，与枝所成角度弯曲向下。花序伞房状排列，每花序10朵花，花瓣5~6片，白色，椭圆形，边缘呈波状。花蕾白色，有灰白色茸毛，花药红色且花粉较多。

3. 果实性状

果实纵径5.4cm、横径5.6cm，种子数10粒，平均单果重187.7g，最大果重330.2g，椭圆形。果面绿色，较粗，蜡质少，果点少。果梗中等长度，梗洼较深，果肉白色较粗，风味酸甜适中，果心中等，品质中上。

4. 生物学习性

生长势强。开始结果年龄为3~4年，采前落果较少，丰产性较强，大小年不显著。

品种评价

高产，耐贫瘠，适应性广。主要病虫害种类有梨茎蜂、梨小食心虫、梨木虱、黑星病、锈病和炭疽病。对寒、旱、涝、瘠、盐、风、日灼等恶劣环境的抵抗能力强。

生境

植株

果实

果实

果实

小白梨

Pyrus spp.'Xiaobaili'

调查编号： CAOQFMYP030

所属树种： 梨 *Pyrus* spp.

提 供 人： 郭相星
电 话： 13835020099
住 址： 山西省忻州市原平市东社镇上庄村

调 查 人： 孟玉平
电 话： 13643696321
单 位： 山西省农业科学院生物技术研究中心

调查地点： 山西省忻州市原平市东社镇上庄村

地理数据： GPS数据（海拔：998m，经度：E112°53'40"，纬度：N38°43'08"）

生境信息

来源于当地，生于田间坡地，坡向向南，该土地为耕地，土壤质地为壤土。最大树龄30年。

植物学信息

1. 植株情况

树势中等，树姿半开张，树形乱头形。树高8m，冠幅东西7m、南北6.5m，干高2.5m，干周95cm，树干直径30cm。主干灰褐色，树皮条状裂，枝条密度稀。

2. 植物学特征

1年生枝较长，红色挺直。嫩梢无茸毛，皮目数量中等，大，近圆形。多年生枝灰褐色。叶芽中等大小，卵圆形，茸毛少且贴附。花芽肥大球形，鳞片紧，茸毛少。叶片大卵圆形，绿黄，叶尖急尖，叶面粗糙无光泽，叶背茸毛少，叶边锯齿钝、中等粗细、整齐，齿上无针刺。叶姿两侧向内平展，叶边波状先端扭曲，与枝所成角度弯曲向下。花序伞房状排列，每花序7~10朵花，花瓣5~6片，白色，圆形，边缘无变化。白色，花梗较长，无茸毛，雄蕊数18，花药红色且花粉量中等，雌蕊数4，柱头低于雄蕊。

3. 果实性状

果实纵径7.6cm、横径6.8cm，椭圆形。果面黄绿色，光滑，蜡质较多，果点较多，大小不均匀。果梗较长，梗洼浅且窄，无锈斑。萼片脱落，萼片着生处深洼。果肉白色细密，汁液较多，风味甜，微香。果心较小，正形，中位。品质上等。

4. 生物学习性

生长势中等。开始结果年龄为4年，采前落果少，丰产性中等，大小年不显著。

品种评价

高产，抗旱，耐贫瘠，适应性广。主要病虫害种类有梨小食心虫、梨木虱、黑星病、轮纹病、炭疽病。对寒、旱、涝、瘠、盐、风、日灼等恶劣环境的抵抗能力较强。

植株

植株

果实

果实

原平夏梨

Pyrus bretschneideri Rehd.'Yuanpingxiali'

调查编号：CAOQFMYP031

所属树种：白梨 *Pyrus bretschneideri* Rehd.

提 供 人：郭相星
电　　话：13835020099
住　　址：山西省忻州市原平市东社镇上庄村

调 查 人：孟玉平
电　　话：13643696321
单　　位：山西省农业科学院生物技术研究中心

调查地点：山西省忻州市原平市东社镇上庄村

地理数据：GPS数据（海拔：998m，经度：E112°53'40"，纬度：N38°43'08"）

生境信息

来源于当地，生于田间。该土地为耕地，土壤质地为壤土。伴生物种有代表生长环境的标志种玉米和谷子。

植物学信息

1. 植株情况

树势中等，树姿半开张，树形为乱头形。树高4m，冠幅东西3m、南北3.5m，干高0.8m，干周42cm。主干灰褐色，树皮呈条状裂，枝条密度较疏。

2. 植物学特征

1年生枝较长，灰绿色挺直，嫩梢无茸毛。多年生枝褐色。叶芽中等长度三角形，茸毛少且贴附。花芽肥大球形，鳞片紧，茸毛少。叶片大卵圆形，嫩绿。叶尖渐尖，叶色嫩绿，叶面光滑有光泽，叶背无茸毛，叶姿平展，叶边平直不扭曲，与枝成锐角。花序伞房状排列，每花序9～10朵花，花瓣5～6片，白色，椭圆形，边缘无变化。花蕾白色，花梗长度中等，无茸毛，雄蕊数14，花药红色且花粉量中等，雌蕊数5，柱头低于雄蕊。

3. 果实性状

果实纵径6.2cm、横径7.4cm，扁圆形，果面黄绿色，粗糙，蜡质较少，果点数量中等偏小。果梗中等长度，梗洼浅且窄，无锈斑。萼片脱落，萼片着生处深洼。果肉白色略粗，汁液中等，风味甜，微香。果心较小，品质中上。

4. 生物学习性

生长势中等。开始结果年龄为3～4年，盛果期年龄为8年，采前落果少，丰产性中等，大小年不显著。

品种评价

高产，抗旱，耐贫瘠，适应性广。主要病虫害种类有梨小食心虫、梨木虱、梨黄粉蚜。黑星病、轮纹病、炭疽病。对寒、旱、涝、瘠、盐等恶劣环境的抵抗能力较强。

植株

果实

果实

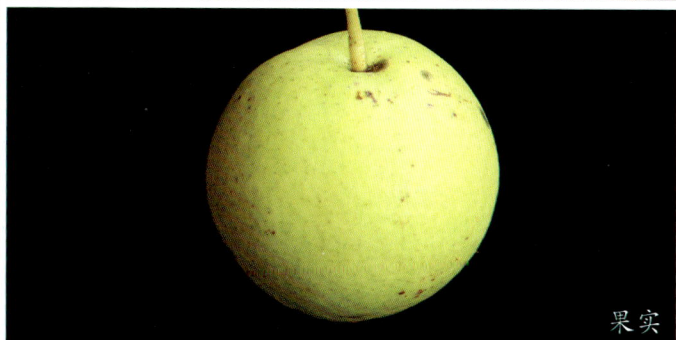

果实

果实

黄梨

Pyrus spp.'Huangli'

调查编号： CAOQFMYP033

所属树种： 梨 *Pyrus* spp.

提 供 人： 李云川
电　话： 13934440510
住　址： 山西省忻州市五台县阳白乡上金山村

调 查 人： 孟玉平
电　话： 13643696321
单　位： 山西省农业科学院生物技术研究中心

调查地点： 山西省忻州市五台县阳白乡上金山村

地理数据： GPS数据（海拔：1073m，经度：E113°01'32"，纬度：N38°47'06"）

生境信息

来源于当地，生于田间，坡地，坡向向南，坡度为10°。该土地为耕地，土壤质地为壤土。最大树龄一百年以上。伴生物种有代表生长环境的建群种、优势种、标志种玉米、谷子。

植物学信息

1. 植株情况

树势较强，树姿开张，树形乱头形。树高7m，冠幅东西4m、南北3.5m，干高1m，干周86cm。主干为灰褐色，树皮呈丝状裂，枝条密度较稀。

2. 植物学特征

1年生枝中等长度，褐色挺直。多年生枝赤褐色。叶芽大小中等，三角形。花芽肥大球形，鳞片紧，茸毛少。叶片较小，椭卵圆形，绿色泛红，叶尖急尖，叶面褶皱无光泽，叶背无茸毛，叶边锯齿钝、中等粗细、整齐，齿上无针刺。叶姿两侧向内，叶边平直不扭曲。花序伞房状排列，每花序8～9朵花，花瓣5片，白色，卵形，边缘波状。花蕾白色，花梗长度中等偏长，无茸毛，雄蕊数12，花药紫红且花粉量中等，雌蕊数5，柱头高于雄蕊。

3. 果实性状

果实纵径7.6cm、横径7.2cm，圆柱形。果面黄绿色，粗糙，蜡质少，果点多、小。果梗较长，梗洼浅且窄，无锈斑。萼片脱落，萼片着生处深洼。果肉洁白细腻，汁液多，风味甜，微香。果心小，正形，近萼端。品质较好。

4. 生物学习性

生长势中等。开始结果年龄为3～4年，采前落果少，丰产性中等，大小年不显著。

品种评价

高产，抗旱，耐贫瘠，适应性广。主要病虫害种类有梨小食心虫、梨木虱、梨黄粉蚜、黑星病、轮纹病、炭疽病。对寒、旱、涝、瘠、盐等恶劣环境的抵抗能力较强。

生境

植株

果实

果实

大黄梨

Pyrus spp.'Dahuangli'

🪪 调查编号：CAOQFMYP041

🏷 所属树种：梨 *Pyrus* spp.

📄 提 供 人：朱新富
　　电　话：13835612711
　　住　址：山西省晋城市高平县农业
　　　　　　局果树站

📑 调 查 人：孟玉平
　　电　话：13643696321
　　单　位：山西省农业科学院生物技
　　　　　　术研究中心

📍 调查地点：山西省晋城市高平县寺庄
　　　　　　镇寺望村

🌐 地理数据：GPS数据（海拔：917m，
　　　　　　经度：E112°50'36"，纬度：N35°50'00"）

生境信息

来源于当地，生于田间，坡地，坡向向南。该土地为丘陵，土壤质地为黏壤土。种植面积为33.3hm²。

植物学信息

1. 植株情况

树势较强，树姿开张，树形为乱头形。树高5m，冠幅东西6m、南北5m，干高1.4m，干周85cm。主干为灰褐色，树皮呈条状裂，枝条密度较疏。

2. 植物学特征

1年生枝较长，绿色挺直，嫩梢茸毛少。多年生枝褐色。叶芽中等长度三角形，无茸毛。花芽肥大球形，鳞片紧，茸毛少。叶片较大，浓绿，纺锤形。叶尖渐尖，叶面平整有光泽，叶背无茸毛，叶边锯齿尖锐。叶姿平展，叶边波状尖端扭曲，与枝条成锐角。花序伞房状排列，每花序9～10朵花，花瓣5～6片，白色，圆形，边缘波状。花蕾白色，花梗较短，无茸毛，雄蕊数18，花药紫红且花粉量中等，雌蕊数5，柱头高于雄蕊。

3. 果实性状

果实纵径8.7cm、横径8.0cm，平均重290.3g，最大果重444g，椭圆形。果面黄绿色，粗糙，蜡质少，果点多、大、凸。果梗较短，梗洼深且窄，无锈斑。萼片脱落，萼片着生处较深洼。果肉白色较粗，汁液多，风味微甜，无香气。果心中等偏小，正形，中位。可溶性固形物含量11%。品质中等。

4. 生物学习性

生长势、坐果力中等。开始结果年龄为3～4年，盛果期年龄为7年。采前落果少，丰产性中等，大小年不显著。

品种评价

高产，抗旱，耐贫瘠，适应性广。主要病虫害种类有梨小食心虫、梨木虱、梨黄粉蚜、锈病、黑星病、轮纹病、炭疽病。对寒、旱、涝、瘠、盐等恶劣环境的抵抗能力较强。

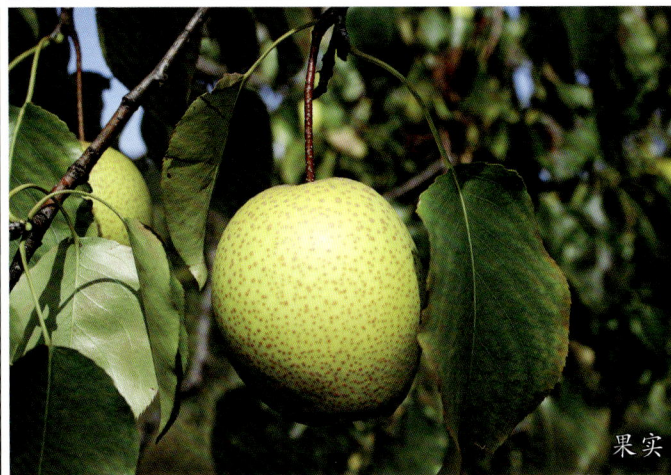

生境

植株

果实

果实

果实

肖梨

Pyrus spp.'Xiaoli'

调查编号：CAOQFMYP042

所属树种：梨 *Pyrus* spp.

提 供 人：朱新富
电　　话：13835612711
住　　址：山西省晋城市高平县农业局果树站

调 查 人：孟玉平
电　　话：13643696321
单　　位：山西省农业科学院生物技术研究中心

调查地点：山西省晋城市高平县寺庄镇寺望村

地理数据：GPS数据（海拔：917m，经度：E112°50'36"，纬度：N35°50'00"）

生境信息

来源于当地，生于田间，坡地，坡向向南。该土地为耕地，土壤质地为壤土。

植物学信息

1. 植株情况

树势较弱，树姿开张，树形乱头形。树高6m，冠幅东西6m、南北4m，干高2.4m，干周82cm。主干灰褐色，树皮块状裂，枝条密度稀。

2. 植物学特征

1年生枝中等长度，灰绿色挺直。多年生枝褐色。叶芽中等长度三角形，茸毛少。花芽肥大球形，鳞片紧，茸毛数量中等。叶片中等大小，淡绿，椭圆形。叶尖渐尖，叶面平整有光泽，叶背无茸毛，叶边锯齿钝。叶姿平展，叶边平直不扭曲。花序伞房状排列，每花序9～10朵花，花瓣5片，白色，圆形，边缘波状。花蕾白色，花梗较长，无茸毛，雄蕊数16，花药紫红且花粉量较多，雌蕊数5，柱头与雄蕊等高。

3. 果实性状

果实纵径7.8cm、横径6.9cm，平均重185g，最大果重231g，扁圆形。果面淡绿色，粗糙，无光泽，无棱起，果点数量多、中等大小。果梗中等长度，梗洼中，无锈斑。萼片脱落，萼片着生处较深洼，萼洼广。果肉乳白色较粗，汁液多，风味微甜，微香。果心中等，正形，中位。可溶性固形物含量10%，品质较好。

4. 生物学习性

生长势弱。开始结果年龄为3～4年，采前落果少，丰产性较强，大小年不显著。

品种评价

高产、抗旱、耐贫瘠、适应性广。对寒、旱、涝、瘠、盐、风、日灼等恶劣环境的抵抗能力强。果实有红晕。

植株

果实

果实

果实

果实

红霞梨

Pyrus spp.'Hongxiali'

调查编号：CAOQFMYP071

所属树种：梨 *Pyrus* spp.

提 供 人：刘海全
电　　话：18993807182
住　　址：甘肃省天水市果树研究所

调 查 人：曹秋芬
电　　话：13753480017
单　　位：山西省农业科学院生物技
　　　　　术研究中心

调查地点：甘肃省天水市秦州区关子
　　　　　镇西北村

地理数据：GPS数据（海拔：1500m，
　　　　　经度：E105°22'13"，纬度：N34°37'56"）

生境信息

来源于当地，生于田间，平地。该土地为耕地，土壤质地为壤土。种植年限30年，现存2株。

植物学信息

1. 植株情况

树势中庸，树姿半开张，树形为圆头形。树高5m，冠幅东西4m、南北4m，干高2.2m，干周63cm。主干为灰褐色，树皮呈块状裂，枝条密度疏。

2. 植物学特征

1年生枝较长，褐色挺直，粗度中等。嫩梢茸毛数量中等，皮目椭圆形、中等大小。多年生枝灰褐色。叶片较大，淡绿，长15.5cm、宽6.4cm，倒卵形。叶尖渐尖，叶面皱且有光泽，叶背无茸毛，叶边锯齿钝。叶姿平展，叶边平直不扭曲。花序伞房状排列，每花序7~10朵花，花瓣5片，白色，圆形，边缘波状。花蕾白色，花梗较短，雄蕊数24，花药紫红且花粉量较多，雌蕊数5，柱头高于雄蕊。

3. 果实性状

果实纵径9.0cm、横径8.4cm，平均果重230g，圆锥形。果面黄色带红晕，光滑，有光泽，无棱起，无锈斑，果点数量多且大。果梗偏短，梗洼浅。萼片脱落，萼片着生处浅洼，萼洼广。果肉黄白色较粗，汁液多，风味微酸。果心中等偏大，正形，中位。可溶性固形物含量11%，品质中等。

4. 生物学习性

生长势中。开始结果年龄为3~4年，采前落果少，丰产性适中，大小年不显著。

品种评价

抗病，抗旱，耐贫瘠。主要病虫害种类有梨黑星病、锈病、梨木虱、梨小食心虫。对寒、旱、涝、瘠、盐、风、日灼等恶劣环境的抵抗能力强。

植株

叶片

果实

果实

果实

陶杨沙梨

Pyrus spp. 'Taoyangshali'

调查编号: CAOQFMYP075

所属树种: 梨 *Pyrus* spp.

提 供 人: 刘海全
电　　话: 18993807182
住　　址: 甘肃省天水市果树研究所

调 查 人: 孟玉平
电　　话: 13643696321
单　　位: 山西省农业科学院生物技术研究中心

调查地点: 甘肃省天水市秦安县王尹镇陶杨村

地理数据: GPS数据（海拔: 1517m，经度: E105°43′41.1″，纬度: N34°47′41.3″）

生境信息

产于当地，生于田间，影响因子为耕作，地形为坡地，土地利用情况为耕地、人工林，土壤质地为壤土，种植年限50年，个别农户只有大树。

植物学信息

1. 植株情况

树势中，树姿开张，树形为乱头形。树高4m，干高2.3m，干周66cm。主干灰褐色，树皮呈块状裂，枝条密度疏。

2. 植物学特征

1年生枝挺直，颜色黄绿色，长度中等，粗度中等，嫩梢上无茸毛，皮目大小中等，数量中等，平，近圆形。花芽肥大。叶片大小中等，浅绿，长11cm、宽6.6cm。叶片卵形，叶尖急尖，叶基楔形，叶面平滑，叶背茸毛少，叶边锯齿锐，细，小，不整齐。叶柄平均长5cm，细，叶色黄绿或微红。花序伞房状排列，每花序9~10朵花，花瓣5片，白色，圆形，边缘平整。花蕾白色，花梗中等长度，无茸毛，雄蕊数20，花药粉色且花粉量较多，雌蕊数5，柱头低于雄蕊。

3. 果实性状

果实平均重170g，果实圆形，果面黄褐色，粗糙，无光泽，无棱起，无锈斑，蜡质较少，果点数量多且大。果梗较短。果肉乳白，肉质略粗，汁液中等。

4. 生物学习性

生长势强，萌芽力、发枝力中等。开始结果年龄为5年，盛果期年龄10年，以短果枝结果为主，坐果力强，生理落果、采前落果程度中等，丰产性强。

品种评价

高产，优质，适应性广。果实初采品质较差，当地多冻藏后食冻梨。主要病虫害种类有梨小食心虫、梨木虱、黑星病、轮纹病、炭疽病。对寒、旱、涝、瘠、盐、风、日灼等恶劣环境的抵抗能力强。对修剪反应敏感。

生境

植株

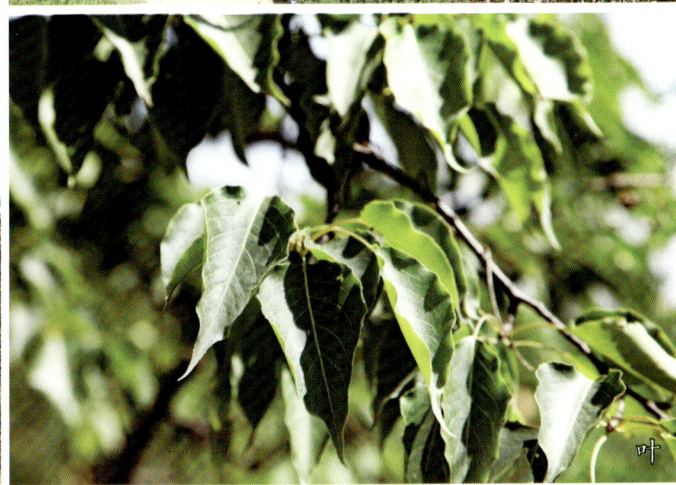

植株

叶

鸡腿梨

Pyrus bretschneideri Rehd. 'Jituili'

调查编号： CAOQFMYP076

所属树种： 白梨 *Pyrus bretschneideri* Rehd.

提 供 人： 刘海全
电　话： 18993807182
住　址： 甘肃省天水市果树研究所

调 查 人： 曹秋芬
电　话： 13753480017
单　位： 山西省农业科学院生物技术研究中心

调查地点： 甘肃省天水市秦安县王尹镇陶杨村

地理数据： GPS数据（海拔：1517m，经度：E105°43′41.1″，纬度：N34°47′41.3″）

生境信息

来源于当地，生于田间坡地。该土地为耕地，土壤质地为壤土。

植物学信息

1. 植株情况

树势强，树姿半开张，树形纺锤形，树高6～7m，冠幅东西5m、南北5m，干高0.6m，干周114cm，主干褐色，树皮丝状、块状裂，枝条密度中等。

2. 植物学特征

1年生枝较长，褐色挺直，粗度中等，嫩梢茸毛少，皮目大小中等，数量中等，凸，近圆形，叶片大，长12cm、宽7cm。叶芽中等大小，三角形，茸毛多且离生。花芽肥大呈球形，鳞片紧，茸毛多。叶尖渐尖，叶色绿色，叶面平滑无光泽。叶背茸毛少，叶边锯齿钝且整齐。叶姿两侧向内平展，叶边波状先端扭曲，与枝所成角度弯曲向下。花序伞房状排列，每朵花序9朵花，花瓣5～6片，白色，椭圆形，边缘呈波状。花蕾白色，花梗中等长度，有茸毛，灰白色。花药紫红色且花粉数量中等。

3. 果实性状

果实纵径8cm、横径7.2cm。平均单果重210g，最大果重230g，整齐度较好，圆锥形。果面黄色，较粗，蜡质少，果点较多，果梗中等长度，中等粗度，上下粗细均匀。梗洼较浅且窄，萼片着生处平整，萼洼中，萼片脱落。果肉乳白色，果肉质地中。汁液中等，风味甜，无涩味，无香气，品质中上。果心中，位于近萼端。

4. 生物学习性

生长势、萌芽力、发枝力强。开始结果年龄4年，盛果期年龄8年，坐果部位为树干外侧，生理落果、采前落果少，产量中等。早果早丰高产优质，果实采收期9月下旬。

品种评价

耐贫瘠，适应性广。主要病虫害种类有梨小食心虫、梨木虱、黑星病、轮纹病、炭疽病。对寒、旱、涝、瘠、盐、风、日灼等恶劣环境的抵抗能力强。

生境

枝条

叶片

植株

果实

酸金瓶梨

Pyrus spp.'Suanjinpingli'

调查编号：CAOQFMYP077

所属树种：梨 *Pyrus* spp.

提 供 人：刘海全
电　　话：18993807182
住　　址：甘肃省天水市果树研究所

调 查 人：曹秋芬
电　　话：13753480017
单　　位：山西省农业科学院生物技术研究中心

调查地点：甘肃省天水市秦安县王尹镇陶杨村

地理数据：GPS数据（海拔：1517m，经度：E105°4341.1"，纬度：N34°4741.3"）

生境信息

来源于当地，生于田间坡地。该土地为耕地，土壤质地为壤土。伴生物种有代表生长环境的建群种、优势种、标志种为梨树。

植物学信息

1. 植株情况

树势强，树姿直立或半开张，树形半圆形，树高9m，冠幅东西6m、南北7m，干高0.6m，干周126cm，主干灰褐色，树皮丝状、块状裂，枝条较密。

2. 植物学特征

1年生枝较长，黄色挺直，粗度中等，嫩梢茸毛数量中等，皮目凸出、较小、较少。叶片大，长10.5cm、宽6.5cm，叶片倒卵圆形，绿色，叶柄平均长6cm。叶芽中等大小，三角形，茸毛多且离生。花芽肥大呈球形，鳞片松，茸毛多。叶尖渐尖，叶面平滑无光泽。叶背茸毛少，叶边锯齿锐且整齐，齿上无针刺。叶姿两侧向内平展，叶边平整不扭曲，与枝所成角度弯曲向下。花序伞房状排列，每花序7朵花。花瓣白色圆形，边缘呈波状。花蕾白色，花梗中等长度，无茸毛。花药红色且花粉数量较少。

3. 果实性状

果实纵径6.5cm、横径5.2cm。平均单果重206g，整齐度较好，卵圆形。果面黄色，光滑，蜡质中等，果点多且小。果梗短，中等粗度，上下粗细均匀，梗洼较浅且窄，萼片着生处平整，萼洼浅，萼片宿存。果肉乳白色，果肉质地中。汁液多，风味微酸，无香气，品质中上。果心中，位于近萼端。平均种子数7粒，可溶性固形物含量12.4%。

4. 生物学习性

生长势强，萌芽力、发枝力较强。新梢年生长量60cm，开始结果年龄3～5年，盛果期年龄8年。以短果枝结果为主，坐果力中等，生理落果多，采前落果少。

品种评价

高产，优质，适应性广。对寒、旱、涝、瘠、盐、风、日灼等恶劣环境的抵抗能力强。

生境

叶片

植株

植株

陶杨梨1号

Pyrus spp.'Taoyangli 1'

- 调查编号： CAOQFMYP078

- 所属树种： 梨 *Pyrus* spp.

- 提 供 人： 刘海全
  电　　话： 18993807182
  住　　址： 甘肃省天水市果树研究所

- 调 查 人： 孟玉平
  电　　话： 13643696321
  单　　位： 山西省农业科学院生物技术研究中心

- 调查地点： 甘肃省天水市秦安县王尹镇陶杨村

- 地理数据： GPS数据（海拔：1517m，经度：E105°43'41.1"，纬度：N34°47'41.3"）

生境信息

来源于当地，生于田间坡地。该土地为耕地和人工林，土壤质地为壤土。种植年限20年，现存1株。

植物学信息

1. 植株情况

树势强，树姿直立，树形半圆形。树高5m，冠幅东西4m、南北4m，干高0.8m，干周67cm。主干灰褐色，树皮丝状裂。枝条较密。

2. 植物学特征

1年生枝较长，绿色挺直。节间长3~6m，粗度中等，嫩梢茸毛少，皮目凸出、近圆形、大小和数量中等。叶片大，绿色，长12.5cm、宽8cm，卵圆形，叶尖渐尖，叶面平滑有光泽，叶边锯齿锐、细、小、整齐。叶柄平均长6cm，相当于叶长的1/2。叶芽中等大小，三角形，茸毛多且离生。花芽肥大呈球形，鳞片紧，茸毛多。叶姿两侧向内平展，叶边平整不扭曲，与枝所成角度弯曲向下。花序伞房状排列，每花序7朵花。花瓣白色圆形，边缘平整。花蕾白色，花梗较长，无茸毛。花药红色且花粉数量较少。

3. 果实性状

果实纵径7.3cm、横径6.7cm。平均单果重241g，果实整齐度较好，近圆形。果面黄色，光滑，蜡质中等，果点少。果梗较长，中等粗度，上下粗细均匀，梗洼较浅且窄。萼片着生处平整，萼洼浅，萼片脱落。果肉乳白色，果肉质地中。汁液中等，风味淡，无香气，品质中等。果心中，正形。

4. 生物学习性

生长势中等，萌芽力、发枝力强。开始结果年龄为5年，坐果部位位于树冠外侧，坐果力强，生理落果多，采前落果少，产量中等，大小年显著。

品种评价

适应性广，耐贫瘠。主要病虫害种类有梨小食心虫、梨木虱、黑星病、轮纹病、炭疽病。对寒、旱、涝、瘠、盐、风、日灼等恶劣环境的抵抗能力强。

植株

叶片

叶片

果实

金瓶儿

Pyrus spp.'Jinpinger'

调查编号： CAOQFMYP007

所属树种： 梨 *Pyrus* spp.

提 供 人： 顾文艺
电　话： 13909784996
住　址： 青海省农林科学院园艺研究所

调 查 人： 曹秋芬、孟玉平
电　话： 13753480017
单　位： 山西省农业科学院生物技术研究中心

调查地点： 青海省海东市民和回族土族自治县马场垣乡翠泉村

地理数据： GPS数据（海拔：1811m，经度：E102°52'12"，纬度：N36°18'36"）

生境信息

来源于当地，生于田间平地，容易受耕作的影响。土地利用类型为耕地，土壤质地为壤土。种植年限60年，现存多株。

植物学信息

1. 植株情况

树势强，树姿半开张，树形为圆头形。树高7m，冠幅东西5m、南北4m，干高1.2m，干周100cm，树干直径30cm。主干褐色，树皮呈块状裂。枝条密度较密。

2. 植物学特征

1年生枝较长，褐色挺直，节间平均长4.1cm，嫩梢茸毛较多呈灰色，皮目中等大小。多年生枝灰褐色。叶芽中等三角形，花芽肥大球形，鳞片紧。叶片大卵圆形，绿色，长9.4cm、宽6.5cm。叶尖渐尖，叶面平滑有光泽。叶背茸毛无，叶边锯齿钝，叶姿两侧向内平展，叶边平直与枝条所成角度为弯曲向下，叶柄平均长3.8cm。花序伞房状排列，每花序7～9朵花，花瓣5片，白色，椭圆形，边缘呈波状。花冠直径3.3cm，花蕾白色，花梗长4.5cm，有茸毛，灰白色。花药红色且花粉少。

3. 果实性状

果实纵径5.7cm、横径5.1cm，种子数9粒，平均单果重168.3g，最大果重180g，果实椭圆形。果面绿色，粗糙，蜡质少，果点小且少。果梗长，梗洼较浅，果肉白色，果心偏大，品质中等。可溶性固形物含量12.3%，硬度8.5kg/cm²。

4. 生物学习性

生长势强。开始结果年龄为3年，采前落果少，丰产性强，大小年显著。

品种评价

高产，适应性广。主要病虫害种类有梨小食心虫、梨木虱、黑星病、轮纹病、炭疽病。对寒、旱、涝、瘠、盐、风、日灼等恶劣环境的抵抗能力强。

生境

植株

叶片

果实

马奶头

Pyrus spp.'Manaitou'

- 调查编号：CAOQFMYP006

- 所属树种：梨 *Pyrus* spp.

- 提 供 人：顾文艺
  电　　话：13909784996
  住　　址：青海省农林科学院园艺研究所

- 调 查 人：曹秋芬、孟玉平
  电　　话：13753480017
  单　　位：山西省农业科学院生物技术研究中心

- 调查地点：青海省海东市民和回族土族自治县马场垣乡翠泉村

- 地理数据：GPS数据（海拔：1811m，经度：E102°52'12″，纬度：N36°18'36″）

生境信息

来源于当地，生于田间平地，容易受耕作的影响。土地利用类型为耕地和人工林，土壤质地为壤土。种植年限60年，现存多株。

植物学信息

1. 植株情况

树势强，树姿开张，树形为圆头形。树高8m，冠幅东西6m、南北5m，干高1.8m，干周160cm。树干直径50cm。主干褐色，树皮呈块状裂。枝条密度较密。

2. 植物学特征

1年生枝较长，褐色下垂，节间平均长3.8cm，嫩梢茸毛较多呈灰色，皮目中等大小，呈椭圆形。多年生枝灰褐色。叶芽中等三角形，花芽肥大尖卵形，鳞片紧，茸毛多。叶片大卵圆形，绿色，长10.2cm、宽6.7cm。叶尖急尖，叶面平滑有光泽。叶背茸毛少，叶边锯齿钝，叶姿两侧向内平展，叶边波状先端扭曲，与枝所成角度为弯曲向下，叶柄平均长3.6cm。花序伞房状排列，每花序7朵花，花瓣5片，白色，椭圆形，边缘呈波状。花冠直径3.5cm。花蕾白色，花梗长6cm，有茸毛，灰白色。花药红色且花粉少。

3. 果实性状

果实纵径5.9cm、横径3.8cm，种子数9粒，平均单果重125.8g，最大果重140g，椭圆形。果面黄绿色，粗糙，蜡质少，果点小且较多。果梗长，梗洼较浅，果肉白色，果心偏大，品质中等。可溶性固形物含量13.1%，硬度7.3kg/cm²。

4. 生物学习性

生长势强。开始结果年龄为3年，采前落果少，丰产性强，大小年显著。

品种评价

高产，适应性广。主要病虫害种类有梨小食心虫、梨木虱、黑星病、轮纹病、炭疽病。对寒、旱、涝、瘠、盐、风、日灼等恶劣环境的抵抗能力强。

生境

果实

果实

植株

软儿

Pyrus ussuriensis Maxim.'Ruaner'

调查编号：CAOQFMYP008

所属树种：梨 *Pyrus* spp.

提 供 人：顾文艺
电　　话：13909784996
住　　址：青海省农林科学院园艺研究所

调 查 人：曹秋芬、孟玉平
电　　话：13753480017
单　　位：山西省农业科学院生物技术研究中心

调查地点：青海省海东市宋都区下寨村

地理数据：GPS数据（海拔：1738m，经度：E102°53'24"，纬度：N36°19'40"）

生境信息

来源于当地，生于田间平地，容易受耕作的影响。土地利用类型为耕地，土壤质地为壤土。种植年限60年，现存多株。

植物学信息

1. 植株情况

树势强，树姿半开张，树形为圆头形。树高7m，冠幅东西5m、南北4m，干高1.2m，干周100cm，树干直径30cm。主干褐色，树皮呈块状裂，枝条密度较密。

2. 植物学特征

1年生枝较长，褐色挺直，节间平均长4.1cm，嫩梢茸毛较多呈灰色，皮目中等大小。多年生枝灰褐色。叶芽中等三角形，花芽肥大球形，鳞片紧。叶片大卵圆形，绿色，长9.4cm、宽6.5cm。叶尖渐尖，叶面平滑有光泽。叶背茸毛无，叶边锯齿钝，叶姿两侧向内平展，叶边平直与枝条所成角度为弯曲向下，叶柄平均长3.8cm。花序伞房状排列，每花序7~9朵花，花瓣5片，白色，椭圆形，边缘呈波状。花冠直径3.3cm。花蕾白色，花梗长4.5cm，有茸毛，灰白色。花药红色且花粉少。

3. 果实性状

果实纵径5.7cm、横径5.1cm，种子数9粒，平均单果重168.3g，最大果重180g，果实椭圆形。果面绿色，粗糙，蜡质少，果点小且少。果梗长，梗洼较浅，果肉白色，果心偏大，品质中等。可溶性固形物含量12.3%，硬度8.5kg/cm²。

4. 生物学习性

生长势强。开始结果年龄为3年，采前落果少，丰产性强，大小年显著。

品种评价

高产，适应性广。主要病虫害种类有梨小食心虫、梨木虱、黑星病、轮纹病、炭疽病。对寒、旱、涝、瘠、盐、风、日灼等恶劣环境的抵抗能力强。

植株

果实

果实

西北明月梨

Pyrus spp.'Xibeimingyueli'

调查编号：CAOQFMYP072

所属树种：梨 *Pyrus* spp.

提 供 人：刘海全
电　　话：18993807182
住　　址：甘肃省天水市果树研究所

调 查 人：曹秋芬、孟玉平
电　　话：13753480017
单　　位：山西省农业科学院生物技
　　　　　术研究中心

调查地点：甘肃省天水市秦州区关子
　　　　　镇西北村

地理数据：GPS数据（海拔：1500m，
　　　　　经度：E105°22'14"，纬度：N34°37'56"）

生境信息

来源于当地，生于田间，平地。该土地为耕地，土壤质地为壤土。伴生物种有代表生长环境的建群种、优势种、标志种为梨树。

植物学信息

1. 植株情况

树势强，树姿直立，树形半圆形，树高5m，冠幅东西4m、南北4m，干高0.8m，干周67cm，主干灰褐色，树皮丝状裂。

2. 植物学特征

1年生枝较长，绿色挺直，粗度中等，嫩梢无茸毛，皮目凸出、近圆形、大小中等、数量中等。叶片大，长12.5cm、宽8cm，叶片椭圆形，叶尖渐尖，叶绿色，叶面平滑有光泽，叶边锯齿锐、细、小、整齐。叶柄平均长6cm，相当于叶长的1/2。叶芽中等大小，三角形，茸毛多且离生。花芽肥大呈球形，鳞片紧，茸毛多。叶片大卵圆形，绿色，叶尖渐尖，叶面平滑无光泽。叶背茸毛少，叶边锯齿钝且整齐，齿上无针刺。叶姿两侧向内平展，叶边平整不扭曲，与枝所成角度弯曲向下。花序伞房状排列，每朵花序7朵花。花瓣白色，圆形，边缘平整。花蕾白色，花梗中等长度，无茸毛。花药红色且花粉数量较少。

3. 果实性状

果实纵径7.3cm、横径6.7cm。平均单果重241g，整齐度较好，卵圆形。果面黄色，光滑，蜡质中等，果点少，果梗短，中等粗度，上下粗细均匀。梗洼较浅且窄，萼片着生处平整，萼洼浅，萼片宿存。果肉乳白色，果肉质地中。汁液多，风味微酸，无香气，品质中上。果心中，位于近萼端。

4. 生物学习性

早果、早丰、高产、优质。果实采收期9月下旬。

品种评价

高产，优质，适应性广。主要病虫害种类有梨小食心虫、梨木虱、黑星病、轮纹病、炭疽病。对寒、旱、涝、瘠、盐、风、日灼等恶劣环境的抵抗能力强。

植株

果实

果实

果实

大水梨

Pyrus bretschneideri Rehd.'Dashuili'

调查编号：LITZLJS025

所属树种：白梨 *Pyrus bretschneideri* Rehd.

提 供 人：张志忠
电　　话：13261719455
住　　址：北京市门头沟区龙泉务村

调 查 人：刘佳梦
电　　话：010－51503910
单　　位：北京市农林科学院农业综合发展研究所

调查地点：北京市门头沟区龙泉务村

地理数据：GPS数据（海拔：116m，经度：E116°04′44.01″，纬度：N39°58′51.78″）

生境信息

来源于当地，生于田间平地，该土地为耕地，土壤质地为砂壤土，种植年限50年。

植物学信息

1. 植株情况

树势强，树姿开张，树形为圆头形。树高6.5m，冠幅东西5.8m、南北6.0m，干高1.2m，干周128cm。主干灰棕褐色。

2. 植物学特征

1年生枝挺直，呈褐色。皮目近圆形，大小中等，数量较多。多年生枝灰褐色。叶芽三角形，较小，茸毛数量中等，离生。花芽肥大，卵圆形，鳞片较松，茸毛数量中等。叶片较大，浓绿，长6～12cm、宽6～7.7cm，呈椭圆形，叶尖渐尖，叶基圆形，叶面平滑且有光泽。叶边锯齿小、细，齿尖锐利，齿上有针刺。叶柄平均长3.5～7cm，呈绿色。伞房状花序，每花序花数6～7朵，花瓣5片，白色，倒卵形，花冠大。花蕾粉红色。花梗平均长3～4cm，浅绿色，有茸毛，雄蕊数20个，花药呈紫红色，花粉多，雌蕊数5个，柱头与雄蕊等高。

3. 果实性状

果实纵径5.8～7cm、横径6.5～7.6cm，平均重149g。整齐度好，扁球形。果面底色呈浅黄色，粗糙，果点多且较小。梗洼深且窄。萼片缩存，卵圆形，萼洼广。果肉颜色白色，质地中等、脆，汁液多，风味酸甜，味较淡，有涩味，有浓香香气。品质中上，果心小。种子数4粒，饱满。果实可溶性固形物含量9.6%，可溶性糖含量6.08%，酸含量0.17%。

4. 生物学习性

生长势、萌芽力、发枝力强。开始结果年龄3～5年，盛果期年龄7年，果枝类型为短果枝。采前落果少，产量低。

品种评价

抗旱，耐贫瘠。主要病虫害种类红蜘蛛、蚜虫。

生境

枝条

果实

平谷佛见喜梨

Pyrus bretschneideri Rehd.
'Pinggufojianxili'

调查编号：LITZLJS026

所属树种：白梨 *Pyrus bretschneideri* Rehd.

提 供 人：于广水
电　　话：13716005006
住　　址：北京市平谷区大华山镇林业站

调 查 人：刘佳芬
电　　话：010 - 51503910
单　　位：北京市农林科学院农业综合发展研究所

调查地点：北京市平谷区大华山镇乡麻峪村

地理数据：GPS数据（海拔：575m，经度：E117°03′44.40″，纬度：N40°16′37.61″）

生境信息

来源于当地，生于田间平地，土壤质地为砂壤土，面积1330m²，种植年限80年。

植物学信息

1. 植株情况

树势强，树姿开张下垂，树形为圆头形，树高4m，冠幅东西5m、南北4m，干高0.5m，干周82cm。主干灰褐色。

2. 植物学特征

1年生枝挺直，呈赤褐色。皮目大，近圆形，数量少。叶芽三角形，较小，茸毛数量中等，离生。花芽肥大，卵圆形，鳞片较松。叶片浓绿，长5.4~9.9cm、宽5.4~7.3cm，叶片呈卵形，叶尖渐尖，叶面平滑且有光泽，叶背茸毛少。叶边锯齿不整齐，锯齿较小且细，齿尖锐利。叶柄平均长2.5~4.5cm，呈绿色。伞房状花序，每花序花数5~8朵，花瓣5片，白色，卵圆形，花蕾粉红色。花梗平均长3.7~4.8cm，有茸毛，花梗浅绿色，雄蕊数20~24个，花药呈紫红色，花粉多，雌蕊数4~5个，柱头与雄蕊等高。

3. 果实性状

果实纵径5.2~6.4cm、横径5.7~6.8cm，整齐度好，近圆形，底色呈淡绿黄。果面粗糙，果点少且小。梗洼深且窄。萼片脱落，卵圆形，萼洼广。果肉白色，质地粗，石细胞多，汁液中等，品质中等，果心小，种子饱满。可溶性糖含量8.8%，酸含量0.47%。

4. 生物学习性

生长势、萌芽力、发枝力强。开始结果年龄3~5年，盛果期年龄7年，果枝类型为短果枝。生理落果和采前落果少，丰产。

品种评价

高产，耐贫瘠。主要病虫害种类有梨黑星病、锈病、梨木虱、梨茎蜂、梨小食心虫、蚜虫等，对寒、旱、涝、瘠、盐、风、日灼等恶劣环境的抵抗能力中等。

生境

叶片

叶片

果实

疙瘩梨

Pyrus spp.'Gedali'

调查编号： LITZLJS027

所属树种： 梨 *Pyrus* spp.

提 供 人： 韩士江
电　　话： 13341071787
住　　址： 北京市大兴区庞各庄镇梨
　　　　　花村

调 查 人： 刘佳芩
电　　话： 010－51503910
单　　位： 北京市农林科学院农业综
　　　　　合发展研究所

调查地点： 北京市大兴区庞各庄镇梨
　　　　　花村

地理数据： GPS数据（海拔：36m，
经度：E116°14′21.40″，纬度：N39°3′54.82″）

生境信息

来源于当地，生于田间平地，该土地为耕地，土壤质地为砂壤土，种植年限20年，面积667m²。

植物学信息

1. 植株情况

树势强，树姿开张，树形为圆头形。树高5m，冠幅东西4.8m、南北5.0m，干高0.8m，干周61cm。主干暗灰色。树皮呈丝状裂。

2. 植物学特征

1年生枝弯曲，呈土褐色。皮目圆形，小，数量较少。多年生枝呈灰褐色。叶芽三角形，较小，茸毛数量中等，离生。花芽肥大卵圆形，鳞片较松，茸毛数量中等。叶片较大呈长卵形，浓绿，长10.5~13.3cm、宽7.3~9.5cm。叶尖渐尖，叶基圆形，叶面皱。叶边锯齿较小且细，齿尖锐利，齿上有针刺。叶柄平均长4~5.3cm，紫红色。伞房状花序，每花序花数4~7朵，花瓣5片，白色，圆形，花冠直径3.6~4.0cm。花蕾粉红色。花梗平均长3.5cm，黄绿色，有茸毛，雄蕊数20个，花药呈紫红色，花粉多，雌蕊数5个，柱头与雄蕊等高。

3. 果实性状

果实纵径5.3~5.8cm、横径5.3~6.6cm，种子数4粒，饱满，倒卵圆形，底色呈黄绿，果面粗糙，果点多且较小。梗洼深洼，梗洼窄。萼片脱落，圆锥形，萼洼广。果肉乳白色，质地粗、软，汁液多，风味酸甜，有涩味，有浓香香气。品质中，果心小。果实可溶性固形物含量15.2%，可贮存60天。

4. 生物学习性

生长势、萌芽力、发枝力强。开始结果年龄4年，盛果期年龄12年，果枝类型为短果枝。采前落果和生理落果少，丰产。

品种评价

高产，耐贫瘠。主要病虫害种类有锈病、梨黑星病、红蜘蛛、梨木虱、梨茎蜂。对寒、旱、涝、瘠、盐、风、日灼等恶劣环境的抵抗能力强。

植株

叶片

果实

果实

红肖梨

Pyrus ussuriensis Maxim. 'Hongxiaoli'

调查编号：　LITZLJS028

所属树种：　秋子梨 *Pyrus ussuriensis* Maxim.

提 供 人：　于广水
电　　话：　13716005006
住　　址：　北京市平谷区大华山镇林业站

调 查 人：　刘佳芬
电　　话：　010-51503910
单　　位：　北京市农林科学院农业综合发展研究所

调查地点：　北京市平谷区大华山镇乡麻峪村

地理数据：　GPS数据（海拔：575m，经度：E117°03′44.40″，纬度：N40°16′37.61″）

生境信息

来源于当地，生于田间平地，该土地为耕地，土壤质地为砂壤土，种植年限80年，种植面积1330m²。

植物学信息

1. 植株情况

树势强，树姿开张下垂，树形为圆头形。树高12m，冠幅东西4m、南北3.5m，干高0.5m，干周83cm。主干为灰棕褐色。

2. 植物学特征

1年生枝挺直，呈褐色。皮目近圆形，大，数量较少。叶芽三角形，较小，茸毛数量中等，离生。花芽肥大，卵圆形，鳞片较松。叶片浓绿，长5.4~9.9cm、宽5.4~7.3cm，叶片卵形，叶尖渐尖，叶面平滑且有光泽。叶边锯齿较小，不整齐，较细，齿尖锐利，齿上有针刺。叶柄平均长2.5~4.5cm，叶柄呈绿色。伞房状花序，每花序花数5~8朵，花瓣5片，白色，卵圆形。花蕾粉红色。花梗平均长3.7~4.8cm，浅绿色，有茸毛，雄蕊数20~24个，花药呈紫红色，花粉多，雌蕊数4~5个，柱头比雄蕊低。

3. 果实性状

果实纵径5.2~6.4cm、横径5.7~6.8cm。平均重101g，短卵圆形，底色呈浅绿黄色，果面粗糙。果点大且多。梗洼深且窄。萼片脱落，卵圆形，萼洼广。果肉白色，质地中等，石细胞中等含量，汁液中等，风味酸甜，有涩味，有微香香气。品质中等，果心小。种子饱满。

4. 生物学习性

生长势、萌芽力、发枝力强。开始结果年龄3~5年，盛果期年龄10年，果枝类型为短果枝。生理落果少，采前落果少，丰产，大小年不显著。

品种评价

高产，耐贫瘠。主要病虫害种类有梨黑星病、轮纹病、梨木虱、梨茎蜂、红蜘蛛、蚜虫等。对寒、旱、涝、瘠、盐、风、日灼等恶劣环境的抵抗能力强。

生境

果实

叶片

果实

金把梨

Pyrus bretschneideri Rehd.'Jinbali'

调查编号：　LITZLJS029

所属树种：　白梨 *Pyrus bretschneideri* Rehd.

提 供 人：　韩士江
电　　话：　13341071787
住　　址：　北京市大兴区庞各庄镇梨花村

调 查 人：　刘佳芩
电　　话：　010－51503910
单　　位：　北京市农林科学院农业综合发展研究所

调查地点：　北京市大兴区庞各庄镇梨花村

地理数据：　GPS数据（海拔：36m，经度：E116°14′21.40″，纬度：N39°35′4.82″）

生境信息

来源于当地，生于田间坡地，该土地为耕地，土壤质地为砂壤土，种植年限20年，种植面积0.33hm²。

植物学信息

1. 植株情况

树势强，树姿半开张，树形为圆头形。树高4.5m，冠幅东西4.8m、南北5.0m，干高0.8m，干周65cm。主干灰褐色。树皮呈光滑不裂。

2. 植物学特征

1年生枝黄褐色。皮目圆形，大小中等，数量中等。多年生枝灰褐色。叶芽三角形，较小，茸毛数量中等，离生。花芽肥大，卵圆形，鳞片较松，茸毛数量中等。叶片中等大小、浓绿、卵形，长6.5～10cm、宽6.3～7.5cm。叶尖渐尖，叶基圆形，叶面平滑且有光泽。叶边锯齿较小且细，齿尖锐利，齿上有针刺。叶柄平均长3.5～5cm，叶柄绿色。伞房状花序，每花序花数7～8朵，花瓣5片，倒卵圆形，花冠大。花蕾为粉红色。花梗平均长3.8cm，有茸毛，呈浅绿色，雄蕊数20～25个，花药呈紫红色，花粉多，雌蕊数4～5个，柱头与雄蕊等高。

3. 果实性状

果实纵径5.5～6.5cm、横径5.7～6.2cm。种子数4粒，饱满。平均重100g，最大果重129g，倒卵圆形。果实底色呈黄至黄白色，果面光滑，果点少，较小。梗洼深且窄。萼片脱落，卵圆形，萼洼广。果肉白色，质地细、脆，汁液多，风味甜酸，有涩味，果心小，有浓香香气，品质上等。果实可溶性糖含量7.3%，酸含量0.14%。共可贮3个月。

4. 生物学习性

生长势、萌芽力、发枝力强。开始结果年龄4年，盛果期年龄12年，丰产，大小年显著。

品种评价

高产，优质，耐贫瘠。主要病虫害种类有红蜘蛛、蚜虫。对寒、旱、涝、瘠、盐、风、日灼等恶劣环境的抵抗能力中等。

植株

芽

植株

叶片

京白梨

Pyrus ussuriensis Maxim. 'Jingbaili'

调查编号：LITZLJS030

所属树种：秋子梨 *Pyrus ussuriensis* Maxim.

提 供 人：张志忠
电　　话：13261719455
住　　址：北京市门头沟区王平镇瓜草地村

调 查 人：刘佳棽
电　　话：010－51503910
单　　位：北京市农林科学院农业综合发展研究所

调查地点：北京市门头沟区王平镇瓜草地村果园

地理数据：GPS数据（海拔：287m，经度：E115°48'51.43"，纬度：N40°0'49.60"）

生境信息

来源于当地，最大树龄230年，生于旷野坡地，与核桃、杨树伴生。该土地为人工林，土壤质地为砂壤土，种植年限100年，种植面积0.67hm²。

植物学信息

1. 植株情况

树势中等，树姿半开张，树形为半圆形。树高8m，冠幅东西9.1m、南北9.9m，干高0.9m，干周123cm。主干为灰褐色。树皮呈块状裂。

2. 植物学特征

1年生枝黄褐色挺直，皮目椭圆形，大小、数量中等。多年生枝灰褐色。叶芽三角形，较小，茸毛数量中等，离生。花芽肥大，呈卵圆形，鳞片较松，茸毛数量中等。叶片中等，浓绿，长5～9cm、宽4.8～5cm，呈卵形，叶尖渐尖，叶基圆形，叶面平滑且有光泽。叶边锯齿较小且细，齿尖锐利，齿上有针刺。叶柄平均长4.5～6.5cm，呈绿色。伞房状花序，每花序花数7～9朵，花瓣5片，白色，倒卵形，花冠大。花蕾粉红色。花梗平均长4.6cm，有茸毛，呈浅绿色，雄蕊数20个，花药呈紫红色，花粉多，雌蕊数5个，柱头与雄蕊等高。

3. 果实性状

果实纵径4.6～5.5cm、横径5.4～6.9cm，种子数8粒，饱满，平均单果重130g，最大果重185g，倒卵形。果实底色呈绿黄，果面粗糙，果点多且较小。梗洼深且窄。有锈斑。萼片脱落，卵圆形，萼洼广。果肉颜色乳白色，质地细、脆，汁液中等，风味甜，有浓香香气，果心中等，品质上等。果实可溶性糖含量13.5%，酸含量0.3%。

4. 生物学习性

生长势、萌芽力、发枝力强。开始结果年龄3～5年，盛果期年龄8年，丰产，大小年显著。

品种评价

高产，优质。主要病虫害种类有梨黑星病、炭疽病、腐烂病、梨茎蜂等。对寒、旱、涝、瘠、盐、风、日灼等恶劣环境的抵抗能力弱。

生境

叶片

花

果实

植株

麻梨

Pyrus spp. 'Mali'

调查编号：LITZLJS031

所属树种：梨 *Pyrus* spp.

提 供 人：于连忠
电　　话：13801282716
住　　址：北京市平谷区黄松峪乡黄松峪村

调 查 人：刘佳芬
电　　话：010–51503910
单　　位：北京市农林科学院农业综合发展研究所

调查地点：北京市平谷区大华山镇挂甲峪村

地理数据：GPS数据（海拔：300m，经度：E117°0622.57"，纬度：N40°1528.81"）

生境信息

来源于当地，生于旷野，最大树龄150年，地形为坡地，该土地为人工林，土壤质地为砂壤土，种植年限100年，现存3株。

植物学信息

1. 植株情况

树势强，树姿开张，树形为圆头形。树高9m，冠幅东西9.0m、南北10.3m，干高1.7m，干周150cm。主干为黄褐色。树皮光滑不裂。

2. 植物学特征

1年生枝挺直，呈赤褐色。皮目大，数量多呈长圆形。叶芽小呈三角形，茸毛数量中等，离生。花芽肥大，圆锥形，鳞片较松。叶片较大呈卵形，浓绿，长11.3cm、宽8.0cm，叶尖渐尖，叶基圆形。叶面平滑且有光泽。叶边锯齿较小且细，齿上有针刺。叶柄平均长4cm，呈绿色。伞房状花序，每花序花数7朵，花瓣5片，白色，卵圆形，花蕾粉红色。花梗平均长4.6cm，有茸毛，浅绿色，雄蕊数20个，花药呈紫红色，花粉多，雌蕊数5个，柱头与雌蕊等高。

3. 果实性状

果实纵径6.2～7.5cm、横径5.8～6.5cm，圆形，底色呈黄绿，果面粗糙，蜡质少，果点少，果点较小。梗洼浅且窄。萼洼广。果肉乳白色，质地细、脆，石细胞少，汁液多，风味极甜，有涩味，有微香香气。果心小，品质上等。可溶性固形物含量12.3%，可溶性糖含量8.6%，酸含量0.13%，可贮60～80天。

4. 生物学习性

生长势、萌芽力、发枝力强。开始结果年龄3～5年，盛果期年龄9年，生理落果和采前落果少，丰产，大小年不显著。

品种评价

高产，优质。主要病虫害种类有梨黑星病、轮纹病、红蜘蛛、蚜虫、梨茎蜂等，对寒、旱、涝、瘠、盐、风、日灼等恶劣环境的抵抗能力弱。

植株

芽

叶片

花

果实

秋白梨

Pyrus bretschneideri Rehd. 'Qiubaili'

调查编号： LITZLJS032

所属树种： 白梨 *Pyrus bretschneideri* Rehd.

提 供 人： 张志忠
电　　话： 13261719455
住　　址： 北京市门头沟区王平镇瓜草地村

调 查 人： 刘佳芬
电　　话： 010－51503910
单　　位： 北京市农林科学院农业综合发展研究所

调查地点： 北京市密云区鼓楼街道

地理数据： GPS数据（海拔：575m，经度：E116°50'4.34"，纬度：N40°22'3.6"）

生境信息

来源于当地，生于旷野坡地，该土地为人工林，土壤质地为砂壤土，种植年限100年，现存3株。

植物学信息

1. 植株情况

树势强，树姿开张下垂，树形为半圆形。树高4m，冠幅东西5m、南北4m，干高1.0m，干周78cm。主干为灰褐色，树皮呈块状裂，枝条密度较密。

2. 植物学特征

1年生枝赤褐色。皮目大呈长圆形，数量较多。多年生枝呈灰褐色。叶芽三角形，较小，茸毛数量中等，离生。花芽肥大，卵圆形，鳞片较松，茸毛数量中等。叶片较大，浓绿，长9.3～10.8cm、宽7～7.8cm，卵形，叶尖渐尖，叶基圆形，叶面平滑且有光泽。叶边锯齿较小且细，齿尖锐利，齿上有针刺。叶柄平均长3.2～4.1cm，叶柄绿色。伞房状花序，每花序花数7朵，花瓣5片，白色，卵圆形，花冠大。花蕾粉红色。花梗平均长4.6cm，有茸毛，花梗浅绿色，雄蕊数20个，花药呈紫红色，花粉多，雌蕊数5个，柱头与雄蕊等高。

3. 果实性状

果实纵径5.7～6.4cm、横径5.9～6.5cm，倒卵圆形，底色呈浅黄，果面粗糙，果点大且多。梗洼浅且窄。有锈斑，萼片脱落，形状卵圆形，萼洼广。果肉白色，质地细、脆，汁液中等，风味甜，有微微香气。品质上等，果心小。种子饱满。果实可溶性糖含量8.5%，酸含量0.29%。

4. 生物学习性

生长势、萌芽力、发枝力强。开始结果年龄3年，盛果期年龄13年，短果枝占85%。丰产，大小年显著。

品种评价

高产，优质。主要病虫害种类有炭疽病、梨黑星病、梨小食心虫、梨木虱、梨茎蜂等。对寒、旱、涝、瘠、盐、风、日灼等恶劣环境的抵抗能力弱。

生境

植株

叶片

果实

平谷酸梨

Pyrus spp.'Pinggusuanli'

调查编号： LITZLJS033

所属树种： 梨 *Pyrus* spp.

提 供 人： 于广水
电　　话： 13716005006
住　　址： 北京市平谷区大华山镇林
业站

调 查 人： 刘佳棽
电　　话： 010－51503910
单　　位： 北京市农林科学院农业综
合发展研究所

调查地点： 北京市平谷区大华山镇乡
麻峪村

地理数据： GPS数据（海拔：575m，
经度：E117°03′43.70″，纬度：N40°16′35.30″）

生境信息

来源于当地，生于田间平地，该土地为耕地，土壤质地为砂壤土，种植年限30年，种植面积0.53hm²。

植物学信息

1. 植株情况

树势中等，树姿半开张，树形为圆头形。树高6.5m，冠幅东西8.5m、南北7.8m，干高0.9m，干周75cm。主干为紫褐色。树皮光滑不裂。

2. 植物学特征

1年生枝挺直，赤褐色，节间平均长2～3cm。嫩梢上茸毛灰色数量中等。皮目偏小椭圆形，数量较少。多年生枝呈紫褐色。叶芽三角形，较小，茸毛数量中等，离生。花芽肥大，长圆形，鳞片较松。叶片绿，长8～10.4cm、宽7～8.5cm，呈卵形，叶尖锐尖，叶基圆形，叶面平滑且有光泽。叶背无茸毛。叶边锯齿较小且细，不整齐，齿尖锐利，齿上有针刺，叶边平直。叶柄平均长3.3～4.7cm，呈绿色，较粗。伞房状花序，每花序花数3～7朵，花瓣5片，白色，圆形，花冠大。花蕾粉红色。花梗平均长3～4cm，有茸毛，绿色，雄蕊数20个，花药呈紫红色，花粉多，雌蕊数5个，柱头比雄蕊低。

3. 果实性状

果实纵径4.6～5.4cm、横径4.8～6.4cm，平均重150g，最大果重180g，球形，底色呈绿色，果面粗糙，有斑状锈，果点多且大，果梗长3～4.7cm。梗洼深，有锈斑。萼片脱落，圆锥形，萼洼广。果肉白色，质地细、脆，汁液多，风味酸，品质中等，果心小，种子饱满。

4. 生物学习性

生长势、萌芽力、发枝力强。开始结果年龄3～5年，盛果期年龄8年，以短果枝结果为主。生理落果多，采前落果少，大小年显著。

品种评价

高产，抗旱，耐贫瘠。

生境

植株

叶片

果实

糖梨

Pyrus ussuriensis Maxim.'Tangli'

调查编号: LITZLJS034

所属树种: 秋子梨 *Pyrus ussuriensis* Maxim.

提 供 人: 刘春明
电　　话: 13716104963
住　　址: 北京市怀柔区渤海镇六渡河村

调 查 人: 刘佳梦
电　　话: 010-51503910
单　　位: 北京市农林科学院农业综合发展研究所

调查地点: 北京市怀柔区渤海镇六渡河村

地理数据: GPS数据(海拔: 148m, 经度: E116°31′53.40″, 纬度: N40°23′5.21″)

生境信息

来源于当地,生于田间,地形为平地,土壤质地为砂壤土,种植年限80年,面积1330m²。

植物学信息

1. 植株情况

树势强,树姿开张,树形为圆头形。树高8m,冠幅东西6m、南北5m,干高1.5m,干周69cm。主干为灰褐色。

2. 植物学特征

1年生枝挺直,紫褐色。皮目大,数量多,圆形。叶芽三角形,较小,茸毛数量中等,离生。花芽肥大,卵圆形,鳞片较松。叶片中等大小,浓绿,呈卵形,长9~11.8cm、宽6.1~7.8cm,叶尖渐尖,叶基圆形。叶面平滑且有光泽。叶背茸毛少,叶边锯齿锐,较小且细,齿上有针刺。叶柄平均长3.6~4.5cm,呈绿色。伞房状花序,每花序花数5~8朵,花瓣5片,白色,卵圆形,花蕾粉红色。花梗平均长3.7~4.8cm,有茸毛,浅绿色,雄蕊数20~24个,花药呈紫红色,花粉多,雌蕊数4~5个。

3. 果实性状

果实扁圆形,底色呈棕褐色,果面粗糙,果点少。梗洼深。萼洼中等。果肉白色,石细胞少,汁液中等,风味甜,品质上等。可溶性固形物含量16%。

4. 生物学习性

生长势、萌芽力、发枝力强。开始结果年龄3~5年,盛果期年龄10年,短果枝占85%,生理落果和采前落果少,丰产,大小年不显著。

品种评价

高产,耐贫瘠。主要病虫害种类有梨黑星病、轮纹病、梨木虱等,对寒、旱、涝、瘠、盐、风、日灼等恶劣环境的抵抗能力中等。

生境

树干

果实

小雪花梨

Pyrus spp.'Xiaoxuehuali'

调查编号：LITZLJS035

所属树种：梨 *Pyrus* spp.

提 供 人：于广水
电　　话：13716005006
住　　址：北京市平谷区大华山镇林
　　　　　业站

调 查 人：刘佳梦
电　　话：010－51503910
单　　位：北京市农林科学院农业综
　　　　　合发展研究所

调查地点：北京市平谷区熊儿寨乡熊
　　　　　儿寨村

地理数据：GPS数据（海拔：225m，
　　　　　经度：E117°0728.55"，纬度：N40°18'30.41"）

生境信息

来源于当地，最大树龄250年，生于田间，地形为平地，土壤质地为砂壤土，种植年限50年，面积0.67hm²。

植物学信息

1. 植株情况

树势强，树姿开张，树形为圆头形。树高5m，冠幅东西6m、南北5.5m，干高1m，干周72cm。主干为灰褐色，树皮纵裂，枝条密度中等。

2. 植物学特征

1年生枝挺直红褐色。皮目大，数量少，近圆形。叶芽三角形，较小，茸毛数量中等，离生。花芽肥大，卵圆形，鳞片较松。叶片中等大小呈卵形，浓绿，长8～11cm、宽5.6～6.7cm，叶尖渐尖，叶面平滑且有光泽。叶背无茸毛，叶边锯齿锐，较小，整齐度差，齿上有针刺。叶柄平均长4～6cm，呈绿色。伞房状花序，每花序花数5～9朵，花瓣5片，白色，卵圆形，花蕾粉红色。花梗平均长3～5cm，有茸毛，浅绿色，雄蕊数20个，花药呈紫红色，花粉多，雌蕊数5个，柱头比雄蕊低。

3. 果实性状

果实纵径4.3～5.2cm、横径4.3～5.9cm，平均重140g，最大果重170g，圆锥形，底色呈绿色。果面粗糙，果点少，果点较小。果梗粗，长3.3～4.1cm，梗洼浅且窄。萼洼广。果肉乳白色，质地粗，石细胞少，风味甜酸，品质中等。

4. 生物学习性

生长势、萌芽力、发枝力强。开始结果年龄5年，盛果期年龄8年，短果枝占85%。丰产，大小年不显著，单株平均产量（盛果期）100kg。

品种评价

高产，抗旱，耐盐碱，耐贫瘠。主要病虫害种类有梨黑星病、腐烂病、梨木虱、梨二叉蚜等，对寒、旱、涝、瘠、盐、风、日灼等恶劣环境的抵抗能力强。

植株

植株

叶片

果实

房山谢花甜

Pyrus ussuriensis Maxim.
'Fangshanxiehuatian'

调查编号：LITZLJS036

所属树种：秋子梨 *Pyrus ussuriensis* Maxim.

提 供 人：郑仲明
电　　话：13693616996
住　　址：北京市房山区林果服务中心

调 查 人：刘佳芩
电　　话：010－51503910
单　　位：北京市农林科学院农业综合发展研究所

调查地点：北京市房山区坨里乡北车营村

地理数据：GPS数据（海拔：88m，经度：E116°047.26"，纬度：N39°494.44"）

生境信息

来源于当地，最大树龄90年，生于旷野，地形为坡地，土地类型为人工林，土壤质地为砂壤土，种植年限90年，现存1株。

植物学信息

1. 植株情况

树势中，树姿半开张，树形为圆头形。主干为黄褐色。树皮光滑不裂，枝条密度稀疏。

2. 植物学特征

1年生枝挺直赤褐色。皮目大，数量多，长圆形。叶芽三角形，较小，茸毛数量中等，离生。花芽肥大，卵圆形，鳞片较松，茸毛中等。叶片大，浓绿，卵形，叶尖渐尖，叶基楔形，叶面平滑且有光泽。叶边锯齿锐，锯齿较小，粗度细，锯齿重，齿上有针刺。叶柄绿色。伞房状花序，每花序花数7朵，花瓣5片，白色，卵圆形，花蕾粉红色。花梗平均长4.6cm，有茸毛，浅绿色，雄蕊数20个，花药呈紫红色，花粉多，雌蕊数5个，柱头与雄蕊等高。

3. 果实性状

果实纵径5.7cm、横径5.4cm，平均重102g，最大果重125g，整齐度好。果面底色呈黄绿色，光滑有光泽，蜡质少。梗洼浅且窄。萼洼广。果肉白色，质地细，石细胞数量中等，汁液多，风味偏酸，有微香香气。品质上等，果心小。可溶性固形物含量9.8%，可溶性糖含量6.6%，酸含量0.62%，可贮60～80天。

4. 生物学习性

生长势、萌芽力、发枝力强。开始结果年龄4～5年，盛果期年龄12年，生理落果和采前落果少，丰产，大小年不显著。

品种评价

高产，抗病。主要病虫害种类有红蜘蛛、蚜虫。对寒、旱、涝、瘠、盐、风、日灼等恶劣环境的抵抗能力弱。

芽

芽

鸭广梨

Pyrus ussuriensis Maxim. 'Yaguangli'

调查编号： LITZLJS037

所属树种： 秋子梨 *Pyrus ussuriensis* Maxim.

提 供 人： 韩士江
电　　话： 13341071787
住　　址： 北京市大兴区庞各庄镇梨花村

调 查 人： 刘佳芬
电　　话： 010 - 51503910
单　　位： 北京市农林科学院农业综合发展研究所

调查地点： 北京市大兴区庞各庄镇梨花村

地理数据： GPS数据（海拔：36m，经度：E116°14'21.40"，纬度：N39°35'4.82"）

生境信息

来源于当地，最大树龄20年，生于田间，地形为平地，土地利用类型为耕地，土壤质地为砂壤土，种植年限20年。

植物学信息

1. 植株情况

树势强，树姿开张，树形为圆头形。树高4.5m，冠幅东西4.8m、南北5.0m，干高0.8m，干周65cm。主干为暗灰褐色，树皮光滑不裂，枝条密度较密。

2. 植物学特征

1年生枝挺直黄褐色。皮目中，数量多，圆形，多年生枝灰褐色。叶芽三角形，中等大小，茸毛数量中等，离生。花芽肥大，卵圆形，鳞片较松，茸毛中等。叶片大，浓绿，椭圆形，长8.5～11cm、宽4.5～6.0cm，叶尖渐尖，叶基圆形，叶面平滑且有光泽。叶边锯齿锐，锯齿较小且细，齿上有针刺。叶柄长2.5～5cm，绿色。伞房状花序，每花序花数7～10朵，花瓣5片，白色，倒卵圆形，花冠大，花蕾粉红色。花梗平均长3～3.8cm，有茸毛，浅绿色，雄蕊数19～21个，花药呈紫红色，花粉多，雌蕊数4～5个，柱头与雄蕊等高。

3. 果实性状

果实纵径5.2～6.3cm、横径5.7～6.4cm，种子饱满，种子数4粒，平均重155g，最大果重200g，底色呈黄绿色，果面光滑，果点多，中等大小。梗洼浅且窄。萼洼广。果肉乳白色，质地中等，石细胞多，汁液多，风味酸甜，浓香。品质上等。

4. 生物学习性

生长势、萌芽力、发枝力强。开始结果年龄5年，盛果期年龄11年，采前落果少，丰产，大小年显著。

品种评价

高产，适应性广。主要病虫害种类有腐烂病、锈病、红蜘蛛、蚜虫。对寒、旱、涝、瘠、盐、风、日灼等恶劣环境的抵抗能力弱。

植株

芽

叶片

子母梨

Pyrus bretschneideri Rehd.'Zimuli'

- 调查编号：LITZLJS038

- 所属树种：白梨 *Pyrus bretschneideri* Rehd.

- 提 供 人：韩士江
  电　　话：13341071787
  住　　址：北京市大兴区庞各庄镇梨花村

- 调 查 人：刘佳琴
  电　　话：010－51503910
  单　　位：北京市农林科学院农业综合发展研究所

- 调查地点：北京市大兴区庞各庄镇梨花村

- 地理数据：GPS数据（海拔：36m，经度：E116°14'21.40"，纬度：N39°35'4.82"）

生境信息

来源于当地，最大树龄90年，生于田间，地形为平地，土地利用情况为耕地，土壤质地为砂壤土，种植年限20年。

植物学信息

1. 植株情况

树势强，树姿半开张，树形为圆头形。树高5m，冠幅东西6.3m、南北6.1m，干高0.8m，干周57cm。主干为暗灰褐色，树皮光滑不裂，枝条密度中等。

2. 植物学特征

1年生枝挺直黄褐色。皮目中，数量多，圆形。多年生枝灰褐色。叶芽三角形，较小，茸毛数量中等，离生。花芽肥大，卵圆形，鳞片较松，茸毛中等。叶片大，浓绿，呈卵形，长8.6～11.9cm，宽4.9～7.4cm，叶尖渐尖，叶基圆形，叶面平滑且有光泽。叶边锯齿锐，锯齿较小，整齐度差，齿上有针刺。叶柄长2～7cm，呈绿色。伞房状花序，每花序花数7～8朵，花瓣5片，白色，倒卵圆形，花冠大，花蕾为粉红色。花梗平均长3～3.8cm，有茸毛，浅绿色，雄蕊数19～21个，花药呈紫红色，花粉多，雌蕊数4～5个，柱头与雄蕊等高。

3. 果实性状

果实纵径5.7～7.1cm、横径5.4～6.8cm，种子饱满，种子数4～7粒。平均果重220g，最大果重275g，卵圆形，底色呈黄绿色。果面粗糙，果点多且较大。梗洼深且窄。果肉乳白色，质地细，石细胞少，汁液多，风味酸甜适中，有涩味，浓香。品质上等，果心小。可溶性固形物含量14%。

4. 生物学习性

生长势、萌芽力、发枝力强。开始结果年龄3年，盛果期年龄12年，采前落果少，大小年显著。

品种评价

适应性广。主要病虫害种类有梨黑星病、轮纹病、腐烂病、梨茎蜂、梨小食心虫等。对寒、旱、涝、瘠、盐、风、日灼等恶劣环境的抵抗能力弱。

植株

果实

芽

花

鹅梨

Pyrus bretschneideri Rehd. 'Eli'

调查编号： LITZWAD001

所属树种： 白梨 *Pyrus bretschneideri* Rehd.

提 供 人： 洪欣
电　　话： 13998252622
住　　址： 辽宁省沈阳市沈河区东陵路120号

调 查 人： 王爱德
电　　话： 18204071798
单　　位： 沈阳农业大学园艺学院

调查地点： 沈阳农业大学科研基地

地理数据： GPS数据（海拔：35m，经度：E123°34'18"，纬度：N41°49'18"）

生境信息

来源于当地，生于田间平地，土壤质地为壤土。

植物学信息

1. 植株情况

树势中等，树姿半开张，树形为圆头形。主干为灰色，树皮呈块状裂，枝条密度中等。

2. 植物学特征

1年生枝形状曲折，绿色中等长度。嫩梢上茸毛数量中等，颜色呈灰色。皮目凹陷，呈不正形，数量和大小中等。多年生枝为黄褐色。叶芽呈卵圆形，大小中等，茸毛数量中等，贴附生长。花芽较为瘦小，呈纺锤形，鳞片较紧，茸毛较少。叶片大小中等，浓绿，倒卵形，叶尖急尖，叶基呈楔形，叶面无光泽，叶背茸毛数量中等。叶边锯齿双重、整齐，锯齿大而粗，齿尖锐利，齿上无针刺。无腺体，叶姿平展。叶边平直不扭曲，与枝所成角度为钝角。叶柄粗度中等，茸毛数量中等，鲜红色。伞房状花序，花冠大小中等。花瓣卵形，苍白色。花蕾微绿色。花梗较长，微红，有茸毛。花药呈黄色，柱头比雄蕊高。

3. 果实性状

果实平均重259.3g，整齐度差，扁圆形，底色呈绿黄色。果面粗糙、无光泽、无棱起，果粉较多，蜡质中等。果梗长短中等，梗洼深且窄，无条状锈斑。萼片着生处微凸，萼洼宽窄中等。果肉质地中等，汁液量中等，风味酸甜，味较淡，无涩味，无香气。品质中等，果心较大，位于近梗端，呈不正形。萼筒较大，呈漏斗形，未与心室连通。心室呈椭圆形，无絮状物。果实可溶性固形物含量9.4%，可溶性糖含量5.4%，酸含量0.2%。

4. 生物学习性

生长势、萌芽力中等，发枝力较弱。生理落果和采前落果较多。

品种评价

优质，耐贫瘠。主要病虫害种类有轮纹病、腐烂病、梨木虱、梨茎蜂、梨二叉蚜等。对寒、旱、涝、瘠、盐、风、日灼等恶劣环境的抵抗能力强。

植株

枝条

叶片

阜新密梨

Pyrus spp.'Fuxinmili'

调查编号：LITZWAD002

所属树种：梨 *Pyrus* spp.

提 供 人：洪欣
电　话：13998252622
住　　址：辽宁省沈阳市沈河区东陵
　　　　　路120号

调 查 人：王爱德
电　话：18204071798
单　位：沈阳农业大学园艺学院

调查地点：沈阳农业大学科研基地

地理数据：GPS数据（海拔：35m,
经度：E123°34'18"，纬度：N41°49'18"）

生境信息

来源于外地，生于田间坡地，该土地为人工林，土壤质地为壤土。

植物学信息

1. 植株情况

树势较弱，树姿直立，树形为半圆形。主干褐色，树皮呈丝状裂，枝条较密。

2. 植物学特征

1年生枝细弱绿色，长度较短，粗度中等，嫩梢上茸毛数量中等，嫩梢上茸毛呈灰色。皮目近圆形，大小和数量中等。多年生枝黄褐色。叶芽卵圆形，大小中等，茸毛数量中等，贴附生长。花芽较为瘦小，尖卵形，鳞片较松，茸毛数量中等。叶片大小中等，浓绿，倒卵形，叶尖急尖，叶基截形，叶面皱且无光泽，叶背茸毛数量中等。叶边锯齿较大，粗度中等，齿尖锐利，齿上无针刺。有腺体。叶姿微折，叶边平直不扭曲，与枝条所成角度为钝角。叶柄粗度中等，呈绿色，茸毛数量中等。伞房状花序，花冠大小中等。花瓣苍白色，椭圆形，边缘波状。花蕾白色。花梗绿色，花药呈红色，花粉较少，柱头比雄蕊高。

3. 果实性状

果实长椭圆形，底色呈黄色。果面粗糙、无光泽、无棱起，果粉较少，蜡质中等，有条状锈斑，果点凸起，数量中等。果梗长短中等，粗度较细，近果端膨大呈肉质，梗洼浅且窄，有锈斑。萼片着生处平缓，萼片脱落，萼洼宽窄中等呈助状。果肉乳白色，质地中等，汁液少，风味甜，味较淡。品质中等，果心大小中等，位于近梗端，呈不正形。萼筒大小中等，呈漏斗形，未与心室连通。心室呈卵形，无絮状物。果实可溶性固形物含量11.5%，可溶性糖含量7.6%，酸含量0.30%。

4. 生物学习性

生长势、萌芽力中等，发枝力弱。坐果部位位于果树上部，坐果力弱，生理落果和采前落果中等，产量低，大小年不显著。

品种评价

优质，耐贫瘠。

生境

植株

叶片

果实

花盖梨

Pyrus ussuriensis Maxim. 'Huagaili'

调查编号：LITZWAD003

所属树种：秋子梨 *Pyrus ussuriensis* Maxim.

提供人：洪欣
电　话：13998252622
住　址：辽宁省沈阳市沈河区东陵路120号

调查人：王爱德
电　话：18204071798
单　位：沈阳农业大学园艺学院

调查地点：沈阳农业大学科研基地

地理数据：GPS数据（海拔：35m，经度：E123°34'18"，纬度：N41°49'18"）

生境信息

来源于外地，生于田间坡地，该土地为人工林，土壤质地为壤土。

植物学信息

1. 植株情况

树势中等，树姿半开张，树形为圆头形。树高4m，冠幅东西3m、南北2.5m，干高0.8m，干周23cm。主干灰褐色，树皮光滑不裂，枝条密度较密。

2. 植物学特征

1年生枝较长，褐色挺直，粗度中等，嫩梢茸毛较少呈灰色，皮目大、多且呈椭圆形，多年生枝灰褐色。叶芽中等三角形，茸毛多且离生。花芽肥大球形，鳞片紧，茸毛多。叶片大卵圆形，绿色，长5~10cm、宽4~6cm。叶尖急尖，叶面平滑有光泽。叶背茸毛少，叶边锯齿钝且整齐，齿上无针刺。叶姿两侧向内平展，叶边波状先端扭曲，与枝所成角度弯曲向下，叶柄平均长3.1cm。花序伞房状排列，每花序8朵花，花瓣5~8片，白色，椭圆形，花冠直径3.5cm。花蕾白色，花梗平均长5cm，有茸毛，灰白色，花药红色且花粉少。

3. 果实性状

果实近球形，黄色，底色浅绿至橙黄，直径2~6cm，平均果重77.5g，果肉质地松软，风味甜。汁液多，可溶性固形物含量12.1%，酸含量0.48%。

4. 生物学习性

生长势、萌芽力中等，发枝力弱。开始结果年龄为3年，盛果期年龄8~10年。坐果部位位于果树上部，坐果力弱，生理落果和采前落果中等，产量低，大小年不显著。

品种评价

抗旱，高产，抗病，耐贫瘠。主要病虫害种类有红蜘蛛、蚜虫。对寒、旱、涝、瘠、盐、风、日灼等恶劣环境的抵抗能力强。

植株

枝条

叶片

花

果实

尖把梨

Pyrus ussuriensis Maxim. 'Jianbali'

调查编号： LITZWAD004

所属树种： 秋子梨 *Pyrus ussuriensis* Maxim.

提 供 人： 洪欣
电　　话： 13998252622
住　　址： 辽宁省沈阳市沈河区东陵路120号

调 查 人： 王爱德
电　　话： 18204071798
单　　位： 沈阳农业大学园艺学院

调查地点： 沈阳农业大学科研基地

地理数据： GPS数据（海拔：35m，经度：E123°34'18"，纬度：N41°49'18"）

生境信息

来源于当地，地形为田间平地，土壤为壤土，土地利用类型为耕地，树龄10～15年。

植物学信息

1. 植株情况

树势强，树姿直立。树高4.2m，冠幅东西4.0m、南北3.0m，干高0.8m，干周58cm，主干灰褐色，树皮光滑不裂，枝条较密。

2. 植物学特征

1年生枝褐色挺直，长度中等，粗度较细。嫩梢上茸毛数量中等，灰色。皮目数量中等，椭圆形。多年生枝灰褐色。叶芽中等大小，三角形，茸毛离生，花芽肥大球形。叶片浓绿，长7.5～10cm、宽6～8cm，倒卵圆形，叶尖渐尖，叶基圆形，叶背茸毛少，边缘锯齿锐，齿上无针刺，叶姿两侧向内平展，叶边平直不扭曲，花序伞房状排列，每花序7朵花，花瓣5～8片，花冠直径3.5cm。花梗平均长5cm，有灰白色茸毛。

3. 果实性状

果实较小，近葫芦形，黄绿色。平均重189g，最大果重280g。果肉白色，质地松软、细，汁液多，石细胞少，风味酸甜，香味浓。

4. 生物学习性

发枝力、萌芽力强。开始结果年龄4～5年，盛果期年龄9年。

品种评价

高产、优质、抗旱、适应性较广。主要病虫害有梨锈病、轮纹病、腐烂病、梨小食心虫和梨茎蜂等。对寒、旱、涝、瘠、盐、风、日灼等恶劣环境的抵抗能力强。

花

叶片

叶片

枝条

沈河马蹄黄

Pyrus ussuriensis Maxim.
'Shenhematihuang'

调查编号：LITZWAD005

所属树种：秋子梨 *Pyrus ussuriensis* Maxim.

提 供 人：洪欣
电　　话：13998252622
住　　址：辽宁省沈阳市沈河区东陵路120号

调 查 人：王爱德
电　　话：18204071798
单　　位：沈阳农业大学园艺学院

调查地点：沈阳农业大学科研基地

地理数据：GPS数据（海拔：35m，经度：E123°34'18"，纬度：N41°49'18"）

生境信息

来源于外地，生于田间平地，该土地为牧场，土壤质地为砂壤土。

植物学信息

1. 植株情况

乔木，树势中等，树姿直立，树形为圆头形，主干灰色，树皮呈块状裂，枝条疏密中等。

2. 植物学特征

1年生枝曲折，绿色，长度较短，粗度较细。嫩梢上茸毛数量中等，呈白色。皮目凹，椭圆形，大小中等，数量多。多年生枝黄褐色。叶芽三角形，大小中等，茸毛数量中等，贴附生长。花芽较为瘦小，纺锤形，鳞片较紧，茸毛数量少。叶片大小中等，浓绿，圆形，叶尖急尖，叶基截形，叶面粗且无光泽，叶背茸毛数量少。叶边锯齿单、不整齐，锯齿粗度中等，齿尖锐利，齿上有针刺。无腺体。叶姿微折，叶边先端扭曲，与枝条所成角度为钝角。叶柄粗度中等，茸毛数量少，叶柄微红色。伞状花序，花冠大小中等。花瓣粉红色，形状卵形，边缘无变化。花蕾微绿。花梗灰白色，长度中等，无茸毛。花药呈浅黄色，花粉较少，柱头与雄蕊等高，开花较叶发育后。

3. 果实性状

果实平均重200g，整齐度差，卵圆形，底色呈绿黄色。果面粗糙、无光泽、有棱起，蜡质中等，有条状锈斑。果点凸起，数量少，大小中等。果梗长而粗，且上下粗细均匀。梗洼较深且窄，无锈斑。萼片着生处微凸，萼片缩存，萼洼广。果肉颜色乳白色，质地细、脆，汁液多，风味酸甜，味较淡，有微香味。品质中等，果心大小中等，位于中位，呈不正形。萼筒小，呈漏斗形。心室呈圆形，无絮状物，横切面心室半开。果实可溶性固形物含量12.3%，可溶性糖含量7.8%，酸含量0.3%。

4. 生物学习性

生长势中等，萌芽力强，发枝力中等。坐果部位果树上部，坐果力弱，生理落果中等，采前落果少，产量中等，大小年不显著。

品种评价

树体优质，植株耐贫瘠。对寒、旱、涝、瘠、盐、风、日灼等恶劣环境的抵抗能力强。

芽

叶片

芽

芽

南果梨

Pyrus ussuriensis Maxim. 'Nanguoli'

调查编号： LITZWAD006

所属树种： 秋子梨 *Pyrus ussuriensis* Maxim.

提 供 人： 洪欣
电　　话： 13998252622
住　　址： 辽宁省沈阳市沈河区东陵路120号

调 查 人： 王爱德
电　　话： 18204071798
单　　位： 沈阳农业大学园艺学院

调查地点： 沈阳农业大学科研基地

地理数据： GPS数据（海拔：35m，经度：E123°34'18"，纬度：N41°49'18"）

生境信息

来源于外地，生于田间坡地，该土地为人工林，土壤质地为壤土。

植物学信息

1. 植株情况

树势强，树姿开张，树形为圆头形。树高5m，冠幅东西6m、南北4.5m，主干高0.6m，干周58cm。主干为褐色，树皮呈块状裂，枝条较密。

2. 植物学特征

1年生枝褐色挺直，长度中等，粗度较细。嫩梢上茸毛数量中等，灰色。皮目中等大小，椭圆形，叶芽较小，卵圆形，花芽肥大，纺锤形，鳞片紧，茸毛多。叶片绿色，倒卵圆形，中等大小，叶边锯齿锐状，叶柄长，约5~6cm，红色。花序伞房状排列，每花序7朵花，花瓣5片，白色，椭圆形，花冠直径3.5cm，花梗中等长度，花药红色且花粉数量中等。

3. 果实性状

果实扁圆形，纵径4.7~5.2cm、横径5.5~5.8cm，平均果重88g，最大果重140g。果实底色呈乳黄色，部分有斑晕。果梗短而粗，果心小，果肉乳白色，质地松软，石细胞少，汁液多，风味酸甜适中，香味浓，品质极上。果实可溶性固形物含量14.4%~15.5%，酸含量0.4%，果实耐贮藏。在气调冷藏条件下可贮藏5~7个月。

4. 生物学习性

萌芽力、发枝力强。以短果枝结果为主，腋花芽结果能力强，开始结果期年龄3~4年，盛果期年龄10年，坐果力强，产量丰产。

品种评价

高产，耐贫瘠。主要病虫害种类有腐烂病、梨黑星病、锈病、梨小食心虫和梨木虱等。对寒、旱、涝、瘠、盐、风、日灼等恶劣环境的抵抗能力弱。

枝条

叶片

果实

果实

植株

小香水

Pyrus ussuriensis Maxim.
'Xiaoxiangshui'

调查编号： LITZWAD007

所属树种： 秋子梨 *Pyrus ussuriensis* Maxim.

提供人： 洪欣
电 话： 13998252622
住 址： 辽宁省沈阳市沈河区东陵路120号

调查人： 王爱德
电 话： 18204071798
单 位： 沈阳农业大学园艺学院

调查地点： 沈阳农业大学科研基地

地理数据： GPS数据（海拔：35m，经度：E123°34'18"，纬度：N41°49'18"）

生境信息

来源于外地，生于旷野平地，该土地为人工林，土壤质地为壤土。

植物学信息

1. 植株情况

树势较弱，树姿开张，树形为半圆形。主干为灰色，树皮呈丝状裂，枝条密度中等。

2. 植物学特征

1年生枝曲折，灰色，长度中等，粗度较细。嫩梢上茸毛数量中等。皮目平，近圆形，大小中等，数量少。多年生枝赤褐色。叶芽三角形，叶芽较小，茸毛数量中等，贴附生长。花芽肥大、球形、鳞片较紧，茸毛数量少。叶片大小中等、绿、倒卵形，叶尖急尖，叶基楔形，叶面粗且无光泽，叶背茸毛数量少。叶边锯齿不整齐，锯齿较大，粗度中等，齿上无针刺，无腺体。叶姿微折，叶边平直，先端扭曲，与枝条所成角度为钝角。叶柄粗，茸毛数量中等，叶柄微红色。伞房状花序，花冠小。花瓣苍白色椭圆形，边缘波状。花蕾微绿。花梗长，灰白，花药呈红色，花粉量中等，柱头比雄蕊高，开花较叶发育后。

3. 果实性状

果实圆形，底色呈黄色。果面光滑、无光泽、无棱起，果粉多，蜡质少，有斑状锈。果点凸起，大小和数量中等。果梗长短中等，粗度较粗，上下粗细均匀，梗洼窄，无片状锈斑。萼片着生处平缓，萼片宿存，萼洼助状。果肉颜色橙黄色，质地中等、疏松，汁液多，风味酸甜，香气浓。品质上等，果心大小中等，呈不正形。萼筒小，呈漏斗形。心室呈圆形，有絮状物，横切面心室半开。果实可溶性固形物含量14.6%，可溶性糖含量9.5%。

4. 生物学习性

生长势中等，萌芽力、发枝力弱。坐果部位为果树中部，坐果力中等，生理落果和采前落果中等，产量丰产，大小年显著。

品种评价

优质，耐贫瘠。主要病虫害种类有梨小食心虫、梨木虱、黑星病、轮纹病、炭疽病。对寒、旱、涝、瘠、盐、风、日灼等恶劣环境的抵抗能力强。

植株

果实

芽

苹果梨

Pyrus pyrifolia Makai.'Pingguoli'

調查編号：LITZWAD008

所属树种：砂梨 *Pyrus pyrifolia* Makai.

提 供 人：洪欣
电　　话：13998252622
住　　址：辽宁省沈阳市沈河区东陵路120号

調 查 人：王爱德
电　　话：18204071798
单　　位：沈阳农业大学园艺学院

調查地点：沈阳农业大学科研基地

地理数据：GPS数据（海拔：35m，经度：E123°34'18"，纬度：N41°49'18"）

生境信息

来源于外地，生于田间平地，该土地为牧场，土壤质地为砂壤土。

植物学信息

1. 植株情况

树势较强，树姿直立，树形为圆头形，主干褐色，树皮呈块状裂，枝条疏密中等。

2. 植物学特征

1年生枝曲折，绿色，长度较短，粗度中等，嫩梢上茸毛数量少。皮目近圆形，大小中等，数量少。多年生枝赤褐色。叶芽卵圆形，花芽较为瘦小，球形，鳞片较紧，茸毛数量中等。叶片大小中等，浓绿，形状呈倒卵形，叶尖急尖，叶基楔形，叶面粗且无光泽，叶背茸毛数量少。叶边锯齿重、不整齐，粗度中等，齿上无针刺，有腺体。叶姿平展，叶边不扭曲，与枝所成角度为钝角。叶柄粗度中等，微红色，茸毛数量中等。伞状花序，花瓣苍白色，形状卵形，边缘无变化。花蕾微绿。花梗长度中等，无茸毛，花梗灰色，花药呈浅黄色，花粉数量中等，柱头与雄蕊等高。

3. 果实性状

果实平均重211.5g，扁圆形，底色呈绿黄色。果面粗糙、无光泽、无棱起，果粉多，蜡质少，有斑状锈。果点凸起，大小中等。果梗短，粗度中等，上下粗细均匀，近果端膨大呈肉质，梗洼较深且广，无片状锈斑。萼片着生处平缓，萼片脱落，萼洼广且隆起。果肉质地细、疏松、脆，汁液多，风味酸甜，味较淡，有微香味。品质上等，果心大小中等，呈不正形。萼筒大小中等，呈漏斗形。心室呈卵形、倒心形，有絮状物，横切面心室开。果实可溶性固形物含量12.8%，可溶性糖含量7.1%，酸含量0.3%。

4. 生物学习性

生长势、萌芽力中等，发枝力弱。坐果部位为果树中部，坐果力弱，生理落果少，采前落果中等，大小年不显著。

品种评价

果大，抗寒，优质，耐贫瘠。对寒、旱、涝、瘠、盐、风、日灼等恶劣环境的抵抗能力强。

生境

果实

果实

植株

大红梨

Pyrus bretschneideri Rehd. 'Dahongli'

调查编号： WEIWDSYL001

所属树种： 白梨 *Pyrus bretschneideri* Rehd.

提 供 人： 苏艳丽
电　　话： 15837198668
住　　址： 河南省郑州市未来路南端

调 查 人： 魏闻东
电　　话： 0371－65330961
单　　位： 中国农业科学院郑州果树研究所

调查地点： 河南省商丘市宁陵县石桥乡刘花桥村

地理数据： GPS数据（海拔：55m，经度：E115°17'42"，纬度：N34°29'56"）

生境信息

来源于当地。生于田间平地，该土地为耕地，土壤质地为砂壤土。种植年限30年，现存超过50棵。

植物学信息

1. 植株情况

树势中等，树姿开张，树形为圆头形。树高约5m，冠幅东西4.5m、南北3.8m，干高0.9m。主干为褐色，树皮呈块状裂。枝条较密。

2. 植物学特征

1年生枝较长，粗度中等，褐色。嫩梢绒毛较多，呈黄色。叶片中等椭圆形，叶尖急尖，叶基楔形，叶背无茸毛，叶边锯齿细、锐、整齐，无光泽，齿上有针刺。叶姿平展，叶边平直先端扭曲，与枝条所成角度为锐角。叶柄平均长3cm，中等粗度，黄绿色，无绒毛。

3. 果实性状

果实平均单果重200g，圆形。果面粗糙，果粉多，无光泽，无棱起，无锈斑。蜡质少，果点较多，平且大。果梗中等长度，中等粗细，上下粗细均匀，梗洼较深。果肉乳白色，质地细腻且脆，风味甜，无香气。可溶性固形物含量14%。

4. 生物学习性

生长势中等，萌芽力、发枝力弱。坐果部位果树中部，坐果力中等，生理落果和采前落果中等，丰产性中等，大小年显著。

品种评价

高产，优质，耐贫瘠。对梨黑星病、锈病、干腐病抗性强，遭受梨木虱危害较少。对寒、旱、涝、盐、风、日灼等恶劣环境的抵抗能力弱。

叶片

果实

植株

生境

小红梨

Pyrus bretschneideri Rehd. 'Xiaohongli'

调查编号： WEIWDSYL002

所属树种： 白梨 *Pyrus bretschneideri* Rehd.

提 供 人： 苏艳丽
电　　话： 15837198668
住　　址： 河南省郑州市未来路南端

调 查 人： 魏闻东
电　　话： 0371－65330961
单　　位： 中国农业科学院郑州果树研究所

调查地点： 河南省商丘市宁陵县石桥乡刘花桥村

地理数据： GPS数据（海拔：55m，经度：E115°17'42"，纬度：N34°29'56"）

生境信息

来源于当地。生于田间平地，该土地为耕地，土壤质地为壤土。种植年限约60年。

植物学信息

1. 植株情况

树势强，树姿开张，树形为乱头形，树高约5m，主干为褐色，树皮呈块状裂。枝条密度较密。

2. 植物学特征

1年生枝长度中等，黄绿色，粗度中等。嫩梢茸毛多，呈白色，皮目大、凸出且少。叶片小，椭圆形。叶尖急尖，叶基楔形，叶色浅绿，叶面平滑无光泽，叶背无茸毛，叶边锯齿钝且细小整齐，齿上有针刺。叶姿平展。叶边平直，先端扭曲，与枝所成角度为锐角。叶柄平均长2.8cm，粗度中等。

3. 果实性状

果实平均单果重120g，圆形。果面褐色，粗糙，无果粉，无光泽，蜡质少，果点多，较大且凸出。果梗短、细。梗洼较深且窄。果肉乳白色，果肉质地中等，口感脆，汁液少，风味淡而微甜，无涩味。果心小，位于近萼端，心室呈倒心形，可溶性固形物含量12%。

4. 生物学习性

生长势较弱，萌芽力、发枝力弱。坐果部位果树中部，坐果力中等，生理落果和采前落果中等，产量中等，大小年显著。

品种评价

抗病，耐贫瘠。主要病虫害种类有梨小食心虫、梨木虱、黑星病、轮纹病，对寒、旱、涝、盐、风、日灼等恶劣环境的抵抗能力弱。

果实

果实

果实

叶片

金顶谢花酥梨

Pyrus spp.'Jindingxiehuasuli'

调查编号： WEIWDSYL003

所属树种： 梨 *Pyrus* spp.

提 供 人： 苏艳丽
电　　话： 15837198668
住　　址： 河南省郑州市未来路南端

调 查 人： 魏闻东
电　　话： 0371－65330961
单　　位： 中国农业科学院郑州果树
　　　　　　研究所

调查地点： 河南省商丘市宁陵县石桥
　　　　　　乡刘花桥村

地理数据： GPS数据（海拔：55m，
　　　　　　经度：E115°17'42"，纬度：N34°29'56"）

生境信息

来源于当地，生于田间坡地，该土地为耕地，土壤质地为砂土。

植物学信息

1. 植株情况

树势强，树姿开张，树形为圆头形。树高约4m，干周73cm，树干直径23cm。主干褐色，树皮呈块状裂。枝条密度中等。

2. 植物学特征

1年生枝较长，褐色挺直，嫩梢无茸毛，多年生枝灰白色。叶片中等卵形，绿色，叶尖渐尖，叶面平滑，叶背无茸毛，叶边单锯齿锐且整齐，齿上有针刺。叶姿两侧向内平展，叶边波状先端扭曲，与枝条所成角度为锐角。叶柄绿色，平均长2.5cm，细长，无绒毛。

3. 果实性状

果实平均单果重360g，圆形。果面绿色，粗糙，有光泽，蜡质少，果点较多，果梗长度中等，上下粗细均匀，梗洼广，萼片脱落。果肉白色，质地疏松，脆，汁液多，香气浓郁，果心中等，正位，萼筒大，与心室连通，心室呈倒心形。可溶性固形物含量13%。

4. 生物学习性

生长势中等，萌芽力、发枝力弱。坐果部位果树中部，坐果力强，生理落果和采前落果中等，产量丰产，大小年显著。

品种评价

优质，耐贫瘠，耐旱，高产。主要病虫害种类有梨小食心虫、梨木虱、黑星病。对寒、涝、盐、风、日灼等恶劣环境的抵抗能力弱。

生境

植株

叶片

果实

圆酥梨

Pyrus bretschneideri Rehd. 'Yuansuli'

调查编号： WEIWDSYL005

所属树种： 白梨 *Pyrus bretschneideri* Rehd.

提 供 人： 苏艳丽
电　　话： 15837198668
住　　址： 河南省郑州市未来路南端

调 查 人： 魏闻东
电　　话： 0371－65330961
单　　位： 中国农业科学院郑州果树研究所

调查地点： 河南省商丘市宁陵县石桥乡于庄寨村

地理数据： GPS数据（海拔：58m，经度：E115°156.68"，纬度：N34°30'59.93"）

生境信息

来源于当地。生于田间平地，土地类型为耕地，土壤质地为砂壤土，种植年限70年。

植物学信息

1. 植株情况

树势强，树姿半开张，树形为乱头形，树高约3.5m，主干褐色，树皮呈丝状裂,枝条密度较密。

2. 植物学特征

1年生枝较短，褐色，嫩梢无茸毛。皮目中等大小，凸出，椭圆形。叶芽中等三角形，茸毛多且离生。花芽肥大球形，鳞片紧，茸毛多。叶片中等大小，卵形。叶尖急尖，叶基楔形，叶背无茸毛，叶边锯齿锐且整齐，齿上有针刺。叶姿两侧向内平展，叶边平直，先端扭曲，与枝条所成角度为锐角，叶柄细，绿色无茸毛。

3. 果实性状

果实平均单果重300g，圆形。果面绿黄色，粗糙无光泽，果梗中等长度，上下粗细均匀，梗洼浅，萼片着生处中洼，萼洼窄，萼片脱落，果肉乳白色，质地疏松，粗、脆，汁液多，口感淡而微甜，无香气。可溶性固形物含量12.5%。

4. 生物学习性

生长势中等，萌芽力弱，发枝力强。坐果部位果树外部，坐果力中等，生理落果和采前落果中等，丰产，大小年显著。

品种评价

优质，高产，耐贫瘠。主要病虫害种类有红蜘蛛、蚜虫。对寒、旱、涝、盐、风、日灼等恶劣环境的抵抗能力弱。

生境

植株

叶片

果实

蜜梨

Pyrus bretschneideri Rehd. 'Mili'

调查编号： WEIWDSYL006

所属树种： 白梨 *Pyrus bretschneideri* Rehd.

提 供 人： 苏艳丽
电 话： 15837198668
住 址： 河南省郑州市未来路南端

调 查 人： 魏闻东
电 话： 0371－65330961
单 位： 中国农业科学院郑州果树研究所

调查地点： 河南省商丘市宁陵县石桥乡于庄寨村

地理数据： GPS数据（海拔：58m，经度：E115°156.68"，纬度：N34°30'59.93"）

生境信息

来源于当地。生于田间平地，该土地为耕地，土壤质地为砂土。种植年限超过20年。最大种植年限50年。

植物学信息

1. 植株情况

树势中等，树姿半开张，树形纺锤形。树高约4m，主干褐色，树皮块状裂。枝条密度中等。

2. 植物学特征

1年生枝中等长度，褐色。嫩梢茸毛多，黄色。皮目中等大小，凸出，不正形。叶片大，浓绿，椭圆形。叶尖急尖，叶基楔形，叶面平滑有光泽，叶背无茸毛，叶边锯齿锐且整齐，齿上有针刺。叶姿两侧向内，叶边平直，先端扭曲，与枝所成角度为锐角。叶柄粗，绿色，无茸毛。

3. 果实性状

平均单果重380g，果实长椭圆形。果面褐色，粗糙，果点多且大，果梗中等长度，上下粗细均匀，梗洼浅，无锈斑，萼片着生处深洼，萼洼窄，萼片宿存。果肉黄白色，脆。可溶性固形物含量12%。

4. 生物学习性

生长势中等，萌芽力、发枝力弱。坐果部位果树中部，坐果力中等，生理落果和采前落果中等，产量丰产，大小年显著。

品种评价

高产，耐贫瘠。主要病虫害种类有红蜘蛛、蚜虫。对寒、旱、涝、瘠、盐、风、日灼等恶劣环境的抵抗能力强，对土壤、气候等自然条件的要求较低。

生境

叶片

植株

果实

五道沟

Pyrus spp.'Wudaogou'

调查编号： WEIWDSYL007

所属树种： 梨 *Pyrus* spp.

提 供 人： 苏艳丽
电　　话： 15837198668
住　　址： 河南省郑州市未来路南端

调 查 人： 魏闻东
电　　话： 0371－65330961
单　　位： 中国农业科学院郑州果树
　　　　　研究所

调查地点： 河南省商丘市宁陵县石桥
乡于庄寨村

地理数据： GPS数据（海拔：58m，
经度：E115°15'6.68"，纬度：N34°30'59.93"）

生境信息

来源于当地。生于田间坡地，该土地为耕地，土壤质地为壤土。

植物学信息

1. 植株情况

树势强，树姿开张，树形为圆头形，树高约5m，主干褐色，树皮呈块状裂。枝条密度较密。

2. 植物学特征

1年生枝中等长度，黄褐色。嫩梢茸毛多，白色。皮目大，凸出。叶片小，浅绿色，椭圆形，叶尖渐尖，叶基楔形，叶面平滑。叶边锯齿锐且整齐，齿上无针刺。叶姿微折，叶边波状，不扭曲，与枝所成角度为锐角，叶柄中等粗细，黄绿色无茸毛。

3. 果实性状

平均单果重250g，果实卵圆形。果面绿色，光滑，无光泽，无锈斑，蜡质少，果点多且小，果梗长且细，上下粗细均匀，梗洼浅，萼片着生处浅洼，萼洼窄，萼片宿存，果肉白色，脆。可溶性固形物含量13%。

4. 生物学习性

生长势强，萌芽力弱，发枝力强。开始结果年龄3～5年，坐果力中等，生理落果和采前落果中等，产量中等，大小年不显著。

品种评价

优质，耐贫瘠。主要病虫害种类有红蜘蛛、蚜虫、梨小食心虫、梨木虱、黑星病。对寒、旱、涝、瘠、盐、风、日灼等恶劣环境的抵抗能力强。对土壤、气候等自然条件的要求较低。

植株

叶片

果实

叶片

白面梨

Pyrus bretschneideri Rehd. 'Baimianli'

调查编号：WEIWDSYL009

所属树种：白梨 *Pyrus bretschneideri* Rehd.

提 供 人：苏艳丽
电　　话：15837198668
住　　址：河南省郑州市未来路南端

调 查 人：魏闻东
电　　话：0371－65330961
单　　位：中国农业科学院郑州果树研究所

调查地点：河南省商丘市宁陵县石桥乡打铁楼村

地理数据：GPS数据（海拔：60m，经度：E115°1824.15"，纬度：N34°2632.96"）

生境信息

来源于当地。生于田间平地，土地类型为耕地，种植年限超过60年。

植物学信息

1. 植株情况

树势强，树姿开张，树形为圆头形，树高约6m，冠幅东西8.5m、南北7.4m，干高1.4m。主干褐色，树皮呈丝状裂。枝条密度较密。

2. 植物学特征

1年生枝中等长度，黄褐色。嫩梢茸毛多，灰白色。皮目大，凸出。叶片中等大小，黄绿色，卵形，叶尖渐尖，叶基楔形，叶面平滑。叶边锯齿锐且整齐，齿上有针刺。叶姿平展，叶边平直，不扭曲，与枝所成角度为锐角，叶柄粗，黄绿色茸毛少。

3. 果实性状

果实平均单果重180g，圆形。果面淡绿色，粗糙，无蜡质，果点多且大，果梗长，上下粗细均匀，梗洼浅，果肉质地致密，脆。可溶性固形物含量13.6%。

4. 生物学习性

生长势中等，萌芽力、发枝力强。开始结果年龄为3年，盛果期年龄为8~9年，坐果力中等，生理落果和采前落果多，产量中等，大小年显著。

品种评价

优质，抗病，高产。主要病虫害种类有红蜘蛛、蚜虫。对寒、旱、涝、瘠、盐、风、日灼等恶劣环境的抵抗能力强。对土壤、气候等自然条件的要求较低。

叶片

植株

果实

果实

嵩县夏梨

Pyrus bretschneideri Rehd. 'Songxianxiali'

調查編号： WEIWDSYL010

所属树种： 白梨 *Pyrus bretschneideri* Rehd.

提 供 人： 苏艳丽
电　　话： 15837198668
住　　址： 河南省郑州市未来路南端

调 查 人： 魏闻东
电　　话： 0371－65330961
单　　位： 中国农业科学院郑州果树研究所

调查地点： 河南省洛阳市白云山

地理数据： GPS数据（海拔：337m，经度：E111°51'32.82"，纬度：N33°40'5.97"）

生境信息

生于旷野中坡向向西的坡地，植被类型为乔木、灌木和藤本，土壤质地为黏土，种植年限有30多年，现存2株，土地用来盖房，受砍伐影响。

植物学信息

1. 植株情况

树势强，树姿半开张，树形半圆形，枝条密度稀疏。

2. 植物学特征

1年生枝长度，褐色挺直。嫩梢茸毛较少呈灰色，多年生枝灰褐色。叶芽中等三角形，茸毛多且离生。花芽肥大球形，鳞片紧，茸毛多。叶片大卵圆形，绿色，叶尖急尖，叶色叶面平滑有光泽。叶背茸毛少，叶边锯齿钝且整齐，齿上无针刺。叶姿两侧向内平展，叶边波状先端扭曲，与枝所成角度弯曲向下，叶柄平均长3.4cm。花序伞房状排列，每花序9朵花，花瓣5片，花冠直径3.2cm。花蕾白色，花梗平均长约5cm，有茸毛，灰白色。花药红色，花粉量较少。

3. 果实性状

果实平均单果重230g，纺锤形。果面黄色，光滑，蜡质多，果点多且大，果梗中等长度，上下粗细均匀，梗洼浅，果肉黄白色，脆。可溶性固形物含量12.4%。

4. 生物学习性

生长势中等，萌芽力、发枝力弱。坐果部位果树中部，坐果力中等，生理落果和采前落果中等，产量丰产，大小年显著。

品种评价

优质，高产，耐贫瘠。主要病虫害种类有梨小食心虫、梨木虱、黑星病、轮纹病、炭疽病。对寒、旱、涝、瘠、盐、风、日灼等恶劣环境的抵抗能力强。

生境

植株

果实

果实

葫芦梨1号

Pyrus bretschneideri Rehd.'Hululi 1'

调查编号： WEIWDSYL011

所属树种： 白梨 *Pyrus bretschneideri* Rehd.

提 供 人： 苏艳丽
电　　话： 15837198668
住　　址： 河南省郑州市未来路南端

调 查 人： 魏闻东
电　　话： 0371－65330961
单　　位： 中国农业科学院郑州果树研究所

调查地点： 河南省洛阳市白云山

地理数据： GPS数据（海拔：337m，经度：E111°51'32.82"，纬度：N33°40'5.97"）

生境信息

来源于当地，生于屋舍后，土壤类型为壤土，种植年限15年，现存2株。

植物学信息

1. 植株情况

树势强，树姿直立，树形圆锥形。树高约6m，冠幅东西7m、南北5m，干高1.5m，干周79cm，树干直径25cm。主干褐色，树皮呈块状裂，枝条密度中等。

2. 植物学特征

1年生枝长度中等，褐色挺直，嫩梢茸毛较少，呈灰色，多年生枝灰褐色。叶芽中等三角形，茸毛少且离生。花芽肥大球形，鳞片紧，茸毛多。叶片中等大小，绿色，叶尖渐尖，叶面平滑有光泽。叶背无茸毛，叶边锯齿大，钝，整齐，齿上无针刺。叶姿两侧向内平展，叶边平直先端扭曲，与枝所成角度弯曲向下，叶柄平均长3.4cm。花序伞房状排列，每花序8朵花，花瓣5片，白色，卵圆形，边缘呈波状。花蕾白色，花梗平均长4cm。

3. 果实性状

果实平均重184.6g，最大果重233g，短圆锥形。果面绿黄色，光滑，蜡质多，果点多且大，果梗中等长度，上下粗细均匀，梗洼浅，果肉黄白色，脆，汁液中等，风味淡而微甜。可溶性固形物含量12.7%。

4. 生物学习性

生长势中等，萌芽力弱、发枝力弱。坐果力中等，生理落果和采前落果中等，产量较低，大小年显著。

品种评价

主要病虫害种类有红蜘蛛、蚜虫。对寒、旱、涝、疮、盐、风、日灼等恶劣环境的抵抗能力强。

生境

生境

植株

果实

葫芦梨 2 号

Pyrus bretschneideri Rehd.'Hululi 2'

调查编号： WEIWDSYL012

所属树种： 白梨 *Pyrus bretschneideri* Rehd.

提 供 人： 苏艳丽
电　　话： 15837198668
住　　址： 河南省郑州市未来路南端

调 查 人： 魏闻东
电　　话： 0371－65330961
单　　位： 中国农业科学院郑州果树研究所

调查地点： 河南省洛阳市白云山

地理数据： GPS数据（海拔：337m，经度：E111°51'32.82"，纬度：N33°40'5.97"）

生境信息

生长于庭院，种植年限30多年，现存1株。

植物学信息

1. 植株情况

树势强。树姿半开张。树形半圆形，主干灰褐色，枝条密度中等。

2. 植物学特征

1年生枝长度中等，挺直，黄绿色。叶片卵形，绿黄色，小，叶尖渐尖，叶面平滑、有光泽。叶背无茸毛。叶边锯齿钝。中等粗细，较大，整齐，齿上有针刺。叶姿微折。叶边平直、不扭曲。与枝所成角度弯曲向下。叶柄平均长2.5cm，较粗、无茸毛、微红。

3. 果实性状

果实平均单果重156.3g，圆锥形。果面黄绿色，光滑，蜡质多，果点多且大，果梗中等长度，上下粗细均匀，梗洼浅，无锈斑，萼片着生处深洼，萼洼广，萼片宿存，果肉黄白色，果肉质地细，脆，汁液多，风味甜，口味浓郁，香气浓香。可溶性固形物含量11.8%。

4. 生物学习性

生长势中等，萌芽力、发枝力弱。坐果部位果树中部，坐果力中等，生理落果和采前落果中等，丰产，大小年显著。

品种评价

优质，高产。主要病虫害种类有红蜘蛛、蚜虫、梨小食心虫、梨木虱、黑星病。对寒、旱、涝、瘠、盐、风、日灼等恶劣环境的抵抗能力强，对土壤、气候等自然条件的要求较低。

生境

叶片

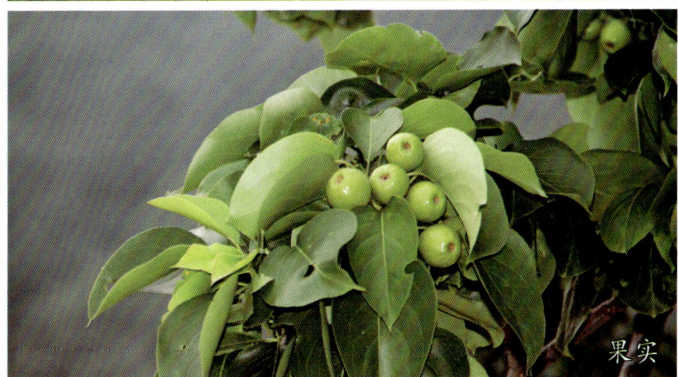

植株

果实

嵩县无名梨1号

Pyrus spp.'Songxianwumingli 1'

调查编号：WEIWDSYL014

所属树种：梨 *Pyrus* spp.

提 供 人：苏艳丽
电　　话：15837198668
住　　址：河南省郑州市未来路南端

调 查 人：魏闻东
电　　话：0371－65330961
单　　位：中国农业科学院郑州果树
　　　　　研究所

调查地点：河南省洛阳市白云山

地理数据：GPS数据（海拔：337m，
经度：E111°51'32.82"，纬度：N33°405.97"）

生境信息

生长于乔木、灌木和草本混合的东坡向边坡地的耕地土壤，土壤质地为黏土，种植年限为10多年，现存1株。

植物学信息

1. 植株情况

树势强，树姿半开张，树形纺锤形。树高约7m，干高1.3m，干周85cm，树干直径27cm。主干褐色，树皮块状裂，枝条密度较稀。

2. 植物学特征

1年生枝短、褐色、较细，皮目小而多，叶片大小中等，叶片卵形，浅绿色，叶尖急尖，叶基圆形，叶面平滑、有光泽，叶背无茸毛，叶边锐齿、较细、较小且整齐，齿上有针刺，叶姿微折，叶边平直、不扭曲，与枝所成角度为钝角，叶柄平均长3cm，细、无茸毛、黄绿色。

3. 果实性状

果实平均单果重237g，椭圆形。果面黄色，光滑，有光泽，蜡质多，果点多且大，果梗中等长度，上下粗细均匀，梗洼浅，无锈斑，果肉黄白色，质地细，脆，汁液少，风味微酸，略带香气，品质中等。可溶性固形物含量13.1%。

4. 生物学习性

生长势中等，萌芽力、发枝力弱。开始结果年龄为3年，盛果期年龄为7～9年。坐果部位为果树中部，坐果力强，生理落果和采前落果中等，丰产，大小年显著。

品种评价

高产，耐盐碱，耐贫瘠。主要病虫害种类有黑星病、轮纹病。对寒、旱、涝、瘠、盐、风、日灼等恶劣环境的抵抗能力中等。

生境

生境

植株

果实

天生梨 1 号

Pyrus bretschneideri Rehd.'Tianshengli 1'

调查编号：WEIWDSYL015

所属树种：白梨 *Pyrus bretschneideri* Rehd.

提 供 人：苏艳丽
电　　话：15837198668
住　　址：河南省郑州市未来路南端

调 查 人：魏闻东
电　　话：0371-65330961
单　　位：中国农业科学院郑州果树研究所

调查地点：河南省洛阳市孟津县城关镇庆山村

地理数据：GPS数据（海拔：323m，经度：E112°28'2.17"，纬度：N34°51'5.70"）

生境信息

来源于当地，生于田间坡地，该土地为耕地，土壤质地为砂土。

植物学信息

1. 植株情况

树势强，树姿半开张，树形乱头形。树高4~5m，干高1.2m，主干褐色，树皮块状裂，枝条密度中等。

2. 植物学特征

1年生枝较长，褐色挺直，节间平均长4cm，平均粗0.6cm，嫩梢上茸毛呈灰白色，皮目大小中等、数量多、凸起、呈近圆形。叶芽三角形，茸毛少、贴附生长，叶片大小中等，卵形，叶尖渐尖，叶基楔形，叶面平滑、无光泽，叶背无茸毛，叶边钝齿，细、小且整齐，齿上有针刺，叶姿平展，叶边平直、不扭曲，与枝所成角度为锐角，叶柄平均长2.2cm，相当叶长的1/3，粗细中等，茸毛少，黄绿色。

3. 果实性状

果实平均单果重219g，卵圆形。果面绿黄色，粗糙，蜡质少，果点小，果梗短，上下粗细均匀，梗洼深且窄，无锈斑，萼片着生处微凸，萼洼广，萼片宿存，果肉黄白色，质地细密，脆。可溶性固形物含量12%。

4. 生物学习性

生长势中等，萌芽力弱，发枝力强。开始结果年龄为4年，盛果期年龄为6~7年，坐果部位为果树中部，坐果力强，生理落果和采前落果中等，丰产，大小年显著。

品种评价

优质，高产，耐盐碱。主要病虫害种类有梨小食心虫、梨木虱、黑星病、轮纹病、炭疽病。对寒、旱、涝、瘠、盐、风、日灼等恶劣环境的抵抗能力强，对土壤、气候等自然条件要求不高。

枝条

植株

生境

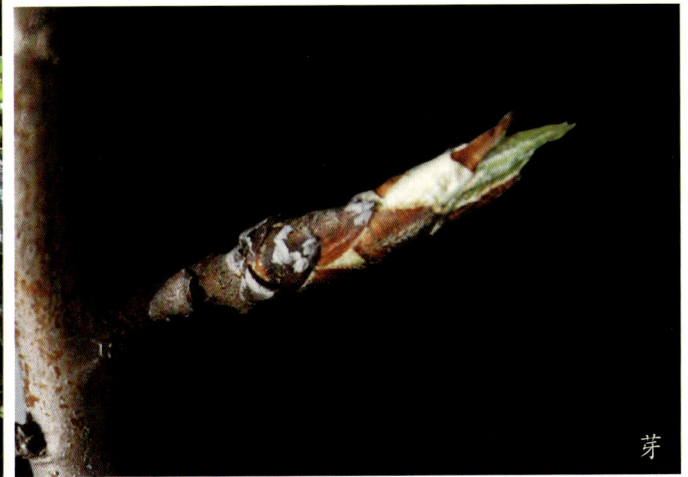

芽

天生梨 2 号

Pyrus bretschneideri Rehd. 'Tianshengli 2'

- 调查编号： WEIWDSYL016

- 所属树种： 白梨 *Pyrus bretschneideri* Rehd.

- 提 供 人： 苏艳丽
  电　　话： 15837198668
  住　　址： 河南省郑州市未来路南端

- 调 查 人： 魏闻东
  电　　话： 0371－65330961
  单　　位： 中国农业科学院郑州果树研究所

- 调查地点： 河南省洛阳市孟津县城关镇庆山村

- 地理数据： GPS数据（海拔：323m，经度：E112°28′2.17″，纬度：N34°51′5.70″）

生境信息

来源于当地，生于田间坡地，该土地为耕地，土壤质地为砂土。

植物学信息

1. 植株情况

树势强，树姿半开张，树形乱头形。树高4～5m，干高1.2m，主干褐色，块状裂树皮，枝条密度中等。

2. 植物学特征

1年生枝较长，褐色挺直，节间平均长3cm，平均粗0.5cm。嫩梢上茸毛数量中等，呈灰白色。皮目小、数量多、凸起、呈短条形。叶片卵形，绿色，大小中等，叶尖渐尖，楔形叶基，叶面平滑、有光泽。叶背无茸毛，叶边锯钝齿、细、小且整齐，齿上有针刺，叶姿平展，叶边平直不扭曲、与枝条成锐角。叶柄平均长2.5cm，相当于叶长的1/2.5，较细、无茸毛、黄绿色。花序伞房状排列，每朵花序7朵花，花瓣5片，白色，椭圆形，边缘呈波状，花冠直径2.8cm。花蕾白色，花梗平均长4.3cm，有茸毛，灰白色。花药红色，花粉量少。

3. 果实性状

果实纵径6.8cm、横径6.2cm，种子数9粒，平均单果重168.4g，椭圆形，果面黄色，光滑，蜡质多，果点多且大，果梗中等长度，上下粗细均匀，梗洼浅，果肉黄白色，脆，品质上等。可溶性固形物含量12%。

4. 生物学习性

生长势强，萌芽力、发枝力较强。开始结果年龄为3年，盛果期年龄8～9年，生理落果、采前落果少，丰产性中等，大小年显著。

品种评价

优质。高产，抗病，耐贫瘠。主要病虫害种类有轮纹病、红蜘蛛、梨小食心虫、轮纹病。对寒、旱、涝、瘠、盐、风、日灼等恶劣环境的抵抗能力弱。

生境

植株

花

芽

果实

天生梨 3 号

Pyrus bretschneideri Rehd. 'Tianshengli 3'

调查编号： WEIWDSYL017

所属树种： 白梨 *Pyrus bretschneideri* Rehd.

提 供 人： 苏艳丽
电　　话： 15837198668
住　　址： 河南省郑州市未来路南端

调 查 人： 魏闻东
电　　话： 0371－65330961
单　　位： 中国农业科学院郑州果树研究所

调查地点： 河南省洛阳市孟津县城关镇庆山村

地理数据： GPS数据（海拔：323m，经度：E112°28′2.17″，纬度：N34°51′5.70″）

生境信息

来源于当地，生于田间平原，该土地为耕地，土壤质地为砂土。

植物学信息

1. 植株情况

树势弱，树姿开张，树形乱头形，树高4~5m，干高1.2m，主干为褐色，块状裂树皮，枝条密度稀疏。

2. 植物学特征

1年生枝较长，褐色挺直，粗度较粗，平均粗0.7cm，嫩梢上茸毛少呈灰色，皮目小、数量多、凸起、椭圆形。叶芽较小呈三角形，茸毛少、贴附。叶片大小中等，浓绿，卵形，叶尖渐尖，楔形叶基，叶面平滑、有光泽，叶背无茸毛，叶边锐锯齿、细、小且整齐、单锯齿，齿上有针刺，叶姿平展，叶边平直不扭曲，与枝条成锐角，叶柄平均长2.3cm，相当于叶长的1/3.5，细、无茸毛，黄绿色。花序伞房状排列，每花序8朵花，花瓣5片，白色、椭圆形，边缘呈波状，花冠直径2.7cm。花蕾白色，花梗平均长3.2cm，有茸毛，灰白色。花药红色，花粉量中等。

3. 果实性状

果实纵径6.4cm、横径5.9cm，种子数8粒，平均单果重157.9g，近圆形。果皮褐色，果面光滑，蜡质多，果点多且大，果梗中等长度，上下粗细均匀，梗洼浅，果肉黄白色，脆。可溶性固形物含量12%。

4. 生物学习性

生长势中等，萌芽力、发枝力弱。坐果部位为果树中部，坐果力中等，生理落果和采前落果中等，丰产，大小年显著。

品种评价

优质，高产，耐贫瘠。主要病虫害种类有红蜘蛛、蚜虫、梨黑星病。对寒、旱、涝、瘠、盐、风、日灼等恶劣环境的抵抗能力强。

生境

叶片

芽

花

天生梨 4 号

Pyrus bretschneideri Rehd.'Tianshengli 4'

调查编号： WEIWDSYL018

所属树种： 白梨 *Pyrus bretschneideri* Rehd.

提供人： 苏艳丽
电　话： 15837198668
住　址： 河南省郑州市未来路南端

调查人： 魏闻东
电　话： 0371－65330961
单　位： 中国农业科学院郑州果树研究所

调查地点： 河南省洛阳市孟津县城关镇庆山村

地理数据： GPS数据（海拔：323m，经度：E112°28'2.17"，纬度：N34°51'5.70"）

生境信息

来源于当地，生于田间平原，该土地为耕地，土壤质地为砂土。

植物学信息

1. 植株情况

树势中等，树姿半开张，树形乱头形，树高4～5m，干高1.2m，主干褐色，块状裂树皮，枝条密度中等。

2. 植物学特征

1年生枝较短，褐色挺直，节间平均长2.0cm，平均粗0.5cm，嫩梢上茸毛多、灰白色，皮目大小、数量中等，凸起呈小长形。叶芽小、三角形，茸毛贴附，叶片小、卵形，叶尖渐尖、叶基楔形、绿色，叶面粗糙、无光泽，叶背无茸毛，叶边锐锯齿、细、小且整齐，单锯齿，齿上有针刺，叶姿平展，叶边平直、先端不扭曲，与枝条成锐角，叶柄平均长2cm，相当于叶长的1/3，细黄绿色。花序伞房状排列，每花序7朵花，花瓣5片，白色，椭圆形，边缘呈波状。花冠直径3.2cm。花蕾白色，花梗平均长3.8cm，有茸毛，灰白色，花药红色，花粉量少。

3. 果实性状

果实平均重120g，不整齐、圆形、淡黄色。果面光滑，无果粉，有光泽，蜡质多，果点多、小、平。果梗长度中等、细，梗洼浅且窄，无锈斑，萼片着生处深洼，萼片缩存，果肉乳白色，果肉质地细且致密，脆，汁液多，风味极甜、浓郁、无涩味、微香，品质极上，果心大小中等、正形、位于近萼端、与心室连通，心室倒心形，横切面心室闭合，种子数8粒、饱满，可溶性固形物含量18%。

4. 生物学习性

生长势中等，萌芽力、发枝力弱。开始结果年龄为3年，生理落果、采前落果少，丰产性强，大小年显著。

品种评价

优质，高产，抗病，耐贫瘠。主要病虫害种类有红蜘蛛、梨木虱。对寒、旱、涝、瘠、盐、风、日灼等恶劣环境的抵抗能力强。

花

生境

叶片

植株

果实

天生梨 5 号

Pyrus bretschneideri Rehd. 'Tianshengli 5'

调查编号：　WEIWDSYL019

所属树种：　白梨 *Pyrus bretschneideri* Rehd.

提 供 人：　苏艳丽
电　　话：　15837198668
住　　址：　河南省郑州市未来路南端

调 查 人：　魏闻东
电　　话：　0371－65330961
单　　位：　中国农业科学院郑州果树研究所

调查地点：　河南省洛阳市孟津县城关镇庆山村

地理数据：　GPS数据（海拔：323m，经度：E112°28′2.17″，纬度：N34°51′5.70″）

生境信息

来源于当地，生于田间坡地，该土地为耕地，土壤质地为砂土。

植物学信息

1. 植株情况

树势中等，树姿半开张，树形乱头形。树高4～5m，干高1.0m，主干灰褐色，树皮块状裂，枝条密度中等。

2. 植物学特征

1年生枝较长，褐色挺直，节间平均长3.5cm，平均粗0.6cm。嫩梢上茸毛少、灰白色。皮目大小、数量中等，凸起，椭圆形。叶芽小、三角形，茸毛多且贴附，叶片大，卵形，叶尖渐尖，叶面平滑有光泽。叶背无茸毛，叶边锯齿钝，小且整齐，单锯齿，齿上有针刺，叶姿平展，叶边波状不扭曲，与枝条成锐角，叶柄平均长2.9cm，相当于叶长的1/4，细、无茸毛、黄绿色。花序伞房状排列，每花序8朵花，花瓣5片，白色，椭圆形，边缘呈波状。花冠直径3.3cm。花蕾白色，花梗较长，有茸毛，灰白色，花药红色，花粉量中等。

3. 果实性状

果实平均果重140g，不整齐，黄色，卵圆形。果面粗糙，无光泽，蜡质少，果点多、小、凸，果梗较短、粗，梗洼较深、窄，无锈斑。萼片着生处深洼，中萼洼，萼片脱落。果肉乳白色，果肉质地细、致密、脆，汁液多，风味酸甜，无涩味、无香气，品质中等。果心大、正形，位于近萼端，倒心形心室，横切面心室半开，种子数10粒、饱满，可溶性固形物含量13%。

4. 生物学习性

生长势中等，萌芽力、发枝力弱。开始结果年龄为3年，采前落果少，丰产性强，大小年显著。

品种评价

优质，高产，抗病。主要病虫害种类有红蜘蛛、蚜虫。对寒、旱、涝、疮、盐、风、日灼等恶劣环境的抵抗能力弱。

生境

植株

果实

果实

天生梨 6 号

Pyrus bretschneideri Rehd. 'Tianshengli 6'

调查编号： WEIWDSYL020

所属树种： 白梨 *Pyrus bretschneideri* Rehd.

提 供 人： 苏艳丽
电　话： 15837198668
住　址： 河南省郑州市未来路南端

调 查 人： 魏闻东
电　话： 0371－65330961
单　位： 中国农业科学院郑州果树研究所

调查地点： 河南省洛阳市孟津县城关镇庆山村

地理数据： GPS数据（海拔：323m，经度：E112°28'2.17"，纬度：N34°51'5.70"）

生境信息

来源于当地，生于田间坡地，该土地为耕地，土壤质地为砂土。

植物学信息

1. 植株情况

树势强，树姿半开张，树形乱头形，树高3.4m，干高1.1m，主干褐色，树皮块状裂，枝条密度中等。

2. 植物学特征

1年生枝较长，褐色挺直，节间平均长度3~4cm，平均粗0.5m，嫩梢上茸毛较多，皮目较小、较少、较平整，长条形。叶芽中等三角形，茸毛多，贴附。叶片中等大小，绿黄色，卵形，叶急尖，叶基楔形，叶面粗糙无光泽，叶背无茸毛，叶边锯齿钝、小、整齐、单齿，齿上有针刺。叶姿微折，叶边波状、不扭曲，与枝成锐角。叶柄平均长3cm，相当于叶长的1/3，叶柄细，茸毛多，黄绿色。花序伞房状排列，每花序7朵花，花瓣5片，白色，椭圆形，边缘呈波状。花冠直径3.2cm。花蕾白色，花梗平均长4.1cm，有茸毛，灰白色。花药红色且花粉少。

3. 果实性状

果实纵径6.2cm、横径4.9cm，种子数9粒，平均单果重147.2g，最大果重170g，整齐度差，扁长椭圆形，果面淡黄色，粗糙，果粉少，蜡质中等，果点多、小、平。果梗中、细，梗洼浅且窄，无锈斑。萼片着生处深洼、萼洼广、皱状、脱落。果肉黄白，质地细、脆，汁液多。风味极甜、浓郁，无涩味，品质上，果心大、正形，心室心形，种子数8粒、饱满，可溶性固形物含量15.5%。

4. 生物学习性

生长势、萌芽力、发枝力强。开始结果年龄为3年，盛果期年龄7~8年，生理落果、采前落果少，丰产性强，大小年显著。

品种评价

优质，高产。主要病虫害种类有锈病、蚜虫。对寒、旱、涝、瘠、盐、风、日灼等恶劣环境的抵抗能力弱。

全览

植株

叶片

花

天生梨 7 号

Pyrus bretschneideri Rehd. 'Tianshengli 7'

调查编号： WEIWDSYL021

所属树种： 白梨 *Pyrus bretschneideri* Rehd.

提 供 人： 苏艳丽
电　　话： 15837198668
住　　址： 河南省郑州市未来路南端

调 查 人： 魏闻东
电　　话： 0371－65330961
单　　位： 中国农业科学院郑州果树研究所

调查地点： 河南省洛阳市孟津县城关镇庆山村

地理数据： GPS数据（海拔：323m，
经度：E112°28'2.17"，纬度：N34°51'5.70"）

生境信息

来源于当地，生于田间坡地，该土地为耕地，土壤质地为砂土。

植物学信息

1. 植株情况

树势中等，树姿半开张，树形乱头形，树高3.6m，干高0.8m，主干褐色，树皮块状裂，枝条密度中等。

2. 植物学特征

1年生枝较长，褐色挺直，节间平均长度4.4cm，嫩梢茸毛较少呈灰色，多年生枝灰褐色。叶芽中等三角形状，茸毛多且离生。花芽肥大球形，鳞片紧，茸毛多。叶片大卵圆形，绿色，长5.7cm、宽3.4cm。叶尖渐尖，叶面平滑有光泽。叶背茸毛少，叶边锯齿钝且整齐，齿上无针刺。叶姿两侧向内弯曲，叶边波状先端扭曲，与枝所成角度呈钝角，叶柄平均长2.8cm。花序伞房状排列，每朵花序7朵花，花瓣5片，白色，椭圆形，边缘呈波状。花冠直径3.3cm。花蕾白色，花梗平均长4.8cm，有茸毛，灰白色。花药红色，花粉较少。

3. 果实性状

平均重160g，果实卵圆形，果面绿黄色，粗糙，果粉多，有光泽，有棱起，蜡质多，果点多、小、平。果梗中等长度、细，梗洼平且窄，萼洼广、皱状。萼片脱落，果肉颜色乳白，质地细、致密、脆，汁液多。风味极甜、浓郁，无涩味，微香，品质上，果心小、正形，位于近萼端、与心室未连通，心形心室，种子数6～8粒、饱满，可溶性固形物含量13.1%。

4. 生物学习性

生长势、萌芽力、发枝力强。开始结果年龄为3年，盛果期年龄8～9年，生理落果、采前落果少，丰产性强，大小年显著。

品种评价

优质，高产耐旱。主要病虫害种类有红蜘蛛、蚜虫、黑星病、轮纹病等。对寒、涝、瘠、盐、风、日灼等恶劣环境的抵抗能力弱。

果实

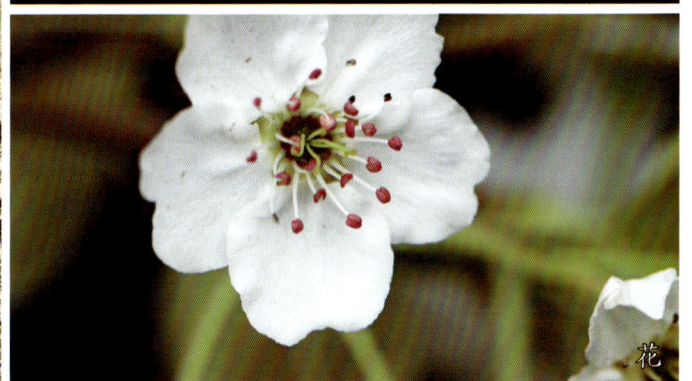

花

植株

季梨

Pyrus spp.'Jili'

调查编号：WEIWDSYL025

所属树种：梨 *Pyrus* spp.

提 供 人：苏艳丽
电　　话：15837198668
住　　址：河南省郑州市未来路南端

调 查 人：魏闻东
电　　话：0371－65330961
单　　位：中国农业科学院郑州果树研究所

调查地点：河南省驻马店市上蔡县齐海乡魏桥村

地理数据：GPS数据（海拔：57m，
经度：E114°19'14.74"，纬度：N33°17'2.68"）

生境信息

来源于当地，生于田间坡地，该土地为耕地，土壤质地为砂壤土。最大树龄100多年。

植物学信息

1. 植株情况

树势中庸，树姿开张，树形为圆头形。树高5.3m，冠幅东西4.6m、南北3.8m，干高1.4m，干周78cm，树干直径25cm。主干为褐色，树皮呈块状裂，枝条密度稀疏。

2. 植物学特征

1年生枝挺直，呈暗褐色，节间平均长2cm，平均粗0.3cm。嫩梢上无茸毛，皮目小、多、凸、近圆形，多年生枝灰褐色。叶芽较小、三角形，茸毛离生，叶片大、浓绿、心脏形，叶基楔形，叶面平滑无光泽，叶背无茸毛。叶边锯齿锐、细、小、整齐、单齿、齿上有针刺，叶姿平展，叶边平直不扭曲，与枝条成锐角，叶柄平均长4.0cm，相当于叶长的1/2，无茸毛，呈黄绿色。花序伞房状排列，每花序8朵花，花瓣5片，白色，椭圆形，花冠直径3.2cm。花蕾白色，花梗平均长4.6cm，有茸毛，灰白色。花药红色，花粉少。

3. 果实性状

果皮褐色，果面光滑、有光泽，无棱起，蜡质中等。果点多、大、平，果梗短粗度中等，梗洼浅且窄，有锈斑。萼洼广，萼片脱落。果肉乳白色，致密、脆，汁液多，风味甜，无涩味，无香气，品质中等。果心大、正形，位于近萼端，与心室未连通，心室心形，种子数6粒、饱满，可溶性固形物含量15%。

4. 生物学习性

生长势、萌芽力强，发枝力弱。开始结果年龄为3年，盛果期年龄7~8年，生理落果、采前落果少，丰产性强，大小年显著。

品种评价

耐贫瘠，适应性广。主要病虫害种类有红蜘蛛、蚜虫、梨小食心虫、梨木虱、黑星病、轮纹病、炭疽病等。对寒、旱、涝、瘠、盐、风、日灼等恶劣环境的抵抗能力中等。

生境

植株

叶片

水里泡

Pyrus spp.'Shuilipao'

调查编号： WEIWDSYL026

所属树种： 梨 *Pyrus* spp.

提 供 人： 苏艳丽
电　　话： 15837198668
住　　址： 河南省郑州市未来路南端

调 查 人： 魏闻东
电　　话： 0371－65330961
单　　位： 中国农业科学院郑州果树
　　　　　研究所

调查地点： 河南省驻马店市上蔡县齐
　　　　　海乡魏桥村

地理数据： GPS数据（海拔：57m,
　　　　　经度：E114°19'14.74",纬度：N33°17'2.68"）

生境信息

来源于当地，生于旷野平地，该土地为人工林，土壤质地为砂土。种植年限60年。

植物学信息

1. 植株情况

树势强，树姿开张，树形为乱头形。树高8.5m，冠幅东西4.6m、南北3.2m，干高1.8m，干周63cm，树干直径20cm。主干为褐色，树皮呈块状裂，枝条密度中等。

2. 植物学特征

1年生枝中等长度，褐色挺直，节间平均长3.6cm，嫩梢茸毛较少呈灰色，多年生枝灰褐色。叶芽中等三角形，茸毛多且离生。花芽肥大球形，鳞片松，茸毛多。叶片大卵圆形，绿色，长5.8cm、宽3.3cm。叶尖渐尖，叶面平滑有光泽。叶背茸毛少，叶边锯齿钝且整齐，齿上无针刺。叶姿两侧向内弯曲，叶边波状先端扭曲，与枝所成角度弯曲向下，叶柄平均长3.5cm。花序伞房状排列，每花序9朵花，花瓣5片，白色，椭圆形，花冠直径3.2cm。花蕾白色，花梗平均长3cm，有茸毛，灰白色。花药红色且花粉少。

3. 果实性状

果实纵径5.5cm、横径5.2cm，种子数9粒，平均单果重112.8g，整齐，近圆形。果面淡绿色，光滑，果粉少，有光泽，无棱起，无锈斑，蜡质中等，果点多、大、凸。果梗中、细。梗洼较深且中等。萼片着生处中洼，缩存，萼洼广。果肉乳白色，质地粗，疏松。风味淡而微甜，无涩味，无香气。果心小，正形，种子数8粒，饱满。可溶性固形物含量10.5%。最佳食用期9月中旬至9月下旬。

4. 生物学习性

生长势、萌芽力强、发枝力弱，开始结果年龄为3年，盛果期年龄8～9年，生理落果、采前落果少，丰产性强，大小年显著。

品种评价

耐盐碱，耐贫瘠，适应性广。主要病虫害种类有红蜘蛛、梨小食心虫、梨木虱、黑星病、轮纹病、炭疽病。对寒、旱、涝、瘠、盐、风、日灼等恶劣环境的抵抗能力强。

生境

植株

果实

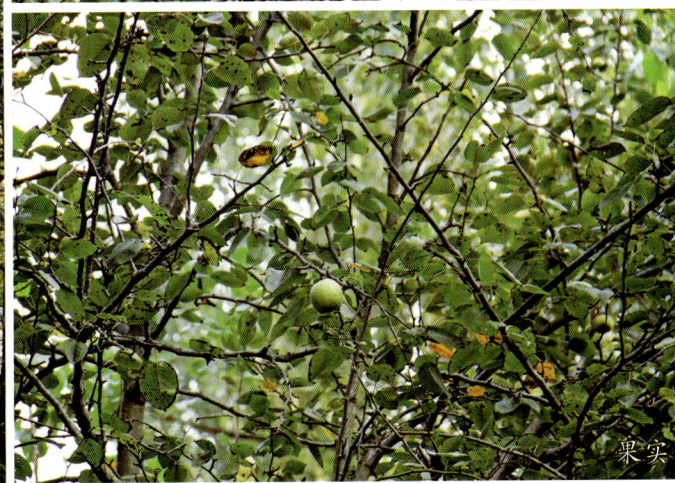
果实

上蔡无名梨

Pyrus spp.'Shangcaiwumingli'

调查编号：WEIWDSYL027

所属树种：梨 *Pyrus* spp.

提 供 人：苏艳丽
电　　话：15837198668
住　　址：河南省郑州市未来路南端

调 查 人：魏闻东
电　　话：0371-65330961
单　　位：中国农业科学院郑州果树研究所

调查地点：河南省驻马店市上蔡县齐海乡魏桥村

地理数据：GPS数据（海拔：57m，经度：E114°19'14.74"，纬度：N33°172.68"）

生境信息

来源于当地，生于田间坡地，该土地为人工林，土壤质地为砂土。种植年限100年，最大树龄200多年。

植物学信息

1. 植株情况

树势强，树姿开张，树形为乱头形，树高6.3m，冠幅东西6.8m、南北5.2m，干高1.2m，干周77cm，树干直径25cm。主干褐色，树皮呈丝状裂。枝条密度中等。

2. 植物学特征

1年生枝挺直，长度短且细。嫩梢茸毛少，皮目中，多，长椭圆形。多年生枝灰褐色。叶芽小，三角形，茸毛少，离生。花芽肥大心脏形，鳞片紧，茸毛多。叶片大小中等，浓绿，卵形。叶尖急尖。叶基楔形，叶面平滑，有光泽，叶背无茸毛，叶边锯齿锐、细、小、整齐，齿上有针刺。叶姿平展，叶边平直不扭曲，与枝所成角度为锐角，叶柄平均长6.0cm，相当于叶长的2/3，叶柄细，无茸毛，呈黄绿色。花序伞房状排列，每花序6朵花，花瓣5片，花冠直径3.2cm。花蕾白色，花梗平均长3.3cm，有茸毛，灰白色，花药红色，花粉量中等。

3. 果实性状

平均重160g，整齐，卵圆形。果面呈绿色，粗糙，果粉少，有光泽，无棱起，蜡质多，果点多、中、平。果梗中等长度且细，梗洼浅且窄，有锈斑。萼片着生处浅洼，萼洼中等深度，萼片脱落。果肉白色，质地粗。汁液多，风味微甜，无香气，果心中等大小，正形，种子数9粒，饱满。最佳食用期9月上旬至9月中旬。

4. 生物学习性

生长势、萌芽力强，发枝力弱。开始结果年龄为3~5年，盛果期年龄7~8年，坐果部位位于植株外部，坐果力中等，生理落果、采前落果少。

品种评价

耐贫瘠，抗旱，适应性广。主要病虫害种类有梨小食心虫、梨木虱、黑星病、红蜘蛛、蚜虫。对寒、旱、涝、瘠、盐、风、日灼等恶劣环境的抵抗能力强。

生境

植株

果实

植株

落地酥

Pyrus spp.'Luodisu'

调查编号： WEIWDSYL028

所属树种： 梨 *Pyrus* spp.

提 供 人： 苏艳丽
电　　话： 15837198668
住　　址： 河南省郑州市未来路南端

调 查 人： 魏闻东
电　　话： 0371－65330961
单　　位： 中国农业科学院郑州果树
研究所

调查地点： 河南省洛阳市孟津县城关
镇双槐村

地理数据： GPS数据（海拔：327m，
经度：E112°40′51.78″，纬度：N34°48′37.24″）

生境信息

来源于当地，生于田间坡地，该土地为耕地，土壤质地为砂壤土。种植年限60年。

植物学信息

1. 植株情况

树势强，树姿开张，树形为乱头形，树高5.3m，冠幅东西4.9m、南北5.2m，干高1.4m，干周96cm，树干直径30cm。主干褐色，树皮呈块状裂。枝条密度较密。

2. 植物学特征

1年生枝较长，褐色挺直，节间平均长3.1cm。嫩梢茸毛较少呈灰色，皮目大，数目多，呈椭圆形，多年生枝灰褐色。叶芽中等卵圆形，茸毛多且离生。花芽肥大球形，鳞片疏松，茸毛多。叶片中等大小呈卵圆形，绿色，长5.3cm、宽3.1cm。叶尖渐尖，叶面平滑有光泽，叶背茸毛多，叶边锯齿钝且整齐，齿上无针刺。叶姿两侧向内弯曲，叶边波状先端扭曲，与枝条所成角度为钝角，叶柄平均长2.9cm。花序伞房状排列，每花序8朵花，花瓣5片，花冠直径3.3cm。花蕾白色，花梗平均长2.8cm，有茸毛，灰白色。花药红色且花粉量较多。

3. 果实性状

果实纵径6.9cm、横径5.4cm，种子数8粒，平均单果重152.4g，椭圆形。果面黄色，光滑，蜡质少，果点较多。果梗长，梗洼较浅，果肉白色细密，风味酸甜适中，果心小，品质上等。可溶性固形物含量13.7%，硬度6.5kg/cm^2。

4. 生物学习性

生长势、萌芽力、发枝力强。开始结果年龄为4年，盛果期年龄为8～9年，生长势强，采前落果少，丰产性强，大小年显著。

品种评价

高产，抗旱，耐贫瘠。主要病虫害种类有黑星病、轮纹病、炭疽病、红蜘蛛、梨木虱、蚜虫、梨小食心虫。对寒、旱、涝、瘠、盐、风、日灼等恶劣环境的抵抗能力强。

生境

植株

植株

花

叶片

水瓶宵

Pyrus bretschneideri Rehd. 'Shuipingxiao'

调查编号： LIXGYJ024

所属树种： 白梨 *Pyrus bretschneideri* Rehd.

提 供 人： 李秀根
电　　话： 13803843874
住　　址： 河南省郑州市未来路南端

调 查 人： 杨健
电　　话： 0371－65330967
单　　位： 中国农业科学院郑州果树研究所

调查地点： 河北省秦皇岛市抚宁县台营镇青山口村

地理数据： GPS数据（海拔：217m，经度：E119°1250.85"，纬度：N40°0740.69"）

生境信息

来源于当地山梯田边，该土地为耕地，坡向南北，土地利用为人工林，土壤质地为砂壤土。

植物学信息

1. 植株情况

树势强，树姿开张，树形为半圆形，树高3.1m，冠幅东西4.4m、南北3.9m，干高0.6m，干周58cm，树干直径18cm。主干为灰色，树皮呈块状裂。枝条密度较密。

2. 植物学特征

1年生枝较长，褐色挺直，节间平均长3.8cm。嫩梢茸毛较少呈灰色，皮目大小、数量中等，呈椭圆形，多年生枝灰褐色。叶芽中等三角形，茸毛多且离生。花芽肥大球形，鳞片紧，茸毛数量中等。叶片中等大小椭圆形，绿色，长5.9cm、宽3.4cm。叶尖急尖，叶面平滑有光泽。叶背茸毛少，叶边锯齿锐利且整齐，齿上有针刺。叶姿两侧向内微折，叶边平直先端扭曲，与枝所成角度弯曲向下，叶柄平均长3.0cm。花序伞房状排列，每花序7朵花，花瓣5片，花冠直径3.4cm。花蕾白色，花梗平均长2.5cm，有茸毛，颜色灰白色。花药红色且花粉量中等。

3. 果实性状

果实纵径7.2cm、横径6.2cm，种子数9粒，平均单果重158.7g，椭圆形。果面绿色带有红晕，光滑，蜡质少，果点较少。果梗长，梗洼较浅，果肉白色细密，风味酸甜适中，果心较小，品质上等。可溶性固形物含量14.3%，硬度7.4kg/cm^2。

4. 生物学习性

生长势、萌芽力、发枝力强。开始结果年龄为5年，盛果期年龄7～8年，生理落果、采前落果少，丰产性强，大小年显著。

品种评价

高产，优质，适应性广。主要病虫害种类有梨小食心虫、梨木虱、黑星病、轮纹病、炭疽病。对寒、旱、涝、瘠、盐、风、日灼等恶劣环境的抵抗能力强。对土壤、气候等自然条件的要求较低。

生境

植株

果实

果实

挂里子

Pyrus spp. 'Gualizi'

调查编号：LIXGYJ025

所属树种：梨 *Pyrus* spp.

提 供 人：李秀根
电　　话：13803843874
住　　址：河南省郑州市未来路南端

调 查 人：杨健
电　　话：0371 – 65330967
单　　位：中国农业科学院郑州果树
　　　　　研究所

调查地点：河北省秦皇岛市抚宁县台
　　　　　营镇青山口村

地理数据：GPS数据（海拔：217m，
　　　　　经度：E119°1250.85"，纬度：N40°0740.69"）

生境信息

来源于当地山梯田边，该土地为原始林，坡度40°、南北向，土壤质地为砂壤土。土壤pH6～6.5。现存1株。

植物学信息

1. 植株情况

树势强，树姿半开张，树形为半圆形。树高4.3m，冠幅东西4.6m、南北3.7m，干高1.0m，干周58cm，树干直径18cm。主干褐色，树皮呈块状裂，枝条密度较密。

2. 植物学特征

1年生枝中等长度，褐色挺直，节间平均长3.6cm。嫩梢茸毛较少呈灰色，多年生枝灰褐色。叶芽中等三角形，茸毛数量中等且离生。花芽肥大球形，鳞片紧，茸毛多。叶片大卵圆形，绿色，长10.3cm、宽6.5cm。叶尖急尖，叶面平滑无光泽。叶背茸毛多，叶边锯齿锐利且整齐，齿上有针刺。叶姿两侧向内弯曲，叶边波状先端扭曲，与枝所成角度为锐角，叶柄平均长3.1cm。花序伞房状排列，每花序6朵花，花瓣5片，花冠直径3.4cm。花蕾白色，花梗平均长2.3cm，有茸毛，灰白色。花药红色且花粉少。

3. 果实性状

果实纵径7.8cm、横径6.3cm，种子数7粒，平均单果重163.8g，圆形。果面黄褐色，粗糙，蜡质少，果点较多。果梗长，梗洼较浅，果肉白色细密，风味微酸，果心较小，品质中等。可溶性固形物含量13.2%。

4. 生物学习性

生长势中等，萌芽力、发枝力弱。开始结果年龄为3年，盛果期年龄7～8年。生理落果、采前落果少，坐果力强，丰产性强。

品种评价

高产，耐贫瘠。主要病虫害种类有梨小食心虫、梨木虱、黑星病、轮纹病、炭疽病。对寒、旱、涝、瘠、盐、风、日灼等恶劣环境的抵抗能力强。对土壤、气候等自然条件的要求较低。

植株

花

叶片

果实

黄山梨

Pyrus spp.'Huangshanli'

调查编号： LIXGYJ026

所属树种： 梨 *Pyrus* spp.

提 供 人： 李秀根
电　　话： 13803843874
住　　址： 河南省郑州市未来路南端

调 查 人： 杨健
电　　话： 0371－65330967
单　　位： 中国农业科学院郑州果树研究所

调查地点： 河北省秦皇岛市抚宁县台营镇青山口村

地理数据： GPS数据（海拔：198m，经度：E119°13'01.44"，纬度：N40°07'19.70"）

生境信息

来源于当地，生于山梯田边，该土地为耕地，土壤质地为砂壤土。土壤pH6～6.5。现存1株。

植物学信息

1. 植株情况

树势强，树姿开张，树形为圆头形。树高4m，冠幅东西5.5m、南北4m，干高1.0m，干周65cm，树干直径21cm。主干为褐色，树皮呈块状裂，枝条密度较密。

2. 植物学特征

1年生枝较长，褐色挺直，节间平均长3.5cm。嫩梢茸毛较少呈灰色，多年生枝灰褐色。叶芽中等三角形，茸毛多且离生。花芽肥大球形，鳞片紧，茸毛多。叶片中等大小椭圆形，浓绿色，长6.3cm、宽3.2cm。叶尖急尖，叶面平滑有光泽。叶背茸毛少，叶边锯齿锐利且整齐，齿上有针刺。叶姿两侧向内平展，叶边波状先端扭曲，与枝所成角度弯曲向下，叶柄平均长3.0cm。花序伞房状排列，每花序8朵花，花瓣5片，花冠直径3.3cm。花蕾白色，花梗平均长3.6cm，有茸毛，灰白色。花药红色且花粉少。

3. 果实性状

果实纵径5.2cm、横径4.3cm，种子数8粒，近圆形。果面黄色，光滑，蜡质少，果点较多。果梗长，梗洼较浅，萼片宿存，果肉白色细密，风味酸甜适中，果心中等，品质中等。

4. 生物学习性

生长势强，萌芽力、发枝力较弱。开始结果年龄为3年，盛果期年龄为7～10年，生理落果、采前落果少，全树坐果，坐果力强，丰产性强，大小年显著。

品种评价

高产，抗旱，适应性广。主要病虫害种类有红蜘蛛、蚜虫、梨小食心虫、梨木虱、黑星病、轮纹病、炭疽病。对寒、旱、涝、瘠、盐、风、日灼等恶劣环境的抵抗能力强。

生境

叶片

叶片

果实

果实

杏树园河北梨

Pyrus hopeiensis Yü.'Xingshuyuanhebeili'

调查编号： LIXGYJ027

所属树种： 河北梨 *Pyrus hopeiensis* Yü.

提 供 人： 李秀根
电 话： 13803843874
住 址： 河南省郑州市未来路南端

调 查 人： 杨健
电 话： 0371－65330967
单 位： 中国农业科学院郑州果树研究所

调查地点： 河北省秦皇岛市昌黎县昌黎镇杏树园村

地理数据： GPS数据（海拔：117m，经度：E119°09′33.05″，纬度：N39°44′37.75″）

生境信息

来源于当地，生于30°南北向的坡上，该土地为原始林，土壤质地为砂壤土。土壤pH6～6.5。

植物学信息

1. 植株情况

树势强，树姿开张，树形为圆头形。树高3.6m，冠幅东西4.8m、南北4.6m，干高0.9m，干周63cm，树干直径20cm。主干褐色，树皮呈块状裂，枝条密度较密。

2 植物学特征

1年生枝较长，褐色挺直，节间平均长2.8cm。嫩梢茸毛较少呈灰色，皮目小、少，呈椭圆形，多年生枝赤褐色。叶芽小呈三角形，茸毛少且离生。花芽肥大球形，鳞片紧，茸毛中等。叶片中等大小呈倒卵形，绿色，长5.9cm、宽3.4cm。叶尖急尖，叶面平滑有光泽。叶背茸毛少，叶边锯齿钝且整齐，齿上无针刺。叶姿两侧向内平展，叶边波状先端扭曲，与枝所成角度为锐角，叶柄平均长3.7cm。花序伞房状排列，每花序8朵花，花瓣5片，白色，心脏形，边缘呈波状，花冠直径3.4cm。花蕾白色，花梗平均长3.0cm，有茸毛，灰白色。花药红色且花粉少。

3. 果实性状

果实纵径6.4cm，横径5.3cm，种子数6粒，圆形。果面绿色、粗糙、蜡质少，果点较多。果梗长，梗洼较浅，萼片脱落，果肉白色细密，风味酸甜适中，果心较大，品质一般。可溶性固形物含量11.4%。

4. 生物学习性

生长势、萌芽力、发枝力较强。开始结果年龄为3年，盛果期年龄8～9年，采前落果少，坐果力中等，丰产性强，大小年显著。

品种评价

高产，适应性广。主要病虫害种类有梨小食心虫、梨木虱、黑星病、轮纹病、炭疽病。对寒、旱、涝、瘠、盐、风、日灼等恶劣环境的抵抗能力强。对土壤、气候等自然条件的要求较低。

生境

植株

叶片

果实

碣石山杜梨

Pyrus betulaefolia Bge.'Jieshishanduli'

调查编号： LIXGYJ028

所属树种： 杜梨 *Pyrus betulaefolia* Bge.

提供人： 李秀根
电　话： 13803843874
住　址： 河南省郑州市未来路南端

调查人： 杨健
电　话： 0371－65330967
单　位： 中国农业科学院郑州果树研究所

调查地点： 河北省秦皇岛市昌黎县昌黎镇碣石山

地理数据： GPS数据（海拔：240m，经度：E119°09′33.05″，纬度：N39°43′37.70″）

生境信息

来源于当地山地，生于60°南北向的坡上，该土地为原始林，土壤质地为砂壤土。土壤pH6～6.5。

植物学信息

1. 植株情况

树势强，树姿开张，树形为圆头形。树高4.8m，冠幅东西5.2m、南北4.3m，干高1.4m，干周71cm，树干直径23cm。主干褐色，树皮呈丝状裂，枝条密度中等。

2. 植物学特征

1年生枝中等长度，褐色挺直，节间平均长3.5cm。嫩梢茸毛较少呈灰色，多年生枝灰褐色。叶芽中等三角形，茸毛多。花芽肥大球形，鳞片紧，茸毛多。叶片中等大小椭圆形，浅绿色，长7.8cm、宽3.4cm。叶尖渐尖，叶面平滑有光泽。叶背茸毛少，叶边锯齿钝且整齐，齿上无针刺。叶姿两侧向内弯曲，叶边波状先端扭曲，与枝所成角度为钝角，叶柄平均长4.6cm。花序伞房状排列，每花序8朵花，花瓣5片，白色，椭圆形，花冠直径3.6cm。花蕾白色，花梗平均长5.2cm，有茸毛，灰白色。花药红色且花粉少。

3. 果实性状

果实圆形。果面褐色，粗糙，蜡质少，果点较多。果梗长，梗洼较浅，萼片脱落，种子数6粒，饱秕比例为3:1，风味酸中带涩，果心较大，品质较差。

4. 生物学习性

生长势、萌芽力、发枝力较强。开始结果年龄为5年，盛果期年龄8～9年。生理落果、采前落果少，丰产性强，大小年显著。

品种评价

用途为砧木。高产，抗病，耐贫瘠，果实用于获取种子。对寒、旱、涝、瘠、盐、风、日灼等恶劣环境的抵抗能力弱。对土壤、气候等自然条件的要求较低。

植株

叶片

果实

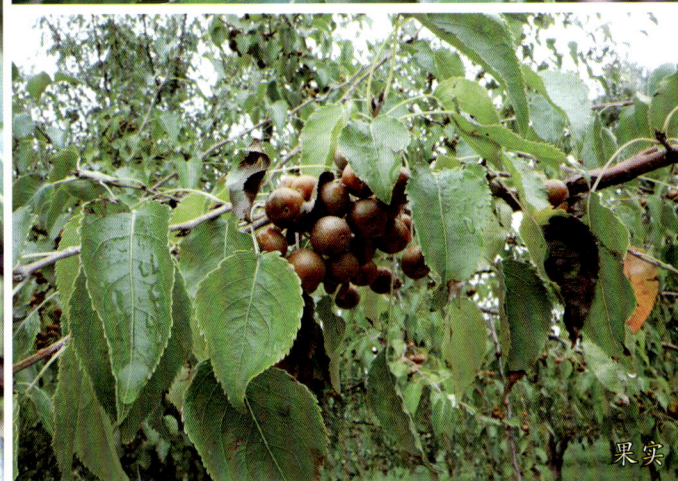

果实

碣石山杜梨变异

Pyrus betulaefolia Bge.
'Jieshishandulibianyi'

调查编号： LIXGYJ029

所属树种： 杜梨 *Pyrus betulaefolia* Bge.

提 供 人： 李秀根
电　　话： 13803843874
住　　址： 河南省郑州市未来路南端

调 查 人： 杨健
电　　话： 0371－65330967
单　　位： 中国农业科学院郑州果树研究所

调查地点： 河北省秦皇岛市昌黎县昌黎镇碣石山

地理数据： GPS数据（海拔：413.8m，经度：E119°09'30.00"，纬度：N39°43'37.00"）

生境信息

来源于当地山地，生于60°南北向的坡上，该土地为原始林，土壤质地为砂壤土。现存1株。

植物学信息

1. 植株情况

树势强，树姿开张。树高8.4m，冠幅东西7.3m、南北4.7m，干高1.3m，干周76cm，树干直径24cm。主干为褐色，树皮呈块状裂。枝条密度较密。

2. 植物学特征

1年生枝较长，褐色曲折，节间平均长4.1cm，嫩梢茸毛中等数量呈灰色，多年生枝灰褐色。叶芽中等三角形，茸毛多且离生。花芽肥大尖卵形，鳞片紧，茸毛多。叶片大椭圆形，绿色，长8.7cm、宽4.2cm。叶尖渐尖，叶面平滑有光泽。叶背茸毛多，叶边锯齿钝且整齐，齿上无针刺。叶姿两侧向内弯曲，叶边波状先端不扭曲，与枝条所成角度为钝角，叶柄平均长4.1cm。花序伞房状排列，每花序7朵花，花瓣5片，花冠直径2.9cm。花梗平均长6.3cm，有茸毛，灰白色。花药红色，花粉少。

3. 果实性状

果个较小，果实圆锥形。果面褐色，粗糙，蜡质少，果点较多。果梗长，梗洼较浅，有锈斑，萼片着生处浅洼，萼片脱落。果肉粗糙，汁液少，风味酸中带涩，果心偏大，品质一般。种子数5粒。

4. 生物学习性

生长势、萌芽力、发枝力较强。坐果力中等，采前落果、生理落果少，大小年显著。

品种评价

用途为砧木。抗旱，高产，抗病，耐贫瘠，对寒、旱、涝、瘠、盐、风、日灼等恶劣环境的抵抗能力强。对土壤、气候等自然条件要求较低。

植株

生境

叶片

果实

碣石山野生梨

Pyrus spp. 'Jieshishanyeshengli'

调查编号：LIXGYJ030

所属树种：梨 *Pyrus* spp.

提 供 人：李秀根
电　　话：13803843874
住　　址：河南省郑州市未来路南端

调 查 人：杨健
电　　话：0371－65330967
单　　位：中国农业科学院郑州果树
　　　　　研究所

调查地点：河北省秦皇岛市昌黎县昌黎
　　　　　镇碣石山

地理数据：GPS数据（海拔：300m，
　　　　　经度：E119°09′33.00″，纬度：N39°40′38.90″）

生境信息

来源于当地山地，生于60°南北向的坡上，该土地为原始林，土壤质地为砂壤土。

植物学信息

1. 植株情况

树势中庸，树姿开张，树形为乱头形。树高3.6m，冠幅东西5.8m、南北5.2m，干高1.0m，干周41cm，树干直径13cm。主干为褐色，树皮呈丝状裂，枝条密度较密。

2. 植物学特征

1年生枝较长，绿色挺直，节间平均长3.4cm。嫩梢茸毛较多呈灰色，皮目大、少，呈椭圆形。多年生枝灰褐色。叶芽小呈三角形，茸毛多。花芽肥大球形，鳞片疏松，茸毛多。叶片中等大小椭圆形，浅绿色，长6.3cm、宽3.7cm。叶尖急尖，叶面平滑无光泽。叶背茸毛少，叶边锯齿钝且整齐，齿上有针刺。叶姿两侧向内平展，叶边平直先端不扭曲，与枝所成角度为钝角，叶柄平均长2.7cm。花序伞房状排列，每花序8朵花，花瓣5片，白色，心脏形，边缘呈波状。花冠直径3.2cm。花蕾白色，花梗平均长4.6cm，有茸毛，灰白色。花药红色且花粉少。

3. 果实性状

果实圆形。果面黄色，光滑，蜡质少，果点较多。果梗长，梗洼较浅。萼洼着生处浅洼，萼洼窄，萼片脱落。果实风味酸且有涩味，果心中等。

4. 生物学习性

生长势、萌芽力、发枝力较强。开始结果年龄为3年，盛果期年龄为7～8年，采前落果少，生理落果少，坐果力强，丰产性强，大小年不显著。

品种评价

用途为砧木。果实用于获取种子。高产，抗旱，主要病虫害种类有梨小食心虫、梨木虱、黑星病、轮纹病、炭疽病。对寒、旱、涝、瘠、盐、风、日灼等恶劣环境的抵抗能力强。

植株

芽

叶片

叶片

果实

泌阳瓢梨

Pyrus spp.'Biyangpiaoli'

调查编号：LIXGYJ031

所属树种：梨 *Pyrus* spp.

提 供 人：李秀根
电　　话：13803843874
住　　址：河南省郑州市未来路南端

调 查 人：杨健
电　　话：0371－65330967
单　　位：中国农业科学院郑州果树
　　　　　研究所

调查地点：河南省驻马店市泌阳县马
　　　　　谷田镇孙庄村

地理数据：GPS数据（海拔：149m，
　　　　　经度：E113°32'22.61"，纬度：N32°40'29.24"）

生境信息

来源于当地，生于30°南北向的坡上，该土地为原始林，土壤质地为砂壤土。

植物学信息

1.植株情况

树势强，树姿开张，树形为圆头形。树高2.8m，冠幅东西3.9m、南北3.4m，干高1.2m。主干褐色，树皮呈块状裂。枝条密度中等。

2.植物学特征

1年生枝中等长度，褐色挺直，节间平均长3.2cm。嫩梢茸毛较少呈灰色，皮目大、多，呈椭圆形。多年生枝灰褐色。叶芽大呈三角形，茸毛多且离生。花芽肥大尖卵形，鳞片紧，茸毛多。叶片大卵圆形，浓绿色，长10.5cm、宽5.6cm。叶尖急尖，叶面平滑有光泽。叶背茸毛少，叶边锯齿钝且整齐，齿上无针刺。叶姿两侧向内弯曲，叶边波状先端不扭曲，与枝所成角度弯曲向下，叶柄平均长3.3cm。花序伞房状排列，每花序8朵花，花瓣5片，花冠直径3.9cm。花梗平均长2.7cm，有茸毛，灰白色。花药红色且花粉量中等。

3.果实性状

果实纵径8.6cm、横径6.4cm，种子数8粒，平均单果重201.5g，最大果重240g，圆锥形。果面黄色，粗糙，蜡质少，果点大且多。果梗长，梗洼较浅，萼片着生处深洼，萼片脱落。果肉白色细密，风味较甜。果心中等，品质上等。可溶性固形物含量13.9%，硬度4.8kg/cm^2。

4.生物学习性

生长势、萌芽力、发枝力较强，开始结果年龄为3年，盛果期年龄8~9年，生理落果、采前落果少，坐果力强，丰产性强，大小年显著。

品种评价

优质，高产，适应性广。主要病虫害种类有红梨小食心虫、梨木虱、黑星病、轮纹病、炭疽病。对寒、旱、涝、瘠、盐、风、日灼等恶劣环境的抵抗能力中等。

生境

枝条

植株

果实

泌阳平把梨

Pyrus bretschneideri Rehd.'Biyangpingbali'

调查编号：LIXGYJ032

所属树种：白梨 *Pyrus bretschneideri* Rehd.

提 供 人：李秀根
电　　话：13803843874
住　　址：河南省郑州市未来路南端

调 查 人：杨健
电　　话：0371－65330967
单　　位：中国农业科学院郑州果树研究所

调查地点：河南省驻马店市泌阳县马谷田镇孙庄村

地理数据：GPS数据（海拔：149m，经度：E113°32'22.61"，纬度：N32°40'29.24"）

生境信息

来源于当地，生于田间坡地，该土地为耕地，土壤质地为砂土。

植物学信息

1. 植株情况

树势强，树姿开张，树形为圆头形。树高4.8m，冠幅东西4.3m、南北3.8m，干高1.2m，干周57cm，树干直径18cm。主干为褐色，树皮呈块状裂，枝条密度稀疏。

2. 植物学特征

1年生枝较长，褐色挺直，节间平均长3.4cm。嫩梢茸毛较少呈灰色，皮目少、大、凸，呈不正形。多年生枝灰褐色。叶芽中等卵圆形，茸毛多。花芽肥大球形，鳞片紧，茸毛多。叶片大心脏形，绿色，长6.2cm、宽3.7cm。叶尖渐尖，叶面平滑有光泽。叶背茸毛少，叶边锯齿锐利且整齐，齿上有针刺。叶姿两侧向内平展，叶边平直先端不扭曲，与枝所成角度弯曲向下，叶柄平均长2.5cm。花序伞房状排列，每花序8朵花，花瓣5片，白色，椭圆形，边缘呈波状，花冠直径3.3cm。花梗平均长3cm，有茸毛，灰白色。花药红色且花粉量中等。

3. 果实性状

果实近圆形。果面黄色，光滑，蜡质少，果点大且多。果梗短，梗洼较浅，萼洼深且宽，萼片脱落。果肉白色细密，汁液多，风味酸甜，果心中等，品质上等。可溶性固形物含量13.8%。

4. 生物学习性

生长势、萌芽力强，发枝力弱。开始结果年龄为3～5年，盛果期年龄7～8年，采前落果少，坐果力强，丰产性强，大小年显著。

品种评价

高产，优质，适应性广。主要病虫害种类有梨小食心虫、梨木虱、黑星病、轮纹病、炭疽病。对寒、旱、涝、瘠、盐、风、日灼等恶劣环境的抵抗能力强。对土壤、气候等自然条件要求较低。

植株

叶片

芽

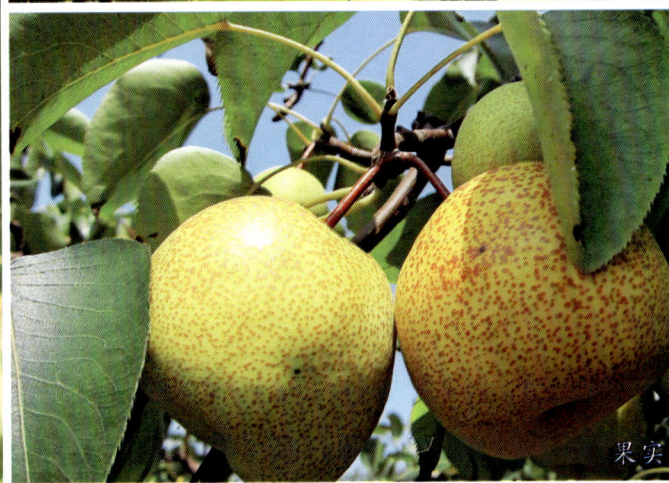
果实

酥梨

Pyrus bretschneideri Rehd.'Suli'

调查编号：CAOSYLJZ012

所属树种：白梨 *Pyrus bretschneideri* Rehd.

提 供 人：李本银
电　　话：13703455340
住　　址：河南省南阳市桐柏县经作站

调 查 人：曹尚银、李好先
电　　话：13903834781
单　　位：中国农业科学院郑州果树研究所

调查地点：河南省南阳市桐柏县经作站

地理数据：GPS数据（海拔：187m，经度：E113°31'43.0"，纬度：N32°25'56.2"）

生境信息

来源于当地，生于旷野平地，该土地为原始林，土壤质地为砂壤土。最大树龄15年。

植物学信息

1. 植株情况

树势中等，树姿半开张，树形为乱头形。树高3.5m，冠幅东西3.6m、南北2.4m，干高0.3m，干周50cm，主干直径16cm。主干灰褐色，树皮呈丝状裂，枝条密度中等。

2. 植物学特征

1年生枝中等长度，褐色挺直。平均节间长4～5cm。嫩梢茸毛较多呈灰色，皮目大，数量中等，呈椭圆形。多年生枝灰色。叶芽中等三角形，茸毛多。花芽肥大球形，鳞片紧，茸毛多。叶片大椭圆形，叶尖急尖，叶背茸毛少，叶边锯齿锐利且整齐，齿上无针刺。叶姿两侧向内弯曲，叶边波状先端扭曲，与枝所成角度弯曲向下。花序伞房状排列，花蕾呈白色，花梗中等长度，有茸毛，颜色浅绿，花药红色且花粉多。

3. 果实性状

果实纵径5.5cm、横径4.3cm，种子数9粒，圆形。果面绿色带有锈斑，粗糙，蜡质少，果点较多。果梗长，梗洼较浅，萼洼较深且宽，萼片脱落，果肉白色细密，风味酸甜适中，果心中等，品质中等。可溶性固形物含量11.3%，硬度8.9kg/cm^2。

4. 生物学习性

生长势、萌芽力、发枝力弱。开始结果年龄为3年，盛果期年龄为7～8年，坐果力中等，采前落果、生理落果少，丰产性强，大小年显著。

品种评价

高产，适应性广。主要病虫害种类有梨小食心虫、梨木虱、黑星病、轮纹病、炭疽病等。对寒、旱、涝、瘠、盐、风、日灼等恶劣环境的抵抗能力弱。

嫩芽

果实

花

龙窝酸梨

Pyrus ussuriensis Maxim.
'Longwosuanli'

调查编号：CAOSYLFQ002

所属树种：秋子梨 *Pyrus ussuriensis* Maxim.

提 供 人：陆风勤
电　　话：13833421695
住　　址：河北省承德市兴隆县林业局

调 查 人：曹尚银、李好先
电　　话：13903834781
单　　位：中国农业科学院郑州果树研究所

调查地点：河北省承德市兴隆县兴隆镇龙富村

地理数据：GPS数据（海拔：697m，经度：E117°28'05.6"，纬度：N40°21'59.0"）

生境信息

来源于当地，生于田间坡地，坡度为60°，西南坡向，该土地为耕地，土壤质地为砂土。最大树龄180年。种植年限180年，现存100株。

植物学信息

1. 植株情况

树势中等，树姿开张，树形为圆头形。树高8m，冠幅东西9m、南北11m，干高1.4m，干周135cm。主干褐色，树皮呈块状裂，枝条密度中等。

2. 植物学特征

1年生枝较长，褐色挺直，平均节间长3cm。嫩梢茸毛数量中等呈灰色，多年生枝灰色。叶芽中等三角形，茸毛多。花芽肥大尖卵形，鳞片紧、茸毛多。叶片大小中等呈卵形，绿色有光泽，平均长6.5cm、宽4.5cm。叶尖急尖，叶基楔形，叶背茸毛少，叶边锯齿锐、细、小且整齐，齿上有针刺。叶姿两侧向内微折，叶边波状先端不扭曲，与枝所成角度弯曲向下。花序伞房状排列，花蕾白色，花梗中等长度，有茸毛，浅绿色，花药红色且花粉多。

3. 果实性状

果实纵径6.7cm、横径6.2cm，种子数9粒，平均单果重156.8g，椭圆形。果黄绿色，粗糙，蜡质少，果点较多。果梗长，梗洼较浅，果肉白色细密，风味偏酸，果心中等，品质中等。可溶性固形物含量12.5%，硬度6.3kg/cm^2。

4. 生物学习性

生长势、萌芽力、发枝力强。开始结果年龄为3年，盛果期年龄6~7年，生理落果、采前落果少，丰产性强，大小年显著。

品种评价

高产，适应性广。主要病虫害种类有梨小食心虫、梨木虱、黑星病、轮纹病、炭疽病，对寒、旱、涝、瘠、盐、风、日灼等恶劣环境的抵抗能力弱。

生境

叶片

叶片

花

果实

董家店野梨 1号

Pyrus spp.'Dongjiadianyeli 1'

调查编号： CAOSYLFQ004

所属树种： 梨 *Pyrus* spp.

提 供 人： 陆风勤
电 话： 13833421695
住 址： 河北省承德市兴隆县林业局

调 查 人： 曹尚银、李好先
电 话： 13903834781
单 位： 中国农业科学院郑州果树
研究所

调查地点： 河北省承德市兴隆县兴隆
镇龙富村

地理数据： GPS数据（海拔：394m，
经度：E117°24'05.6"，纬度：N40°19'19.2"）

生境信息

来源于当地，生于旷野坡地，坡度为30°，西南坡向，该土地为人工林，土壤质地为砂土。

植物学信息

1. 植株情况

树势中等，树姿开张，树形为半圆形，冠幅东西10m、南北5m，干高0.6m，干周150cm。主干灰色，树皮呈块状裂。枝条密度中等。

2. 植物学特征

1年生枝中等长度，褐色挺直，节间平均长3.5cm，平均粗0.6cm。嫩梢茸毛较少呈灰色，皮目小、少，呈不正形。多年生枝灰色。叶芽中等三角形，茸毛少且离生。花芽肥大球形，鳞片紧，茸毛多。叶片中等卵形，平均长6.2cm、宽3.4cm。叶尖急尖，叶面平滑有光泽，叶背茸毛少，叶边锯齿钝且整齐，齿上无针刺。叶姿两侧向内平展，叶边平直不扭曲，与枝所成角度为钝角。叶柄平均长2.3cm，较细，无茸毛，黄绿色。花序伞房状排列，花蕾白色，花梗平均长3.2cm，有茸毛，浅绿色，花药红色且花粉多。

3. 果实性状

果实纵径5.3cm、横径4.2cm，种子数9粒，平均单果重144.2g，圆锥形。果面黄色，有锈斑，粗糙，蜡质中等，果点多，大小中等。果梗长，梗洼较浅，果肉白色，风味酸甜，果心中等，品质中等。可溶性固形物含量13.5%，硬度4.7kg/cm²。

4. 生物学习性

生长势强，萌芽力、发枝力中等。开始结果年龄为3年，盛果期年龄7～8年，生理落果、采前落果少，丰产性强，大小年显著。

品种评价

优质、抗旱、高产、耐贫瘠。主要病虫害种类有梨小食心虫、梨木虱、黑星病、轮纹病、炭疽病。对寒、旱、涝、瘠、盐、风、日灼等恶劣环境的抵抗能力强。

植株

树干

叶片

果实

兴隆佛见喜梨

Pyrus bretschneideri Rehd.
'Xinglongfojianxili'

调查编号： CAOSYLFQ005

所属树种： 白梨 *Pyrus bretschneideri* Rehd.

提 供 人： 陆风勤
电　　话： 13833421695
住　　址： 河北省承德市兴隆县林业局

调 查 人： 曹尚银、李好先
电　　话： 13903834781
单　　位： 中国农业科学院郑州果树研究所

调查地点： 河北省承德市兴隆县青松岭镇董家店村

地理数据： GPS数据（海拔：462m，经度：E117°24'40.3"，纬度：N40°19'09.1"）

生境信息

来源于当地，生于旷野坡地，坡度为60°，西南坡向，该土地为人工林，土壤质地为砂土。最大树龄180年，现存5株。种植农户数2户。

植物学信息

1. 植株情况

树势强，树姿开张，树形为圆头形，树高5m，冠幅东西7m、南北10m，干高1.7m，干周210cm。主干灰色，树皮呈块状裂，枝条密度较密。

2. 植物学特征

1年生枝较长，褐色挺直，节间平均长3.8cm。嫩梢茸毛较少呈灰色，皮目少，中等大小，椭圆形。多年生枝灰色。叶芽中等三角形，茸毛多且离生。花芽肥大球形，鳞片紧，茸毛多。叶片中等卵形，平均长5.4cm、宽3.2cm。叶尖急尖，叶背茸毛少，叶边锯齿钝且整齐，齿上有针刺。叶姿两侧向内平展，叶边平直先端不扭曲，与枝所成角度为锐角。花序伞房状排列，花蕾白色，花梗平均长3.1cm，有茸毛，浅绿色，花药红色且花粉多。

3. 果实性状

果实纵径4.4cm、横径6.1cm，种子数7粒，平均单果重167g，近圆形。果面黄色，光滑，蜡质少，果点较多。果梗长梗洼较浅，果肉乳白色细密，风味酸甜，果心中等，品质上等。

4. 生物学习性

生长势、萌芽力、发枝力较强。开始结果年龄为3年，盛果期年龄为7～8年。生理落果、采前落果少，坐果力中等，丰产性中等，大小年显著。

品种评价

优质，适应性广。主要病虫害种类有梨小食心虫、梨木虱、黑星病、轮纹病、炭疽病。对寒、旱、涝、瘠、盐、风、日灼等恶劣环境的抵抗能力强。对土壤、气候等自然条件要求较低。

植株

树干

果实

果实

叶片

董家店酸梨1号

Pyrus spp.'Dongjiadiansuanli 1'

调查编号：CAOSYLFQ006

所属树种：梨 *Pyrus* spp.

提 供 人：陆风勤
电　　话：13833421695
住　　址：河北省承德市兴隆县林业局

调 查 人：曹尚银、李好先
电　　话：13903834781
单　　位：中国农业科学院郑州果树
　　　　　研究所

调查地点：河北省承德市兴隆县青松
　　　　　岭镇董家店村

地理数据：GPS数据（海拔：409m，
　　　　　经度：E117°24'39.8"，纬度：N40°19'17.4"）

生境信息

来源于当地，生于旷野坡地，坡度为40°，西南坡向，该土地为人工林，土壤质地为砂土。最大树龄100年。

植物学信息

1. 植株情况

树势中等，树姿半开张，树形为乱头形。树高11m，冠幅东西13m、南北15m，干高1.4m，干周170cm。主干为灰色，树皮呈块状裂，枝条密度稀疏。

2. 植物学特征

1年生枝较长，灰色挺直，节间平均长2.8cm。嫩梢茸毛较多呈灰色，皮目大、多，呈椭圆形。多年生枝灰褐色。叶芽小呈三角形，茸毛多且离生。花芽肥大球形，鳞片松，茸毛多。叶片中等大小呈倒卵形，长5.7cm、宽3.5cm。叶尖渐尖，叶背茸毛多，叶边锯齿钝且整齐，齿上无针刺。叶姿两侧向内平展，叶边平直不扭曲，与枝所成角度弯曲向下。花序伞房状排列，花冠直径3.2cm。花蕾白色，花梗平均长3.6cm，有茸毛，浅绿色，花药红色且花粉多。

3. 果实性状

果实纵径5.7cm、横径5.9cm，种子数8粒，圆形。果面绿色，粗糙，蜡质少，果点大且多。果梗长，梗洼较浅，果肉白色粗糙，风味偏酸，果心中等，品质中等。可溶性固形物含量12.3%，硬度4.2kg/cm^2。

4. 生物学习性

生长势、萌芽力、发枝力较强。开始结果年龄为3~5年，盛果期年龄为7~8年。生理落果、采前落果少，丰产性中等，大小年显著。

品种评价

适应性广。主要病虫害种类有梨小食心虫、梨木虱、黑星病、轮纹病、炭疽病。对寒、旱、涝、瘠、盐、风、日灼等恶劣环境的抵抗能力强。对土壤、气候等自然条件的要求较低。

植株

树干

叶片

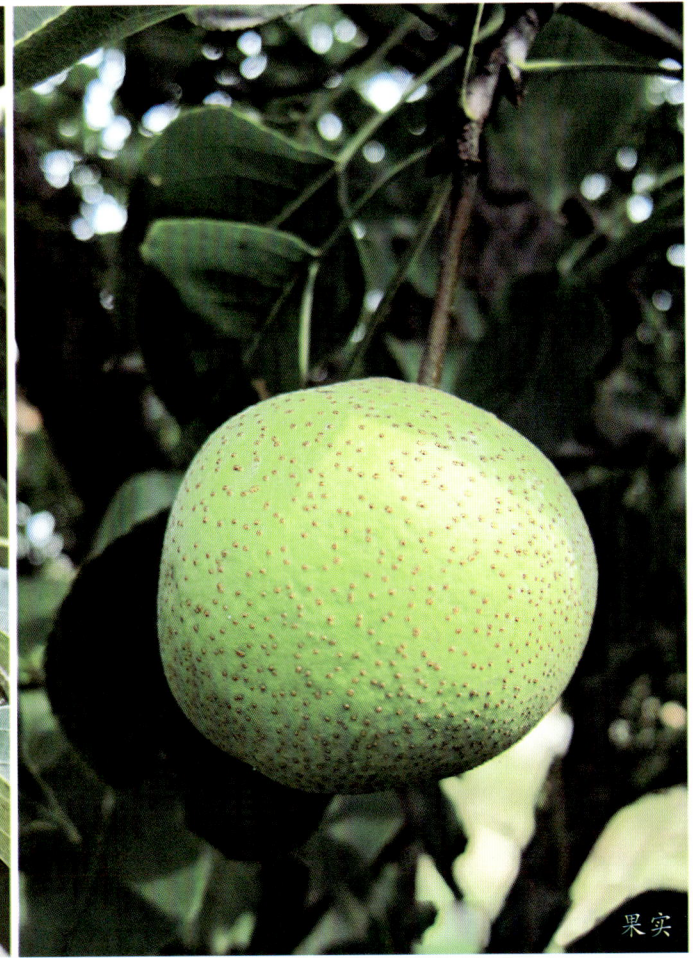
果实

济源秋梨1号

Pyrus spp.'Jiyuanqiuli 1'

调查编号： CAOSYXMS010

所属树种： 梨 *Pyrus* spp.

提 供 人： 潘同福
电　　话： 15893080189
住　　址： 河南省济源市邵原镇二里腰村

调 查 人： 薛茂盛
电　　话： 13869144873
单　　位： 国有济源市黄楝树林场

调查地点： 河南省济源市邵原镇二里腰村

地理数据： GPS数据（海拔：763m，经度：E112°06′21.18″，纬度：N35°15′20.05″）

生境信息

来源于当地，生长于庭院中的坡地、路边的温带落叶阔叶林带，土壤质地为砂土，pH大于7，种植年限为30年，现存1株。

植物学信息

1. 植株情况

树势弱，树姿开张，树形乱头形，树高8m，冠幅东西6m、南北5m，干高1.6m，干周130cm。主干褐色，枝条稀疏。

2. 植物学特征

1年生枝细弱，颜色为褐色，平均节间长3.1cm，粗度较细，皮目小。多年生枝赤褐色。叶芽大小中等，花芽肥大。叶片大小中等，浓绿色，长6.4cm、宽3.6cm，呈心脏形。叶尖渐尖，叶基心形，叶面平滑、有光泽，叶背无茸毛，叶边平直，叶边锯齿锐、较小且整齐。叶柄平均长6cm，粗细中等、无茸毛、黄绿色。伞房花序，每花序花数7朵，花瓣5片。花冠直径3.4cm，白色，花梗平均长5cm，有茸毛、浅绿色。雄蕊数30，浅黄色花药，花粉数量中等。

3. 果实性状

果实纵径6.5cm、横径5.6cm，椭圆形，底色黄绿色，果面粗糙，果粉少。有光泽，无棱起，无锈斑，有蜡质，果点数量较多。梗洼深且中等，无锈斑。萼片着生处中洼，萼洼中等，萼片脱落。白色果肉，果肉质地粗、疏松、脆，汁液特多，酸甜风味，品质中等。果心大小中等、位于中位，漏斗形萼筒，与心室未通，心室卵形，种子数10粒、饱满。

4. 生物学习性

生长势、萌芽力、发枝力较强。开始结果年龄为4年，盛果期年龄7～10年。生理落果、采前落果少，坐果力中等，丰产性强，大小年显著。

品种评价

耐贫瘠，适应性广。主要病虫害种类有梨小食心虫、梨木虱、黑星病、轮纹病、炭疽病。对寒、旱、涝、瘠、盐、风、日灼等恶劣环境的抵抗能力强。对土壤、气候等自然条件的要求较低。

植株

花

果实

叶片

面疙瘩梨

Pyrus spp.'Miangedali'

调查编号： CAOSYMGY012

所属树种： 梨 *Pyrus* spp.

提 供 人： 左建兵
电　　话： 15824993726
住　　址： 河南省洛阳市新安县石井乡元古洞村北关组

调 查 人： 马贯羊
电　　话： 13608634028
单　　位： 河南省洛阳市农林科学院

调查地点： 河南省洛阳市新安县石井乡元古洞村北关组

地理数据： GPS数据（海拔：540m，经度：E112°01'47.9"，纬度：N35°01'01.9"）

生境信息

来源于当地，生长于田间坡地，土地作为原始林利用，土壤质地为砂土，最大树龄200年，种植年限为200年，种植农户数为2户。

植物学信息

1. 植株情况

树势中等，树姿开张，树形半圆形。树高4.4m，冠幅东西4m、南北3.8m，干高1.2m，干周110cm。主干褐色，树皮块状裂，枝条密度稀疏。

2. 植物学特征

1年生枝挺直、褐色、长度中等，平均粗0.7cm。嫩梢上茸毛少、灰色，皮目大小、数量中等、凸起、近圆形。多年生枝灰褐色。叶芽中等三角形，茸毛多且离生。花芽肥大球形，鳞片紧，茸毛多。叶片大小中等，绿色，长6.2cm、宽3.4cm，叶片卵形，叶尖渐尖，叶基楔形，叶面平滑、有光泽，叶背无茸毛。叶边锯齿钝、粗细中等、较小且不整齐、重齿，齿上无针刺。叶姿平展，叶边平直，与枝条所成角度为钝角。叶柄平均长5.3cm，较细、茸毛少、绿色。花序伞房状排列，每朵花序7朵花，花瓣5片，花冠直径3.3cm。花蕾白色，花梗平均长5cm，有茸毛，灰白色。花药红色，花粉量中等。

3. 果实性状

果实纵径6.7cm、横径7.0cm，种子数9粒，果面光滑，蜡质少，果点中等。果梗长，梗洼较浅，果肉白色细密，风味微酸，果心中等，品质上等。可溶性固形物含量12.4%。

4. 生物学习性

生长势、萌芽力强，发枝力弱。开始结果年龄为3年，盛果期年龄8～9年。生理落果、采前落果少，坐果力弱，丰产性弱，大小年显著。

品种评价

抗旱，耐贫瘠，适应性广。主要病虫害种类有梨小食心虫、梨木虱、黑星病、轮纹病、炭疽病。对寒、旱、涝、瘠、盐、风、日灼等恶劣环境的抵抗能力强。对土壤、气候等自然条件要求较低。

生境

树干

果实

花

黑砂梨

Pyrus spp.'Heishali'

调查编号： CAOSYMGY013

所属树种： 梨 *Pyrus* spp.

提 供 人： 左建兵
电 话： 15824993726
住 址： 河南省洛阳市新安县石井乡元古洞村北关组

调 查 人： 马贯羊
电 话： 13608634028
单 位： 河南省洛阳市农林科学院

调查地点： 河南省洛阳市新安县石井乡元古洞村北关组

地理数据： GPS数据（海拔：591m，经度：E112°01'30.2"，纬度：N34°59'54.0"）

生境信息

来源于当地，生长于旷野中坡向东、坡度为45°的山地，土地作为原始林利用，土壤质地为砂土，种植年限为30年，种植农户数为1户。

植物学信息

1. 植株情况

树势中等，树姿半开张。树形半圆形。树高10m，冠幅东西8m、南北6m，干高0.4m，干周158cm。树皮块状裂，枝条密度中等。

2. 植物学特征

1年生枝中等长度，褐色挺直，节间平均长4.1cm。嫩梢茸毛数量中等呈灰色，皮目大，数量中等，近圆形。多年生枝灰褐色。叶芽中等三角形，茸毛多且离生。花芽肥大球形，鳞片紧，茸毛多。叶片大卵形，绿色，长11.5cm、宽5.5cm。叶尖渐尖，叶面平滑有光泽。叶背无茸毛，叶边锯齿锐、细、小且整齐，齿上无针刺。叶姿两侧向内平展，叶边波状先端扭曲，与枝条所成角度为锐角，叶柄平均长3.2cm。花序伞房状排列，每花序7朵花，花瓣5片，花冠直径3.2cm。花蕾白色，花梗平均长4.6cm，有茸毛，灰白色，花药红色，花粉少。

3. 果实性状

果实纵径5.2cm、横径5.6cm，种子数8粒，近圆形。果皮褐色，果面粗糙，蜡质少，果点多。果梗短，梗洼较深，果肉白色，风味酸甜，果心中等，品质上等。可溶性固形物含量12.5%，硬度10.2kg/cm^2。

4. 生物学习性

生长势、萌芽力强，发枝力弱。开始结果年龄为5年，盛果期年龄8～9年。生理落果、采前落果少，坐果力中等，丰产性强，大小年显著。

品种评价

高产，优质，适应性广。主要病虫害种类有梨小食心虫、梨木虱、黑星病、轮纹病、炭疽病。对寒、旱、涝、瘠、盐、风、日灼等恶劣环境的抵抗能力强。对土壤、气候等自然条件的要求较低。

植株

花

果实

树干

黑砂梨2号

Pyrus spp.'Heishali 2'

调查编号：CAOSYMGY014

所属树种：梨 *Pyrus* spp.

提 供 人：左建兵
电　　话：15824993726
住　　址：河南省洛阳市新安县石井乡元古洞村北关组

调 查 人：马贯羊
电　　话：13608634028
单　　位：河南省洛阳市农林科学院

调查地点：河南省洛阳市新安县石井乡元古洞村北关组

地理数据：GPS数据（海拔：591m，经度：E112°01'31.5"，纬度：N34°59'33.6"）

生境信息

来源于当地，生长于旷野山间，土地利用类型为原始林，土壤质地为砂土，最大树龄70年，种植年限为30年。

植物学信息

1. 植株情况

树势中等，树姿开张，树形半圆形。树高8.5m，冠幅东西6.8m、南北4.8m，干高0.4m，干周130cm。树皮块状裂，枝条密度中等。

2. 植物学特征

1年生枝较长，褐色挺直，平均节间长3.8cm。嫩梢茸毛较多呈灰白色，皮目小、多呈圆形，多年生枝灰褐色。叶芽中等三角形，茸毛多且离生。花芽肥大球形，鳞片紧，茸毛多。叶片大小中等，绿色，长6.7cm，宽3.4cm，卵形。叶尖圆钝，叶基心形，叶面平滑、有光泽，叶背无茸毛，叶边锯齿钝，齿上无针刺。叶柄平均长3.5cm，无茸毛。伞房状花序，每花序花数8朵，花瓣5片。花冠直径3.6cm、白色，花梗平均长5.3cm，有茸毛，浅绿色。花药红色，花粉少。

3. 果实性状

果实纵径7.7cm、横径7.8cm，整齐，圆形。果面光滑，果粉少、有光泽。果梗长度、粗细中等。梗洼深且广，无锈斑。果肉白色。汁液多。风味极甜，无香气。品质上等。果心大小中等。心室心形。种子数8粒、饱满。

4. 生物学习性

生长势强，萌芽力较强，发枝力弱。开始结果年龄为3~5年，盛果期年龄7~8年。生理落果、采前落果少，坐果力中等，丰产性强，大小年显著。

品种评价

高产，优质，适应性广。主要病虫害种类有梨小食心虫、梨木虱、黑星病、轮纹病、炭疽病。对寒、旱、涝、瘠、盐、风、日灼等恶劣环境的抵抗能力强。对土壤、气候等自然条件要求低。

生境

植株

叶片

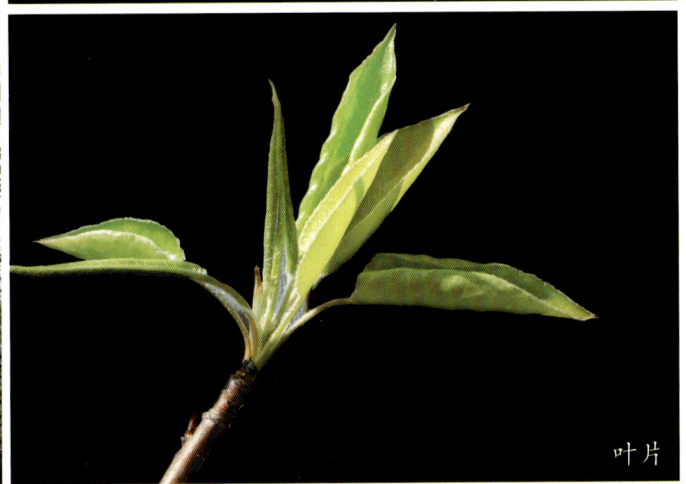

叶片

黑砂梨 3 号

Pyrus spp. 'Heishali 3'

调查编号： CAOSYMGY015

所属树种： 梨 *Pyrus* spp.

提 供 人： 左建兵
电　　话： 15824993726
住　　址： 河南省洛阳市新安县石井乡元古洞村北关组

调 查 人： 马贯羊
电　　话： 13608634028
单　　位： 河南省洛阳市农林科研研究院

调查地点： 河南省洛阳市新安县石井乡元古洞村北关组

地理数据： GPS数据（海拔：534m，经度：E112°01'30.2"，纬度：N34°59'54"）

生境信息

来源于当地，生长于山地，土地作为原始林利用，土壤质地为砂壤土，最大树龄200年。

植物学信息

1. 植株情况

树势中等，树姿直立，树形乱头形。树高7m，冠幅东西4.2m、南北3.1m，干周84cm。主干褐色，块状裂树皮，枝条密度中等。

2. 植物学特征

1年生枝曲折、褐色、长度中等，节间平均长4cm，粗细中等，平均粗0.8cm。嫩梢上茸毛中等含量且呈灰色，皮目小、数量中等、凸起、近圆形。多年生枝灰褐色。叶芽中等三角形，茸毛多且离生。花芽肥大球形，鳞片紧，茸毛多。叶片卵形，叶尖渐尖，叶基锥形，叶绿色，叶面粗糙、有光泽，叶背无茸毛。叶边锯钝齿、细、较小且整齐，单锯齿，齿上无针刺、无腺体，叶姿两侧向内微折，叶边先端扭曲，与枝条成锐角。叶柄平均长2.9cm，粗细中等，黄绿色。

3. 果实性状

果实纵径6.3cm、横径5.9cm，种子数8粒，圆形。果皮褐色，果面光滑，蜡质少，果点较多。果梗长，梗洼较浅，果肉白色细密，风味偏酸，果心中等，品质中等。可溶性固形物含量12.1%，硬度7.3kg/cm²。

4. 生物学习性

萌芽力、发枝力较强。开始结果年龄为5年，盛果期年龄12年。生理落果、采前落果少，坐果力弱，丰产性弱，大小年显著。

品种评价

抗旱，耐盐碱，耐贫瘠。主要病虫害种类有梨小食心虫、梨木虱、黑星病、轮纹病、炭疽病。对寒、旱、涝、瘠、盐、风、日灼等恶劣环境的抵抗能力强。对土壤、气候等自然条件要求较低。

植株

叶片

叶片

叶片

花

花

济源鸭梨

Pyrus bretschneideri Rehd. 'Jiyuanyali'

（调查编号：）CAOSYWWZ018

（所属树种：）白梨 *Pyrus bretschneideri* Rehd.

（提 供 人：）吕田柱
电　　话：6792448
住　　址：河南省济源市邵原镇黄楝树村

（调 查 人：）王文战
电　　话：13838902065
单　　位：河南省济源市林业科学研究所

（调查地点：）河南省济源市邵原镇黄楝树村

（地理数据：）GPS数据（海拔：467m，经度：E112°0745.11"，纬度：N35°1239.7"）

生境信息

来源于当地，生长于庭院平地，土壤质地为壤土，最大树龄35年，种植年限为30年，现存1株。

植物学信息

1. 植株情况

树势中等，树姿半开张，树形半圆形。树高6m，冠幅东西6m、南北8m，干高2m，干周46cm。主干褐色，树皮光滑不裂，枝条密度较密。

2. 植物学特征

1年生枝较长，褐色挺直，节间平均长4.3cm，嫩梢茸毛较少呈灰色，多年生枝灰褐色。叶芽中等三角形，茸毛多。花芽肥大球形，鳞片紧，茸毛多。叶片绿色，长5.7cm、宽3.2cm。叶尖渐尖，叶面平滑有光泽。叶背茸毛少，叶边锯齿钝且整齐，齿上无针刺。叶姿两侧向内平展，叶边平直先端不扭曲，与枝所成角度弯曲向下，叶柄平均长2.9cm。花序伞房状排列，每花序6朵花，花瓣5片，花冠直径3.3cm。花蕾白色，花梗平均长4.4cm，有茸毛，灰白色，花药红色，花粉量较少。

3. 果实性状

果实纵径8.3cm、横径6.1cm，种子数9粒，平均单果重187.3g，最大果重210g，长圆锥形。果面绿色，粗糙，蜡质少，果点较多。果梗长，梗洼较浅，果肉白色细密，风味酸甜适中，果心中等，品质一般。可溶性固形物含量10.2%，硬度8.4kg/cm^2。

4. 生物学习性

生长势、萌芽力、发枝力较强，开始结果年龄为3年，盛果期年龄9年。生理落果、采前落果少，丰产性强，大小年显著。

品种评价

高产，适应性广。主要病虫害种类有梨小食心虫、梨木虱、黑星病、轮纹病、炭疽病。对寒、旱、涝、瘠、盐、风、日灼等恶劣环境的抵抗能力强。对土壤、气候等自然条件要求较低。

叶片

枝条

植株

花

济源夏梨

Pyrus bretschneideri Rehd. 'Jiyuanxiali'

调查编号：CAOSYXMS020

所属树种：白梨 *Pyrus bretschneideri* Rehd.

提 供 人：杨付印
电　　话：13430997079
住　　址：河南省济源市邵原镇黄背角村

调 查 人：薛茂盛
电　　话：13509144873
单　　位：国有济源市黄楝树林场

调查地点：河南省济源市邵原镇黄背角村

地理数据：GPS数据（海拔：590m，经度：E112°11'16.54"，纬度：N35°11'24.22"）

生境信息

来源于当地，生长于田间平地，土壤质地为砂壤土，最大树龄30年。

植物学信息

1. 植株情况

树势中等，树姿直立，树形乱头形。树高7m，冠幅东西4.8m、南北5.1m，干高0.5m，干周78cm。主干灰色。树皮块状裂，枝条密度较密。

2. 植物学特征

1年生枝较长，褐色挺直，节间平均长4.3cm，嫩梢茸毛较少呈灰色，多年生枝灰褐色。叶芽中等三角形，茸毛多且离生。花芽肥大球形，鳞片紧，茸毛多。叶片大卵圆形，绿色，长6.3cm、宽3.7cm。叶尖渐尖，叶面平滑有光泽。叶背茸毛少，叶边锯齿钝且整齐，齿上无针刺。叶姿两侧向内弯曲，叶边波状先端扭曲，与枝条所成角度为钝角，叶柄平均长2.6cm。花序伞房状排列，每花序8朵花，花瓣5片，花冠直径3.3cm。花蕾白色，花梗平均长4.9cm，有茸毛，灰白色，花药红色且花粉少。

3. 果实性状

果实纵径4.6cm、横径5.0cm，种子数9粒，平均单果重123.6g，最大果重140g，圆形。果面淡黄色，光滑，蜡质少，果点较多。果梗长，梗洼较浅，果肉白色细密，风味酸甜适中，果心中等，品质上等。可溶性固形物含量12.7%，硬度7.4kg/cm^2。

4. 生物学习性

生长势、萌芽力、发枝力较强。开始结果年龄为3年，盛果期年龄7~8年。生理落果、采前落果少，丰产性强，大小年显著。

品种评价

高产，优质，适应性广。主要病虫害种类有梨小食心虫、梨木虱、黑星病、轮纹病、炭疽病。对寒、旱、涝、瘠、盐、风、日灼等恶劣环境的抵抗能力强。对土壤、地势、栽培条件的要求不严。

生境

植株

叶片

果实

济源秋梨2号

Pyrus spp.'JiyuanQiuli 2'

调查编号：CAOSYXMS039

所属树种：梨 *Pyrus* spp.

提 供 人：侯军亮
电　　话：15039188308
住　　址：河南省济源市邵原镇神沟村

调 查 人：薛茂盛
电　　话：13509144873
单　　位：国有济源市黄楝树林场

调查地点：河南省济源市邵原镇神沟村

地理数据：GPS数据（海拔：558m，
经度：E112°11′06.11″，纬度：N35°11′25.19″）

生境信息

来源于当地，生长于东南坡20°的坡地，最大树龄35年，种植年限为35年，现存2株，面积667m²，种植农户数为1。

植物学信息

1. 植株情况

树高9m，冠幅东西5m、南北6m，干高3.2m，干周95cm。主干褐色，丝状裂树皮，枝条稀疏。

2. 植物学特征

1年生枝挺直、褐色、长度短，节间平均长2.7cm，较细。嫩梢上茸毛多、无色、皮目小、数量少、不正形。多年生枝灰褐色。叶芽大小中等、三角形、茸毛多、离生。花芽瘦小、尖卵形。叶片大卵形，绿色，长7cm、宽3.6cm，叶尖渐尖，叶基圆形，叶面平滑、有光泽。叶背茸毛少，叶边锯齿锐、较小且整齐，单齿，齿上有针刺。叶姿平展，叶边平直，先端扭曲，与枝条所成角度为钝角。叶柄平均长3.2cm，相当于叶长的1/2，粗细中等、茸毛少、黄绿色。花序伞房状排列，每花序8朵花，花瓣5片，花冠直径3.3cm。花蕾白色，花梗平均长4.9cm，有茸毛，灰白色，花药红色且花粉少。

3. 果实性状

果实纵径6.7cm、横径5.3cm，种子数8粒，平均单果重146.9g，最大果重170g，圆锥形。果面绿色，光滑，蜡质少，果点较多。果梗长，梗洼较浅，果肉白色，风味酸甜适中，果心中等，品质上等。可溶性固形物含量12.7%，硬度6.3kg/cm²。

4. 生物学习性

生长势、萌芽力强，发枝力弱。开始结果年龄为3年，盛果期年龄7～8年。生理落果、采前落果少，丰产性强，大小年显著。

品种评价

高产，优质，适应性广。主要病虫害种类有梨小食心虫、梨木虱、黑星病、轮纹病、炭疽病。对寒、旱、涝、瘠、盐、风、日灼等恶劣环境的抵抗能力强。对土壤、气候等自然条件要求较低。

生境

芽

叶片

叶片

熊氏祠梨

Pyrus spp.'Xiongshicili'

调查编号： CAOSYLHX175

所属树种： 梨 *Pyrus* spp.

提 供 人： 余光志
电　话： 13597829558
住　　址： 湖北省随州市随县长岗镇
　　　　　熊氏祠村2组

调 查 人： 谢恩忠
电　话： 13908663530
单　位： 湖北省随州市林业局

调查地点： 湖北省随州市随县长岗镇
　　　　　熊氏祠村2组

地理数据： GPS数据（海拔：244m，
经度：E112°58'18.2"，纬度：N31°31'52.8"）

生境信息

来源于当地，生于田间平地，坡度为40°，西南坡向，该土地为耕地，土壤质地为砂土。最大树龄20年。

植物学信息

1. 植株情况

树势弱，树姿直立，树形为乱头形。树高3m，冠幅东西2m、南北3m，干高0.6m，干周45cm。主干褐色，树皮呈丝状裂，枝条密度较密。

2. 植物学特征

1年生枝较长，褐色挺直，节间平均长3.4cm，嫩梢茸毛较少呈灰色，多年生枝灰褐色。叶芽中等三角形，茸毛多且离生。花芽肥大球形，鳞片紧，茸毛多。叶片大卵圆形，绿色，长5.9cm、宽3.4cm。叶尖急尖，叶面平滑有光泽。叶背茸毛少，叶边锯齿钝且整齐，齿上无针刺。叶姿两侧向内弯曲，叶边波状先端扭曲，与枝所成角度弯曲向下，叶柄平均长2.9cm。花序伞房状排列，每朵花序8朵花，花瓣5片，花冠直径3.4cm。花蕾白色，花梗平均长4.8cm，有茸毛，灰白色。花药红色且花粉少。

3. 果实性状

果实纵径4.7cm、横径4.5cm，平均单果重130g，圆形，果面褐色，光滑，果粉少，果面蜡质中等，果点较多。果肉汁液较多，微香，较甜。可溶性固形物含量13.9%，硬度7.8kg/cm²。

4. 生物学习性

萌芽力、发枝力较弱。开始结果年龄为3年，盛果期年龄8～9年。

品种评价

高产，优质，适应性广。主要病虫害种类有梨小食心虫、梨木虱、黑星病、轮纹病、炭疽病。对寒、旱、涝、瘠、盐、风、日灼等恶劣环境的抵抗能力强。对土壤、气候等自然条件要求较低。

芽

芽

花

果实

参考文献

Pyrus

蔡黎明. 2004. 陕西省果业发展战略研究[D]. 杨凌: 西北农林科技大学.

曹玉芬, 李树玲, 黄礼森, 等. 2000. 中国梨种质资源研究概况及优良种质的综合评价[J]. 中国果树, (4): 42-44.

曹煜昊. 2013. 优质南果梨与原产地生态地质场的相关性研究[D]. 沈阳: 东北大学.

曹玉芬, 赵德英. 2016. 当代梨[M]. 河南: 中原农民出版社.

陈瑞阳, 李秀兰, 佟德耀, 等. 1983. 中国梨属植物染色体数目研究[J]. 园艺学报, 10(1): 13-17.

甘霖. 1989. 世界梨的产销动态及四川梨的生产阔展望[J]. 四川果树科技, 17(1): 46-48.

高启明, 李疆, 李阳. 2005. 库尔勒香梨研究进展[J]. 经济林研究, 23(1): 79-82.

胡红菊, 王友平, 甘宗义, 等. 2002. 梨种质资源对黑斑病的抗性评价[J]. 湖北农业科学, (5): 113-115.

胡红菊, 王友平, 田瑞, 等. 2005. 砂梨种质资源收集、保存、鉴定与利用[C]//中国农业科学院2005年多年生和无性繁殖
    作物种植资源共享试点研讨会.

胡正月, 匡全, 胡美蓉, 等. 2005. 江西梨发展策略与对策[J]. 现代园艺, (6).

黄礼森, 李树玲, 丛佩华. 1990. 梨多倍体与二倍体性状比较[J]. 中国果树, (3): 30-31.

黄晓春. 2014. 安徽省水果产业发展研究[D]. 合肥: 安徽农业大学.

吉晶. 2005. 山西梨产业现状及近期发展目标[J]. 山西果树, (6).

姜玲. 2014. 浅谈延边朝鲜自治州苹果梨生产与贮藏加工现状及发展方向[D]. 延边: 延边大学.

李秀根, 张绍玲. 2007. 世界梨产业现状与发展趋势分析[J]. 烟台果树(01): 1-3.

李秀根. 2008. 改革开放30年我国梨产业的发展回顾[J]. 烟台果树(04): 4-6.

李先明, 秦仲麒, 刘先琴, 等. 2009. 湖北省砂梨产业现状存在问题及发展对策[J]. 河北农业科学, 13(8): 100-104.

李疆, 任莹莹, 吐尔逊·阿依, 等. 2009. 氯化锌对库尔勒香梨果实品质的影响[J]. 经济林研究,, 27(2): 16-19.

李晓艳, 2011. 砀山县水果产业化发展现状与路径探讨[J]. 安徽农业科学, 41(24): 10198-10199, 10204.

蔺经, 杨青松, 李小刚, 等. 2006. 砂梨品种对黑斑病的抗性鉴定和评价[J]. 金陵科技学院学报, 22(2): 80-85.

罗正德, 杨谷良. 2006. 中国梨栽培和选育的历史与现状[J]. 北方园艺, (5): 58-60.

刘秀春. 2015. 南果梨养分吸收积累分配特征与施肥调控研究[D]. 北京: 中国农业大学.

刘晶晶. 2014. 套袋对雪花梨果实品质和采后生理的影响[D]. 石家庄: 河北师范大学.

刘进余, 刘冲, 李志欣, 等. 2013. 鸭梨无公害生产环境及栽培量化指标与调控技术研究[J]. 安徽农业科学, 41(8): 3366-
    3367, 3370.

马建江, 宋文. 1996. 巴州库尔勒香梨生产中存在的主要问题及解决办法[J]. 山西果树, (4): 7-9.

诺曼·富兰克林·蔡尔德斯. 曲泽洲, 杨文衡, 周山涛, 译. 1983. 现代果树科学[M]. 北京: 中国农业出版社.

蒲富慎, 王宇霖. 1963. 中国果树志·第三卷(梨)[M]. 上海: 上海科学技术出版社.

蒲富慎. 1988. 梨种质资源及其研究[J]. 中国果树, (2): 42-46.

蒲富慎, 林盛华, 陈瑞阳, 等. 1986. 中国梨属植物核型研究[J]. 园艺学报, 13(2): 87-91.

潘海发, 徐义流, 张怡, 等. 2011. 硼对砀山酥梨营养生长和果实品质的影响[J]. 植物营养与肥料学报, 17(4): 1024 -1029.

祁岩龙, 赵晓梅, 王光全, 等. 2013. 巴州'库尔勒香梨'栽培现状调查[J]. 天津农业科学, 19(2): 90-93.

沈德绪. 1994. 中国大陆梨育种的现状和展望(上)[J]. 兴农, (5): 60-67.

沈德绪. 1994. 中国大陆梨育种的现状和展望(下)[J]. 兴农, (6): 62-67

陶吉寒, 魏树伟, 王少敏. 2015. 提升山东梨产业竞争力的对策研究[J]. 山东农业科学, (11): 137-140.

滕元文, 柴明良, 李秀根. 2004. 梨属植物分类的历史回顾及新进展[J]. 果树学报, 21(3): 252-257.

滕元文. 2017. 梨属植物系统发育及东方梨品种起源研究进展[J]. 果树学报34(3): 370-378.

魏闻东. 1992. 世界梨树栽培历史、现状和发展[J]. 国外农学: 果树, (4): 10-14.

王宇霖, ALLANW, LESTERB, 等. 1997. 红皮梨育种研究报告[J]. 果树科学, 14(2): 71-76.

王宇霖. 2001. 从世界苹果、梨生产及发展趋势与国际贸易看我国苹果、梨产业存在的问题[J]. 果树学报, 18(3): 127-132.

王斌, 齐宝利. 2011. 南果梨起源、发展与选优的必要性[J]. 北方果树, 3: 54-55.

王晓伟, 郑喜喜. 2016. 河北省赵县梨果产业发展战略研究[J]. 中国农业信息: 132-135.

吴燕民, 吴彦祥, 张国强, 等. 1991. 甘肃省优质苹果梨产区生态条件及最适气象因素的探讨[J]. 中国果树(4): 28-31.

徐汉宏, 周绂. 1991. 砂梨资源主要性状鉴定初报[J]. 湖北农业科学, (1): 25-27.

徐炯达. 2005. 延边朝鲜自治州苹果梨生产现状及其抗寒生理研究[D]. 延边: 延边大学.

杨念. 2013. 河北省梨果产业发展研究[D]. 保定: 河北农业大学

杨光宇. 2011. 赵州雪梨汁褐变控制技术研究[D]. 石家庄: 河北科技大学.

于强, 朱晓义, 李公存, 等. 2011. 胶东地区西洋梨栽培现状与思考[J]. 山西果树, (3).

赵德英, 程存刚, 曹玉芬, 等. 2010. 我国梨果产业现状及发展战略研究[J]. 江苏农业科学, (5): 501-504.

赵蕾. 2015. 阳信夏鸭梨产业现状与发展对策[D]. 泰安: 山东农业大学.

张俊霞. 2011. 梨文化及其开发利用研究[D]. 保定: 河北农业大学.

张绍铃. 2013. 梨学[M]. 北京: 中国农业出版社.

Bailey L H. 1917. Standard cyclopedia of horticulture[J]. Macmillan. 2865-2878.

Challice J S, Westwood MN. 1973. Numerical taxonomic studies of the genus *Pyrus* using both chemical and botanical characters[J]. BotJLinnSoc, 67: 121-148.

Rubtsov G A. 1944. Geographhical distribution of the genus *Pyrus* and trends and factors inits evolution[J]. Amer Naturalist. 78: 358-366.

Teng Y W, Tanabe K, Tamura F. enal. 2001. Genetic relationships of pear cultivars in Xinjiang, China as measured by RAP Dmarkers[J]. J. Hort. Sci. Biotech., 76: 771-779.

Junkai Wu, Maofu Li, Tianzhong Li. 2013. Genetic Features of the Spontaneous Self-Compatible Mutant, 'Jin Zhui' (*Pyrus bretschneideri* Rehd.)[J]. PLos one, 8 (2013) e76509.

附录一
各树种重点调查区域

树种	重点调查区域	
	区域	具体区域
石榴	西北区	新疆叶城，陕西临潼
	华东区	山东枣庄、江苏徐州、安徽怀远、淮北
	华中区	河南开封、郑州、封丘
	西南区	四川会理、攀枝花、云南巧家、蒙自，西藏山南、林芝、昌都
樱桃		河南伏牛山、陕西秦岭、湖南湘西、湖北神农架、江西井冈山等；其次是皖南、桂西北、闽北等地
核桃	东部沿海区	辽东半岛的丹东、庄河、瓦房店、普兰店，辽西地区，河北卢龙、抚宁、昌黎、遵化、涞水、易县、阜平、平山、赞皇、邢台、武安、北京平谷、密云、昌平，天津蓟县、宝坻、武清、宁河，山东长清、泰安、章丘、苍山、费县、青州、临朐、河南济源、林州、登封、濮阳、辉县、柘城、罗山、商城、安徽亳州、涡阳、砀山、萧县、江苏徐州、连云港
	西北区	山西太行、吕梁、左权、昔阳、临汾、黎城、平顺、阳泉，陕西长安、户县、眉县、宝鸡、渭北、甘肃陇南、天水、宁县、镇原、武威、张掖、酒泉、武都、康县、徽县、文县、青海民和、循化、化隆、互助、贵德，宁夏固原、灵武、中卫、青铜峡
	新疆区	和田、叶城、库车、阿克苏、温宿、乌什、莎车、吐鲁番、伊宁、霍城、新源、新和
	华中华南区	湖北郧县、郧西、竹溪、兴山、秭归、恩施、建始，湖南龙山、桑植、张家界、吉首、麻阳、怀化、城步、通道，广西都安、忻城、河池、靖西、那坡、田林、隆林
	西南区	云南漾濞、永平、云龙、大姚、南华、楚雄、昌宁、宝山、施甸、昭通、永善、鲁甸、维西、临沧、凤庆、会泽、丽江、贵州毕节、大方、威宁、赫章、织金、六盘水、安顺、息烽、遵义、桐梓、兴仁、普安，四川巴塘、西昌、九龙、盐源、德昌、会理、米易、盐边、高县、筠连、叙永、古蔺、南坪、茂县、理县、马尔康、金川、丹巴、康定、泸定、峨边、马边、平武、安州、江油、青川、剑阁
	西藏区	林芝、米林、朗县、加查、仁布、吉隆、聂拉木、亚东、错那、墨脱、丁青、贡觉、八宿、左贡、芒康、察隅、波密
板栗	华北	北京怀柔，天津蓟县，河北遵化、承德，辽宁凤城，山东费县，河南平桥、桐柏、林州，江苏徐州
	长江中下游	湖北罗田、京山、大悟、宜昌，安徽舒城、广德，浙江缙云，江苏宜兴、吴中、南京
	西北	甘肃南部，陕西渭河以南，四川北部，湖北西部，河南西部
	东南	浙江、江西东南部，福建建瓯、长汀，广东广州，广西阳朔，湖南中部
	西南	云南寻甸、宜良，贵州兴义、毕节、台江，四川会理，广西西北部，湖南西部
	东北	辽宁，吉林省南部
山楂	北方区	河南林县、辉县、新乡，山东临朐、沂水、安丘、潍坊、泰安、莱芜、青州，河北唐山、沧州、保定，辽宁鞍山、营口等地
	云贵高原区	云南昆明、江川、玉溪、通海、呈贡、昭通、曲靖、大理，广西田阳、田东、平果、百色，贵州毕节、大方、威宁、赫章、安顺、息烽、遵义、桐梓
柿	南方	广东五华、潮汕、福建安溪、永泰、仙游、大田、云霄、莆田、南安、龙海、漳浦、诏安，湖南祁阳
	华东	浙江杭州，江苏邳县，山东菏泽、益都、青岛
	北方	陕西富平、三原、临潼，河南荥阳、焦作、林州，河北赞皇，甘肃陇南，湖北罗田
枣	黄河中下游流域冲积土分布区	河北沧州、赞皇和阜平，河南新郑、内黄、灵宝，山东乐陵和庆云，陕西大荔，山西太谷、临猗和稷山，北京丰台和昌平，辽宁北票、建昌等
	黄土高原丘陵分布区	山西临县、柳林、石楼和永和，陕西佳县和延川
	西北干旱地带河谷丘陵分布区	甘肃敦煌、景泰，宁夏中卫、灵武，新疆喀什

树种	重点调查区域	
	区域	具体区域
李	东北区	黑龙江，吉林，辽宁，内蒙古东部
	华北区	河北，山东，山西，河南，北京，天津
	西北区	陕西，甘肃，青海，宁夏，新疆，内蒙古西部
	华东区	江苏，安徽，浙江，福建，台湾，上海
	华中区	湖北，湖南，江西
	华南区	广东，广西
	西南及西藏区	四川，贵州，云南，西藏
杏	华北温带区	北京，天津，河北，山东，山西，陕西，河南，江苏北部，安徽北部，辽宁南部，甘肃东南部
	西北干旱带区	新疆天山、伊犁河谷、甘肃秦岭西麓、子午岭、兴隆山区、宁夏贺兰山区、内蒙古大青山、乌拉山区
	东北寒带区	大兴安岭、小兴安岭和内蒙古与辽宁、吉林、华北各省交界的地区，黑龙江富锦、绥棱、齐齐哈尔
	热带亚热带区	江苏中部、南部，安徽南部，浙江，江西，湖北，湖南，广西
	西南高原区	西藏芒康、左贡、八宿、波密、加查、林芝，四川泸定、丹巴、汶川、茂县、西昌、米易、广元，贵州贵阳、惠水、盘州、开阳、黔西、毕节、赫章、金沙、桐梓、赤水，云南呈贡、昭通、曲靖、楚雄、建水、永善、祥云、蒙自
猕猴桃	重点资源省份	云南昭通、文山、红河、大理、怒江，广西龙胜、资源、全州、兴安、临桂、灌阳、三江、融水，江西武夷山、井冈山、幕阜山、庐山、石花尖、黄岗山、万龙山、麻姑山、武功山、三百山、军峰山、九岭山、官山、大茅山，湖北宜昌，陕西周至，甘肃武都，吉林延边
梨	辽西京郊地区	辽宁鞍山、海城、绥中、盘山，京郊大兴、怀柔、平谷、大厂
	云贵川地区	云南迪庆、丽江、红河、富源、昭通、思茅、大理、巍山、腾冲，贵州六盘水、河池、金沙、毕节、赫章、威宁、凯里，四川乐山、会理、盐源、昭觉、德昌、木里、阿坝、金川、小金、江油、汉源、攀枝花、达川、简阳
	新疆、西藏地区	库尔勒、喀什、和田、叶城、阿克苏、托克逊、林芝、日喀则、山南
	陕甘宁地区	延安、榆林、庆阳、张掖、酒泉、临夏、宁南、陇西、武威、固原、吴忠、西宁、民和、果洛
	广西地区	凭祥、百色、浦北、灌阳、灵川、博白、苍梧、来宾
桃	西北高旱区	新疆，陕西，甘肃，宁夏等地
	华北平原区	位于淮河、秦岭以北，包括北京、天津、河北大部、辽宁南部、山东、山西、河南大部、江苏和安徽北部
	长江流域区	江苏南部、浙江、上海、安徽南部、江西和湖南北部、湖北大部及成都平原、汉中盆地
	云贵高原区	云南、贵州和四川西南部
	青藏高原区	西藏、青海大部、四川西部
	东北高寒区	黑龙江海伦、绥棱、齐齐哈尔、哈尔滨，吉林通化和延边延吉、和龙、珲春一带
	华南亚热带区	福建、江西、湖南南部、广东、广西北部
苹果	东北区	辽宁铁岭、本溪，吉林公主岭、延边、通化，黑龙江东南部，内蒙古库伦、通辽、奈曼旗、宁城
	西北区	新疆伊犁、阿克苏、喀什，陕西铜川、白水、洛川，甘肃天水、青海循化、化隆、尖扎、贵德、民和、乐都、黄龙山区、秦岭山区
	渤海湾区	辽宁大连、普兰店、瓦房店、盖州、营口、葫芦岛、锦州，山东胶东半岛、临沂、潍坊、德州，河北张家口、承德、唐山、北京海淀、密云、昌平
	中部区	河南、江苏、安徽等省的黄河故道地区，秦岭北麓渭河两岸的河南西部、湖北西北部、山西南部
	西南高地区	四川阿坝、甘孜、凤县、茂县、小金、理县、康定、巴塘，云南昭通、宣威、红河、文山，贵州威宁、毕节，西藏昌都、加查、朗县、米林、林芝、墨脱等地
葡萄	冷凉区	甘肃河西走廊中西部，晋北，内蒙古土默川平原，东北中部及通化地区
	凉温区	河北桑洋河谷盆地，内蒙古西辽河平原，山西晋中、太古，甘肃河西走廊、武威地区，辽宁沈阳、鞍山地区
	中温区	内蒙古乌海地区，甘肃敦煌地区，辽南、辽西及河北昌黎地区，山东青岛、烟台地区，山西清徐地区
	暖温区	新疆哈密盆地，关中盆地及晋南运城地区，河北中部和南部
	炎热区	新疆吐鲁番盆地、和田地区、伊犁地区、喀什地区、黄河故道地区
	湿热区	湖南怀化地区，福建福安地区

附录二
各省（自治区、直辖市）主要调查树种

区划	省（自治区、直辖市）	主要落叶果树树种
华北	北京	苹果、梨、葡萄、杏、枣、桃、柿、李
	天津	板栗、李、杏、核桃
	河北	苹果、梨、枣、桃、核桃、山楂、葡萄、李、柿、板栗、樱桃
	山西	苹果、梨、枣、杏、葡萄、山楂、核桃、李、柿
	内蒙古	苹果、枣、李、葡萄
东北	辽宁	苹果、山楂、葡萄、枣、李、桃
	吉林	苹果、板栗、李、猕猴桃、桃
	黑龙江	苹果、板栗、李、桃
华东	上海	桃、李、樱桃
	江苏	桃、李、樱桃、梨、杏、枣、石榴、柿、板栗
	浙江	柿、梨、桃、枣、李、板栗
	安徽	梨、桃、石榴、樱桃、李、柿、板栗
	福建	葡萄、樱桃、李、柿子、桃、板栗
	江西	柿、梨、桃、李、猕猴桃、杏、板栗、樱桃
	山东	苹果、杏、梨、葡萄、枣、石榴、山楂、李、桃、板栗
华中	河南	枣、柿、梨、杏、葡萄、桃、板栗、核桃、山楂、樱桃、李
	湖北	樱桃、柿、李、猕猴桃、杏树、桃、板栗
	湖南	柿、樱桃、李、猕猴桃、桃、板栗
华南	广东	柿、李、杏、猕猴桃
	广西	樱桃、李、杏、猕猴桃
西南	重庆	梨、苹果、猕猴桃、石榴、板栗
	四川	梨、苹果、猕猴桃、石榴、桃、板栗、樱桃
	贵州	李、杏、猕猴桃、桃、板栗
	云南	石榴、李、杏、猕猴桃、桃、板栗
	西藏	苹果、桃、李、杏、猕猴桃、石榴
西北	陕西	苹果、杏、枣、梨、柿、石榴、桃、葡萄、樱桃、李、板栗
	甘肃	苹果、梨、桃、葡萄、枣、杏、柿、李、板栗
	青海	苹果、梨、核桃、桃、杏、枣
	宁夏	苹果、梨、枣、杏、葡萄、李、板栗
	新疆	葡萄、核桃、梨、桃、杏、石榴、李

附录三
工作路线

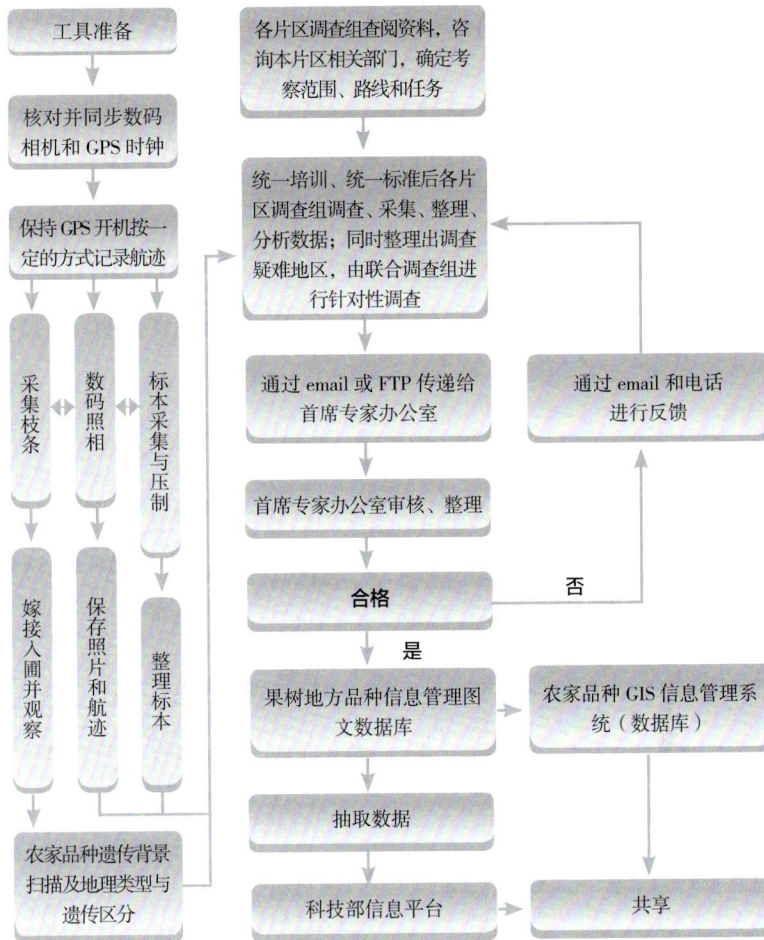

```
工具准备
   ↓
核对并同步数码相机和 GPS 时钟
   ↓
保持 GPS 开机按一定的方式记录航迹
   ↓
┌──────────┬──────────┬──────────┐
采集枝条    数码照相    标本采集与压制
   ↓          ↓          ↓
嫁接入圃    保存照片    整理标本
并观察      和航迹
   ↓          ↓          ↓
        农家品种遗传背景扫描及地理类型与遗传区分
```

```
各片区调查组查阅资料，咨询本片区相关部门，确定考察范围、路线和任务
   ↓
统一培训、统一标准后各片区调查组调查、采集、整理、分析数据；同时整理出调查疑难地区，由联合调查组进行针对性调查
   ↓
通过 email 或 FTP 传递给首席专家办公室        通过 email 和电话进行反馈
   ↓
首席专家办公室审核、整理
   ↓
合格 ──否──→
   ↓ 是
果树地方品种信息管理图文数据库 ──→ 农家品种 GIS 信息管理系统（数据库）
   ↓                                    ↓
抽取数据
   ↓                                    ↓
科技部信息平台 ──────────────────→ 共享
```

附录四
工作流程

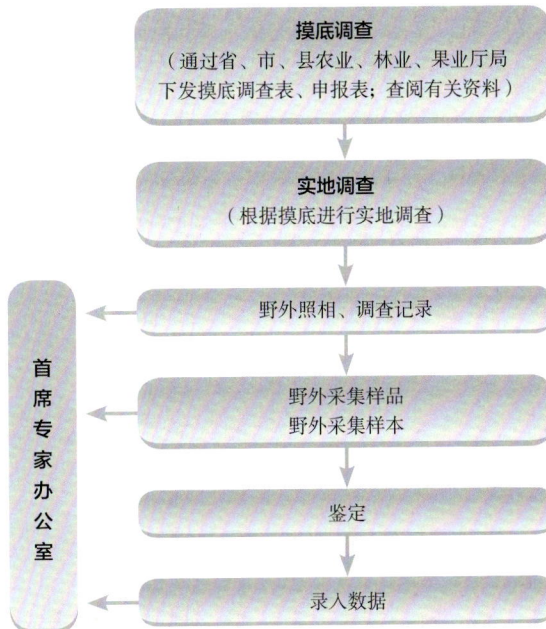

```
摸底调查
（通过省、市、县农业、林业、果业厅局下发摸底调查表、申报表；查阅有关资料）
   ↓
实地调查
（根据摸底进行实地调查）
   ↓
野外照相、调查记录
   ↓
野外采集样品野外采集样本
   ↓
鉴定
   ↓
录入数据
```

首席专家办公室

梨品种中文名索引

梨品种调查编号索引